计算机类技能型理实一体化新形态系列

U0662362

# 计算机网络技术

## 项目教程

（第3版）（微课版）

主　编　连新泽　杨昊龙
　　　　戴万长

清华大学出版社
北　京

## 内 容 简 介

本书基于"项目导向、任务驱动"的项目化教学方式编写而成，体现"基于工作过程"的教学理念。本书采用"纸质教材＋电子活页"的编写形式，电子活页则可根据需要随时增减和修订，保持了教材的时效性和灵活性。

全书共分 4 篇，其中，第 1 篇循序渐进学习 TCP/IP，第 2 篇步步为营搭建局域网，第 3 篇运筹帷幄组建 Windows Server 2019 网络，第 4 篇未雨绸缪构筑网络互联安全，共有 12 个教学项目、29 个电子活页项目和 15 个实训项目。本书主要内容包括：学习一个简单的对等网络，组建一个办公室对等网络，了解 IP 地址并进行子网划分，使用常用网络命令排除网络故障，组建家庭无线局域网，配置交换机与组建虚拟局域网，互联局域网，安装与规划 Windows Server 2019，部署与管理 Active Directory 域服务，配置与管理 Web 服务器，安全接入 Internet，配置与管理 VPN 服务器。

本书适合作为高等院校计算机网络技术课程的教材，也可作为广大网络管理人员及技术人员学习网络知识的参考书。

**图书在版编目（CIP）数据**

计算机网络技术项目教程：微课版/连新泽，杨昊龙，戴万长主编. -- 3 版.

北京：清华大学出版社，2025.8. --（计算机类技能型理实一体化新形态系列）.

ISBN 978-7-302-69784-8

Ⅰ. TP393

中国国家版本馆 CIP 数据核字第 2025XT4080 号

责任编辑：张龙卿
封面设计：刘代书　钟明哲
责任校对：郭雅洁
责任印制：丛怀宇

出版发行：清华大学出版社

　　　网　　　址：https://www.tup.com.cn，https://www.wqxuetang.com
　　　地　　　址：北京清华大学学研大厦 A 座　　　　邮　　编：100084
　　　社 总 机：010-83470000　　　　　　　　　　邮　　购：010-62786544
　　　投稿与读者服务：010-62776969，c-service@tup.tsinghua.edu.cn
　　　质量反馈：010-62772015，zhiliang@tup.tsinghua.edu.cn
　　　课件下载：https://www.tup.com.cn，010-83470410

印 装 者：三河市铭诚印务有限公司
经　　销：全国新华书店
开　　本：185mm×260mm　　　印　　张：19　　　字　　数：460 千字
版　　次：2018 年 8 月第 1 版　　2025 年 8 月第 3 版　　印　　次：2025 年 8 月第 1 印刷
定　　价：59.00 元

产品编号：112913-01

# 前　言

党的二十大报告中指出："必须坚持科技是第一生产力、人才是第一资源、创新是第一动力。"大国工匠和高技能人才作为人才强国战略的重要组成部分，在现代化国家建设中起着重要的作用。

网络强国是国家的发展战略。要发展成为网络强国，不但要在网络技术上领先和创新，而且要确保网络不受国内外敌对势力的攻击，保障重大应用系统正常运行。因此，网络技能型人才的培养显得尤为重要。

## 1. 编写背景

计算机网络技术作为高等院校计算机类专业不可或缺的基础课程，同时也是众多工科专业的必修通识课程，其理论与实践并重的特性尤为显著。鉴于该课程在知识体系构建与技能培养中的核心地位，本书编写团队秉持着从实际网络应用案例汲取灵感的理念，紧密贴合计算机网络技术基础课程的教育目标，创新性地采取了校企合作——"双元"协同育人的模式，精心编纂了这本深度融合理论与实践，同时体现工学结合的特色教材。

《计算机网络技术项目教程（第2版）（微课版）》自2022年3月出版以来，已重印多次，深受师生欢迎。本书响应"三教"（教师、教材、教法）改革号召及"金课""金教材"建设的高标准要求，同时综合考量计算机科学技术的最新进展与广大师生的宝贵反馈意见，我们在保持教材原有鲜明特色的基础上进行了全面而深入的革新，采用"纸质教材＋电子活页"的多元化形式，力求为学习者提供更加灵活、丰富的学习资源。

## 2. 改版内容

本次教材改版在形式与内容等方面均实现了显著的更新与提升，更加深刻地体现了高等教育的精髓与教学改革的导向。

（1）技术迭代与内容优化。随着信息技术的飞速发展，我们已将操作系统版本升级至Windows Server 2019，同时剔除了过时内容，引入了电子活页等新型教学资源，进一步优化了教学项目设计，并充实了来自企业一线的真实案例，确保教学内容贴近行业前沿，增强学习的实用性和针对性。

（2）创新教材形式。本次改版采用了"纸质教材＋电子活页"的复合出版模式，这一创新不仅丰富了教材的物理形态，更重要的是通过电子活页的形式，提供了海量且持续更新的数字资源，为学习者创造了更加灵活、便捷的学习体验。

（3）精准修订与强化实践。针对原教材中的错误或表述不妥之处，我们进行了细致的修订。同时，为加强学生的动手能力和问题解决能力，我们适当增加了实践训练的内容，确保学生在理论学习之余能够通过实践操作深化理解，提升技能水平。

综上所述，此次教材的全面修订不仅是对既有成果的巩固与深化，更是对未来网络技术人才发展趋势的精准把握与前瞻布局，旨在为社会输送更多符合网络强国战略需求，兼具深厚理论功底与卓越实践能力的计算机网络技能型人才。

**3. 本书特点**

本书共包含 12 个教学项目、29 个电子活页项目和 15 个实训项目，最大的特色是"易教易学"。主要特点如下。

（1）体例上有所创新。"教、学、做一体化"，创新编写模式。将"教材—项目案例—工程实践"对接，有机融合项目式教学。全书采用"项目导向、任务驱动"的编写方式，通过工程实例的学习增强读者对知识点和技能点的掌握。

教材按照"项目导入"→"职业能力目标和要求"→"相关知识"→"项目设计与准备"→"项目实施"→"项目实训"→"习题"梯次进行组织。将教材内容归整为 4 篇，即"第 1 篇　循序渐进学习 TCP/IP""第 2 篇　步步为营搭建局域网""第 3 篇　运筹帷幄组建 Windows Server 2019 网络""第 4 篇　未雨绸缪构筑网络互联安全"。

（2）内容上注重实用。

① 第 1 篇包括 4 个项目，分别是"项目 1　学习一个简单的对等网络""项目 2　组建一个办公室对等网络""项目 3　了解 IP 地址并进行子网划分""项目 4　使用常用网络命令排除网络故障"。

② 第 2 篇包括 3 个项目，分别是"项目 5　组建家庭无线局域网""项目 6　配置交换机与组建虚拟局域网""项目 7　互联局域网"。

③ 第 3 篇包括 3 个项目。分别是"项目 8　安装与规划 Windows Server 2019""项目 9　部署与管理 Active Directory 域服务"和"项目 10　配置与管理 Web 服务器"。

④ 第 4 篇包括 2 个项目，分别是"项目 11　安全接入 Internet""项目 12　配置与管理 VPN 服务器"。

（3）强调实践教学。本书设计的项目实训包括实训目的、实训内容、实训要求、网络拓扑结构、实训步骤、实训思考题中的全部或部分内容。每个项目实训就是一个知识和技能的综合训练题。

（4）教材面向专业广，受益学生多。计算机网络技术不仅是计算机应用和计算机网络技术专业学生应该掌握的核心技能，而且是计算机、通信、传媒等相关专业学生必须具备的关键能力之一。

（5）电子活页。本书采用"纸质教材＋电子活页"的形式编写而成。电子活页包括 Linux 操作系统的 21 个教学项目视频、8 个 Windows Server 2019 慕课项目视频。本书能够实现纸质教材三年修订、电子活页随时增减和修订的目标。

**4. 教学大纲**

本书对应课程的参考学时为 68 学时，其中实训环节为 36 学时，各项目的参考学时参见下面的学时分配表。

| 项　目 | 课 程 内 容 | 学 时 分 配 | |
|---|---|---|---|
| | | 讲授 | 实训 |
| 项目 1 | 学习一个简单的对等网络 | 2 | 2 |
| 项目 2 | 组建一个办公室对等网络 | 2 | 2 |
| 项目 3 | 了解 IP 地址并进行子网划分 | 4 | 4 |
| 项目 4 | 使用常用网络命令排除网络故障 | 2 | 2 |
| 项目 5 | 组建家庭无线局域网 | 2 | 2 |
| 项目 6 | 配置交换机与组建虚拟局域网 | 4 | 4 |
| 项目 7 | 互联局域网 | 2 | 2 |
| 项目 8 | 安装与规划 Windows Server 2019 | 2 | 2 |
| 项目 9 | 部署与管理 Active Directory 域服务 | 6 | 6 |
| 项目 10 | 配置与管理 Web 服务器 | 2 | 2 |
| 项目 11 | 安全接入 Internet | 2 | 2 |
| 项目 12 | 配置与管理 VPN 服务器 | 2 | 2 |
| | 课时总计 | 32 | 32 |

**5. 其他**

　　本书由连新泽、杨昊龙、戴万长主编,杨云、吴敏、薛立强、杨翠玲、石铁大、谢兆鑫等也参加了部分视频的创作和教材的编写。特别感谢浪潮集团、山东鹏森信息科技有限公司提供了教学案例。订购教材后请向编者索要全套备课包。

编　者

**2025 年 4 月 20 日于泉城**

# 目　录

## 第 1 篇　循序渐进学习 TCP/IP

## 第 3 篇　运筹帷幄组建 Windows Server 2019 网络

## 第4篇　未雨绸缪构筑网络互联安全

# 第1篇

## 循序渐进学习TCP/IP

项目1　学习一个简单的对等网络

项目2　组建一个办公室对等网络

项目3　了解IP地址并进行子网划分

项目4　使用常用网络命令排除网络故障

# 项目1 学习一个简单的对等网络

## 1.1 项 目 导 入

小明家中原有一台计算机,后来由于学习需要,小明爸爸单独给小明新添了一台计算机。可是家中只有一台打印机,两台计算机之间经常要借助 U 盘复制文件来打印资料,这些操作带来了一些麻烦,小明感到很苦恼。

请读者为小明分忧解难,从网络的角度考虑问题,看一下该怎么办。其实很简单,将小明家的计算机组建成简单的家庭网络,再通过家庭网络实现文件传送、打印机共享就可以了。

## 1.2 职业能力目标和要求

- 掌握计算机网络的概念。
- 了解计算机网络的发展历史、功能和分类。
- 掌握计算机网络的组成。
- 掌握计算机网络的体系结构。
- 掌握双绞线、直通线和交叉线的制作方法。

## 1.3 相 关 知 识

### 1.3.1 计算机网络的发展历史

计算机网络的发展经历了从简单到复杂、从低级到高级的过程,这个过程可分为四个阶段:面向终端的计算机网络、面向通信的计算机网络、面向应用(标准化)的计算机网络和面向未来的高速计算机网络。

**1. 面向终端的计算机网络——以数据通信为主**

20 世纪 50 年代末期,计算机远程数据处理应用的发展导致了"终端—计算机"网络的产生,它是远程终端利用通信线路与主机(一般为大型计算机)相联形成的联机系统。这种系统以主机为核心,人们使用终端设备把自己的要求通过通信线路传给远程的主机,主机经过处理后把结果传给用户。

**2. 面向通信的计算机网络——以资源共享为主**

20世纪60年代后期开始产生了"计算机—计算机"网络,它是将分布在不同地区的多台计算机主机用通信线路连接起来,彼此交换数据、传递信息,其典型代表是美国国防部高级研究计划局(advanced research projects agency,ARPA)于1969年建立的广域网ARPANET和美国Xerox公司于1972年开发的局域网Etherent(又称以太网)。此后,局域网、广域网如雨后春笋般地迅速发展起来。

**3. 面向应用(标准化)的计算机网络——体系标准化**

1974年,美国IBM公司公布了它研制的系统网络体系结构(system network architecture,SNA)。不久,各种不同的分层网络系统体系结构相继出现。

对各种体系结构来说,同一体系结构的网络产品互联是非常容易实现的,而不同系统体系结构的产品却很难实现互联。但社会的发展迫切要求不同体系结构的产品都能够很容易地实现互联,人们迫切希望建立一系列的国际标准,渴望得到一个"开放"系统。为此,国际标准化组织ISO(international standards organization)于1977年成立了专门的机构来研究该问题,在1984年正式颁布了"开放系统互连参考模型"(open system interconnection reference model)的国际标准OSI,这就产生了第三代计算机网络。

**4. 面向未来的高速计算机网络——以 Internet 为核心的高速计算机网络**

进入20世纪90年代,计算机技术、通信技术以及建立在互联计算机网络技术基础上的计算机网络技术得到了迅猛的发展。特别是1993年美国宣布建立国家信息基础设施(national information infrastructure,NII)后,全世界许多国家纷纷制定和建设本国的NII,从而极大地推动了计算机网络技术的发展。美国政府又分别于1996年和1997年开始研究发展快速可靠的互联网2(Internet 2)和下一代互联网(next generation Internet)。可以说高速的计算机互联网(信息高速公路)正成为新一代计算机网络的发展方向。

## 1.3.2 计算机网络的功能

计算机网络的功能主要表现在以下四个方面。

**1. 数据传送**

数据传送是计算机网络的最基本功能之一,用于实现计算机与终端或计算机与计算机之间传送各种信息的功能。

**2. 资源共享**

充分利用计算机系统硬、软件资源是组建计算机网络的主要目标之一。

**3. 提高计算机的可靠性和可用性**

提高计算机的可靠性表现在计算机网络中的各台计算机可以通过网络彼此互为后备机,一旦某台计算机出现故障,故障机的任务就可由其他计算机代为处理,避免了单机无后备使用的情况下因某台计算机故障而导致系统瘫痪的现象发生,大大提高了系统的可靠性。

提高计算机可用性是指当网络中某台计算机负担过重时,网络可将新的任务转交给网络中较空闲的计算机完成,这样就能均衡各计算机的负载,提高每台计算机的可用性。

**4. 易于进行分布式处理**

计算机网络中,各用户可根据情况合理选择网内资源,以就近、快速地处理。对于较大型的综合性问题,可通过一定的算法将任务交换给不同的计算机,达到均衡使用网络资源、实现分布处理的目的。此外,利用网络技术,能将多台计算机连成具有高性能的计算机系统,对解决大型复杂问题,比用高性能的大、中型机费用要低得多。

## 1.3.3　计算机网络的定义

"计算机存在于网络上""网络就是计算机"这样的概念正在成为人们的共识。

计算机网络是计算机技术与通信技术结合的产物。关于计算机网络,有一个更详细的定义为:"计算机网络是用通信线路和网络连接设备将分布在不同地点的多台独立式计算机系统互相联结,按照网络协议进行数据通信,实现资源共享,为网络用户提供各种应用服务的信息系统"。

## 1.3.4　计算机网络的组成

计算机网络的硬件系统通常由服务器、工作站、传输介质、网卡、路由器、集线器、中继器、调制解调器等组成。下面对其中几种硬件做简要说明。

**1. 服务器**

服务器(server)是网络运行、管理和提供服务的中枢,它影响网络的整体性能,一般在大型网络中采用大型机、中型机或小型机作为网络服务器;对于网点不多、网络通信量不大、数据安全要求不高的网络,可以选用高档微机作为网络服务器。

服务器按提供的服务被冠以不同的名称,如数据库服务器、邮件服务器、打印服务器、WWW服务器、文件服务器等。

**2. 工作站**

工作站(workstation)也称客户机(client)。由服务器进行管理和提供服务的、连入网络的任何计算机都属于工作站,其性能一般低于服务器。个人计算机接入 Internet 后,在获取 Internet 的服务的同时,其本身就成为一台 Internet 上的工作站。

服务器或工作站中一般都安装了网络操作系统。网络操作系统除具有通用操作系统的功能外,还应具有网络支持功能,能管理整个网络的资源。常见的网络操作系统主要有 Windows、Netware、UNIX、Linux 等。

**3. 传输介质**

传输介质是网络中信息传输的物理通道,通常分为有线网和无线网。

- 有线网中计算机通过光纤、双绞线、同轴电缆等传输介质连接。
- 无线网中则通过无线电、微波、红外线、激光和卫星信道等无线介质进行连接。

1) 光纤

光纤具有很大的带宽,包裹在光缆内,两者名称经常混用。光缆结构如图 1-1 所示。

外护层
阻水层
填充绳
光纤
中心金属加强芯
松套管
纤膏
缆膏

图 1-1　光缆结构

光纤是由许多细如发丝的玻璃纤维外加绝缘护套组成,光束在玻璃纤维内传输,具有防电磁干扰、传输稳定可靠、传输带宽高等特点,适用于高速网络和骨干网。

利用光纤连接网络,每端必须连接光/电转换器,另外还需要其他辅助设备。

光纤分为单模光纤和多模光纤两种(所谓"模",就是指以一定的角度进入光纤的一束光线)。

- 单模光纤:芯的直径一般为 $9\mu m$ 或 $10\mu m$,使用激光作为光源,并只允许一束光线穿过光纤,定向性强,传递数据质量高,传输距离远,可达 100km,通常用于长途干线传输及城域网建设等。
- 多模光纤:芯的直径一般是 $50\mu m$ 或 $62.5\mu m$,使用发光二极管作为光源,允许多束光线同时穿过光纤,定向性差,最大传输距离为 2km,一般用于距离相对较近的区域内的网络连接。

2)双绞线

双绞线是布线工程中最常用的一种传输介质,由不同颜色的 4 对 8 芯线(每根芯线加绝缘层)组成,每两根芯线按一定规则交织在一起(为了降低信号之间的相互干扰),成为一个芯线对。双绞线可分为非屏蔽双绞线(UTP)和屏蔽双绞线(STP),平时接触的大多是非屏蔽双绞线,其最大传输距离为 100m,如图 1-2 所示。

使用双绞线组网时,双绞线和其他设备连接必须使用 RJ-45 接头(也叫水晶头),如图 1-3 所示。

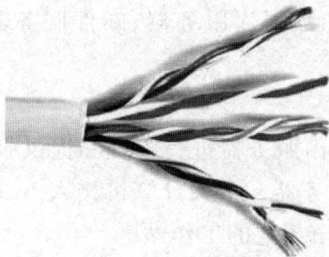

图 1-2  双绞线

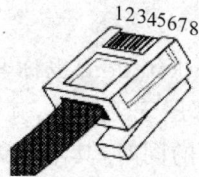

图 1-3  RJ-45 接头

RJ-45 接头中的线序有两种标准。

- EIA/TIA-568A 标准:绿白-1、绿-2、橙白-3、蓝-4、蓝白-5、橙-6、棕白-7、棕-8。
- EIA/TIA-568B 标准:橙白-1、橙-2、绿白-3、蓝-4、蓝白-5、绿-6、棕白-7、棕-8。

在双绞线中,直接参与通信的导线是线序为 1、2、3、6 的四根线,其中 1 和 2 负责发送数据;3 和 6 负责接收数据。双绞线的两种线序标准如图 1-4 所示。

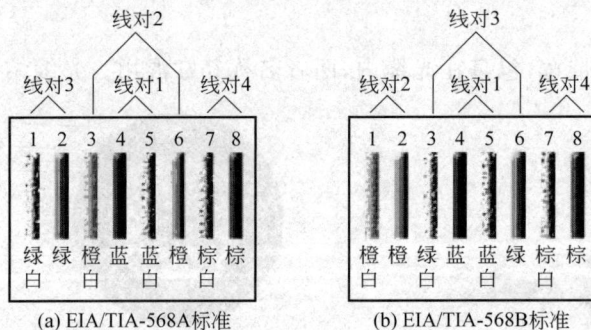

(a) EIA/TIA-568A标准    (b) EIA/TIA-568B标准

图 1-4  双绞线的两种线序标准

网线的做法分为两种：直通线和交叉线，如图 1-5 和图 1-6 所示。

图 1-5　直通线网线分布　　　　　图 1-6　交叉线网线分布

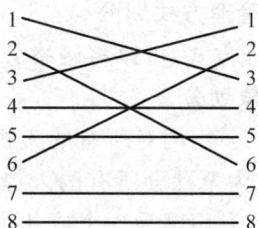

- 直通线：即直连线，是指双绞线两端线序都为 568A 或 568B，用于不同设备相连。
- 交叉线：双绞线一端线序为 568A，另一端线序为 568B，用于同种设备相连。

表 1-1 是直通线和交叉线应用的几种方式。

表 1-1　直通线和交叉线应用的方式

| 应　　用 | 方　　式 | | 应　　用 | 方　　式 | |
| --- | --- | --- | --- | --- | --- |
| | 直通线 | 交叉线 | | 直通线 | 交叉线 |
| 网卡对网卡 | | √ | 集线器对集线器(普通口) | | √ |
| 网卡对集线器 | √ | | 交换机对交换机(普通口) | | √ |
| 网卡对交换机 | √ | | 交换机对集线器(Uplink 口) | √ | |

3）同轴电缆

同轴电缆有粗缆和细缆之分，在实际中有广泛应用，比如，有线电视网中使用的就是粗缆。不论是粗缆还是细缆，其中心都是一根铜线，外面包有绝缘层，如图 1-7 所示。

**4. 网卡**

网卡也叫网络适配器，是计算机网络中最重要的连接设备，计算机主要通过网卡连接网络，它负责在计算机和网络之间实现双向数据传输。每块网卡均有唯一的 48 位二进制网卡地址(MAC 地址)，通常表示为 12 位十六进制，如 00-23-5A-69-7A-3D，如图 1-8 所示。

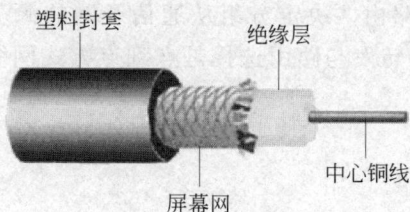

图 1-7　同轴电缆　　　　　　　　　　图 1-8　网卡

## 1.3.5　计算机网络的类型

计算机网络的类型可以按不同的标准进行划分。从不同的角度观察网络系统、划分网络，有利于全面地了解网络系统的特性。

**1. 按通信媒体划分**

（1）有线网。有线网是采用如同轴电缆、双绞线、光纤等物理媒体来传输数据的网络。

(2) 无线网。无线网是采用微波等形式来传输数据的网络。

**2. 按网络的管理方式划分**

按网络的管理方式,可以将网络分为对等网络和客户机/服务器网络。

**3. 按使用对象划分**

(1) 公用网。公用网对所有的人提供服务,只要符合网络拥有者的要求就能使用这个网,也就是说它是为全社会所有的人提供服务的网络,如国内的公用数据网 CHINAPAC。

(2) 专用网。专用网为一个或几个部门所拥有,它只为拥有者提供服务,这种网络不向拥有者以外的人提供服务,如军事专网、铁路调度专网等。

**4. 按网络的传输技术划分**

网络所采用的传输技术决定了网络的主要技术特点,因此根据网络所采用的传输技术对网络进行分类是一种很重要的方法。

在通信技术中,通信信道的类型有两类:广播通信信道与点到点通信信道。在广播通信信道中,多个节点共享一个通信信道,一个节点广播信息,其他节点则接收信息。而在点到点通信信道中,一条通信线路只能连接一对节点,如果两个节点之间没有直接连接的线路,那么它们只能通过中间节点转接。显然,网络要通过通信信道完成数据传输任务。因此,网络所采用的传输技术也只可能有两类,即广播(broadcast)方式与点到点(point-to-point)方式。这样,相应的计算机网络也以此分为两类,即广播方式网络(broadcast networks)和点到点方式网络(point-to-point networks)。

(1) 广播方式网络。在广播方式网络中,所有联网的计算机都共享一个公共通信信道。当一台计算机利用共享通信信道发送报文分组时,所有其他的计算机都会"接收"到这个分组。由于发送的分组中带有目的地址与源地址,接收到该分组的计算机将检查目的地址是否与本节点地址相同,如果被接收报文分组的目的地址与本节点地址相同,则接收该分组,否则丢弃该分组。

(2) 点到点方式网络。与广播方式网络相反,在点到点方式网络中,每条物理线路连接一对计算机。假如两台计算机之间没有直接连接的线路,那么它们之间的分组传输就要通过中间节点的接收、存储、转发,直至目的节点。由于连接多台计算机之间的线路结构可能是复杂的,因此从源节点到目的节点可能存在多条路由。决定分组从通信子网的源节点到达目的节点的路由是路由选择算法。采用分组存储转发与路由选择是点到点方式网络与广播方式网络的重要区别之一。

**5. 按距离划分**

按距离划分,就是根据网络的作用范围划分网络。

(1) 局域网。局域网(local area network,LAN)地理范围一般在十几千米以内,属于一个部门或单位组建的小范围网。例如,一个建筑物、一个学校、一个单位内部等。局域网组建方便,使用灵活,是目前计算机网络发展中最活跃的分支。

(2) 广域网。广域网(wide area network,WAN)又称远程网,它的作用范围通常为几十千米、几百千米,甚至更远,因此,网络所涉及的范围可以是一个城市、一个省、一个国家乃至世界范围。广域网一般用于连接广阔区域中的 LAN。广域网内,用于通信的传输装置和介质一般由电信部门提供,网络由多个部门或多个国家联合组建而成,网络规模大,能实现较大范围内的资源共享。

（3）城域网。城域网（metropolitan area network，MAN）的作用范围在 LAN 与 WAN 之间，覆盖范围有几十千米。其运行方式与 LAN 相似，基本上是一种大型 LAN，通常使用与 LAN 相似的技术。

## 1.3.6　计算机网络的体系结构

计算机网络的体系结构是指计算机网络及其部件所应完成功能的一组抽象定义，是描述计算机网络通信方法的抽象模型结构，一般是指计算机网络的各层及其协议的集合。

**1. 协议**

协议（protocol）是一种通信约定。就邮政通信而言，就存在很多通信约定。例如，使用某种文字写信，若收信人只懂英文，而发信人用中文写信，对方要请人翻译成英文才能阅读。不管发信人选择的是中文或英文，都得遵照一定的语义、语法格式书写。其实语言本身就是一种协议。

为了保证计算机网络中大量计算机之间有条不紊地交换数据，就必须制定一系列的通信协议。因此，协议是计算机网络中一个重要与基本的概念。一个计算机网络通常由多个互联的节点组成，而节点之间需要不断地交换数据与控制信息。要做到有条不紊地交换数据，每个节点都需要遵守一些事先约定好的规则。这些规则明确地规定了所交换数据的格式和时序。这些为网络数据交换而制定的规则、约定与标准被称为网络协议。

网络协议就是为实现网络中的数据交换建立的规则、标准或约定，它主要由语法、语义和时序三部分组成，即协议的三要素。

（1）语法：用户数据与控制信息的结构与格式。

（2）语义：需要发出何种控制信息，以及要完成的动作与应做出的响应。

（3）时序：对事件实现顺序控制的时间。

**2. 体系结构**

把网络层次结构模型与各层次协议的集合定义为计算机网络体系结构，简称体系结构。网络体系结构对计算机网络应实现的功能进行了精确的定义，而这些功能是用什么样的硬件与软件去完成的，则是具体的实现问题。体系结构是抽象的，而实现是具体的，它是指能够运行的一些硬件和软件。

1974 年，IBM 公司提出了世界上第一个网络体系结构，这就是系统网络体系结构（system network architecture，SNA）。随着信息技术的发展，各种计算机系统联网和各种计算机网络的互联成为人们迫切需要解决的课题，开放系统互连参考模型就是在这一背景下提出并加以研究的。

**3. 开放系统互连参考模型**

为了建立一个国际统一标准的网络体系结构，国际标准化组织（International Organization for Standardization，ISO）从 1978 年 2 月开始研究开放系统互连（open system interconnection，OSI）参考模型，1982 年 4 月形成国际标准草案，它定义了异种机联网标准的框架结构。采用分层描述的方法，将整个网络的通信功能划分为七个部分（也叫七个层次），每层各自完成一定的功能。由低层至高层分别称为物理层、数据链路层、网络层、传输层、会话层、表示层和应用层。

OSI 参考模型分层的原则如下。

- 每层的功能应是明确的,并且是相互独立的。当某一层具体实现方法更新时,只要保持与上、下层的接口不变,那么就不会对邻层产生影响。
- 层间接口必须清晰,跨越接口的信息量应尽可能少。
- 每一层的功能选定都应基于已有的成功经验。
- 在需要不同的通信服务时,可在一层内再设置两个或更多的子层次;当不需要该服务时,也可绕过这些子层次。

1) 物理层

物理层(physical layer)是 OSI 模型的第一层,其任务是实现网内两实体间的物理连接,按位串行传送比特流,将数据信息从一个实体经物理信道送往另一个实体,向数据链路层提供一个透明的比特流传送服务。物理层传送的基本单位是比特(bit)。

2) 数据链路层

数据链路层(data link layer)的主要功能是通过校验、确认和反馈重发等手段对高层屏蔽传输介质的物理特征,保证两个邻接(共享一条物理信道)节点间的无错数据传输,给上层提供无差错的信道服务。具体工作是:接收来自上层的数据,不分段,给它加上某种差错校验位(因物理信道有噪声)、数据链协议控制信息和头、尾分界标志,变成帧(数据链路协议数据单位),从物理信道上发送出去,同时处理接收端的回答,重传出错和丢失的帧,保证按发送次序把帧正确地交给对方。此外,还有流量控制、启动链路、同步链路的开始、结束等功能以及对多站线、总线、广播通道上各站的寻址功能。数据链路层传送的基本单位是帧(frame)。

3) 网络层

网络层(network layer)的基本工作是接收来自源主机的报文,把它转换成报文分组(包),然后送到指定目标机器。报文分组在源主机与目标机之间建立起的网络连接上传送,当它到达目标机后再装配还原为报文。这种网络连接是穿过通信子网建立的。网络层关心的是通信子网的运行控制,需要在通信子网中进行路由选择。如果同时在通信子网中出现过多的分组,会造成阻塞,因而要对其进行控制。当分组要跨越多个通信子网才能到达目的地时,还要解决网际互联的问题。网络层传送的基本单位是数据包(data packet)。

4) 传输层

传输层(transport layer)是第一个端对端,也就是主机到主机的层次。该层的目的是提供一种独立于通信子网的数据传输服务(即对高层隐藏通信子网的结构),使源主机与目标主机好像是点对点简单连接起来的一样,尽管实际的连接可能是一条租用线或各种类型的包交换网。传输层的具体工作是负责两个会话实体之间的数据传输,接收会话层送来的报文,把它分解成若干较短的片段(因为网络层限制传送包的最大长度),以保证每一片段都能正确到达对方,并按它们发送的次序在目标主机重新汇集起来(这一工作也可以在网络层完成)。通常传输层在高层用户请求建立一条传输虚通信连接时,就通过网络层在通信子网中建立一条独立的网络连接。但是,若需要较高吞吐量时,运输也可以建立多条网络连接来支持一条传输连接,这就是分流。或者为了节省费用,也可将多个传输通信合用一条网络连接,称为复用。传输层还要处理端到端的差错控制和流量控制问题。概括地说,传输层为上层用户提供端到端的透明化的数据传输服务。传输层传送的基本单位是报文段(segment)。

5) 会话层

会话层(session layer)允许不同主机上各种进程间进行会话。传输层是主机到主机的层次,而会话层是进程到进程之间的层次。会话层组织和同步进程间的对话,它可管理对话,允许双向同时进行,或任何时刻只能一个方向进行。在后一种情况下,会话层提供一种数据权标来控制哪一方有权发送数据。会话层还提供同步服务。若两台机器进程间要进行较长时间的大的文件传输,而通信子网故障率又较高,对运输层来说,每次传输中途失败后,都不得不重新传输这个文件。会话层提供了在数据流中插入同步点机制,在每次网络出现故障后可以仅重传最近一个同步点以后的数据,而不必从头开始。会话层管理通信进程之间的会话,协调数据发送方、发送时间和数据报的大小等。会话层及以上各层传送的基本单位是信息(message)。

6) 表示层

表示层(presentation layer)为上层用户提供共同需要的数据或信息语法表示变换。大多数用户间并非仅交换随机的比特数据,而是要交换诸如人名、日期、货币数量和商业凭证之类的信息。它们是通过字符串、整型数、浮点数以及由简单类型组合成的各种数据结构来表示的。不同的机器采用不同的编码方法来表示这些数据类型和数据结构(如 ASCII 或 EBCDIC、反码或补码等)。为了让采用不同编码方法的计算机通信交换后能相互理解数据的值,可以采用抽象的标准方法来定义数据结构,并采用标准的编码表示形式。管理这些抽象的数据结构,并把计算机内部的表示形式转换成网络通信中采用的标准表示形式都是由表示层来完成的。数据压缩和加密也是表示层可提供的表示变换功能。数据压缩可用来减少传输的比特数,从而节省经费;数据加密可防止敌意的窃听和篡改。

7) 应用层

应用层(application layer)是 OSI 环境中的最高层。不同的应用层为特定类型的网络应用提供访问 OSI 环境的手段。网络环境下不同主机间的文件传送、访问和管理(file transfer access and management,FTAM);网络环境下传送标准电子邮件的报文处理系统(message handling system,MHS);方便不同类型终端和不同类型主机间通过网络交互访问的虚拟终端(virtual terminal,VT)协议等都属于应用层的范畴。

OSI 参考模型在网络技术发展中起到主导作用,促进了网络技术的发展和标准化。但是目前存在着多种网络标准,例如,传输控制协议/互联网协议(transmission control protocol/Internet protocol,TCP/IP)就是一个普遍使用的网络互联的标准协议。这些标准的形成和改善又不断促进网络技术的发展和应用。

**4. OSI 参考模型的结构**

OSI 参考模型的结构如图 1-9 所示,它描述了信息的通信环境。OSI 参考模型描述的范围包括联网计算机系统中的应用层到物理层的 7 层,以及通信子网,即图中虚线所连接的范围。

在图 1-9 中,系统 A 和系统 B 在连入计算机网络之前,不需要有实现从应用层到物理层的 7 层功能的硬件与软件。如果它们希望接入计算机网络,就必须增加相应的硬件和软件。通常物理层、数据链路层和网络层大部分可以由硬件方式来实现,而其他层基本通过软件方式来实现。例如,系统 A 要与系统 B 交换数据。系统 A 首先调用实现应用层功能的软件模块,将系统 A 的交换数据请求传送到表示层,再向会话层传送,直至物理层。物理层通过传输介质连接系统 A 与中间节点的通信控制处理机,将数据送到通信控制处理机。通信控制处理机的物理层接收到系统 A 的数据后,通过数据链路层检查是否存在传输错误,若无错误,通信控制处理机通过网络层确定下面应该把数据传送到哪一个中间节点。若通过

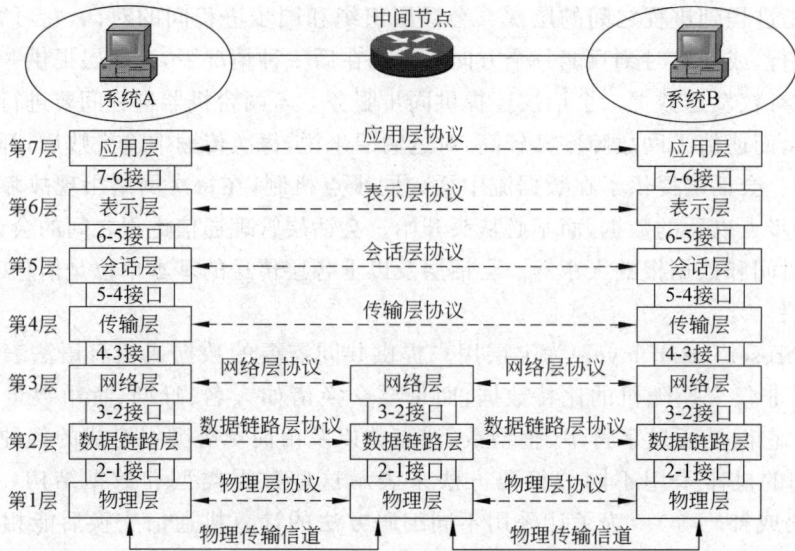

图 1-9　OSI 参考模型的结构

路径选择,确定下一个中间节点的通信控制处理机,则将数据从上一个中间节点传送到下一个中间节点。下一个中间节点的通信控制处理机采用同样的方法将数据送到系统 B,系统 B 将接收到的数据从物理层逐层向高层传送,直至系统 B 的应用层。

**5. OSI 中的数据传输过程**

OSI 中的数据流如图 1-10 所示。OSI 中数据传输过程包括以下几个步骤。

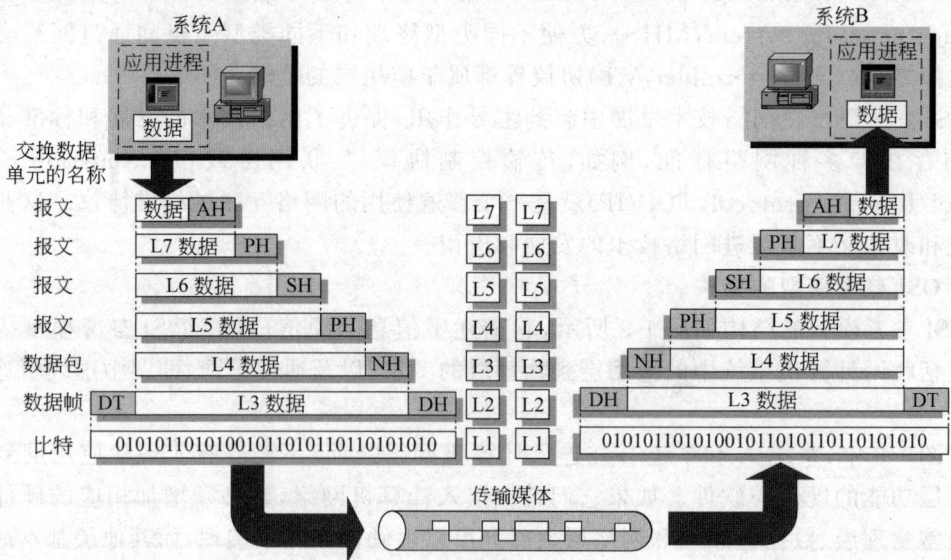

图 1-10　OSI 中的数据流

(1) 当应用进程 A 的数据传送到应用层时,应用层数据加上本层控制报头后,组织成应用层的数据服务单元,然后传输到表示层。

(2) 表示层接收到这个数据单元后,加上本层控制报头,组成表示层的数据服务单元,再传送到会话层。以此类推,数据传送到传输层。

（3）传输层接收到这个数据单元后,加上本层的控制报头,就构成了传输层服务数据单元,它被称为报文。

（4）传输层的报文传送到网络层时,由于网络数据单元的长度有限,传输层长报文将被分成多个较短的数据字段,加上网络层的控制报头,就构成了网络层的数据服务单元,它被称为报文分组,也称为数据包。

（5）网络层的分组传送到数据链路层时,加上数据链路层的控制信息,构成了数据链路层的数据服务单元,它被称为帧。

（6）数据链路层的帧传送到物理层后,物理层将以比特流的方式通过传输介质传输出去。

当比特流到达目的节点计算机 B 时,再从物理层依层上传,每层对各层的控制报头进行处理,将用户数据上交高层,最后将进程 A 的数据送给计算机 B 的进程 B。

尽管应用进程 A 的数据在 OSI 环境中经过复杂的处理过程才能送到另一台计算机的应用进程 B,但对于每台计算机的应用进程来说,OSI 环境中数据流的复杂处理过程是透明的。应用进程 A 的数据好像是"直接"传送给应用进程 B,这就是开放系统在网络通信过程中本质的作用。

**6. TCP/IP 的概念**

TCP/IP 起源于美国 ARPAnet 网,由它的两个主要协议即 TCP 和 IP 而得名。TCP/IP 是 Interent 上所有网络和主机之间进行交流所使用的共同"语言",是 Internet 上使用的一组完整的标准网络连接协议。通常所说的 TCP/IP 实际上包含大量的协议和应用,且由多个独立定义的协议组合在一起协同工作,因此,更确切地说,应该称其为 TCP/IP 协议集或 TCP/IP 协议栈。

OSI 参考模型最初是用来作为开发网络通信协议簇的一个工业参考标准。但由于 Internet 在全世界的飞速发展,使 TCP/IP 协议栈成为一种事实上的标准,并形成了 TCP/IP 参考模型。不过,ISO 的 OSI 参考模型的制定也参考了 TCP/IP 协议栈及其分层体系结构的思想。而 TCP/IP 在不断发展的过程中也吸收了 OSI 参考模型中的概念及特征。

TCP/IP 协议栈具有以下几个特点。

- 开放的协议标准,可以免费使用,并且独立于特定的计算机硬件与操作系统。
- 独立于特定的网络硬件,可以运行在局域网、广域网中,更适用于互联网中。
- 统一的网络地址分配方案,使整个 TCP/IP 设备在网络中具有唯一的地址。
- 标准化的高层协议,可以提供多种可靠的用户服务。

**7. TCP/IP 的层次结构**

OSI 参考模型是一种通用的、标准的、理论模型,今天市场上没有一个流行的网络协议完全遵守 OSI 参考模型,TCP/IP 也不例外,TCP/IP 协议栈有自己的模型,被称为 TCP/IP 参考模型,又称 DOD(department of defense)模型,其对应关系如图 1-11 所示。

TCP/IP 实际上是一个协议系列,这个协议系列的正确名字应是 Internet 协议系列,而 TCP 和 IP 是其中的两个协议。由于它们是最基本、最重要的两个协议,也是广为人知的,因此,通常用 TCP/IP 来代表整个 Internet 协议系列。其中,有些协议是为一些多应用需要而提供的底层功能,包括 IP、TCP 和 UDP;另一些协议则完成特定的任务,如传送文件、发

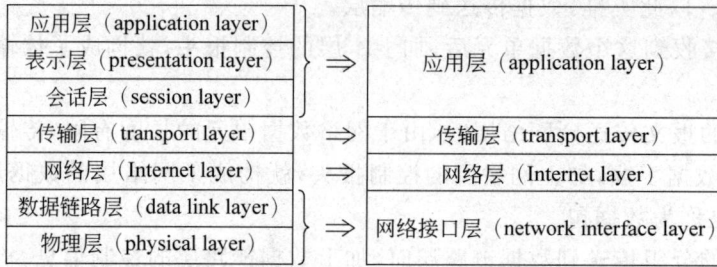

图 1-11　OSI 参考模型与 TCP/IP 的对应关系

送邮件等。

在 TCP/IP 的层次结构中包括四个层次,但实际上只有三个层次包含实际的协议。TCP/IP 中各层的协议如图 1-12 所示。

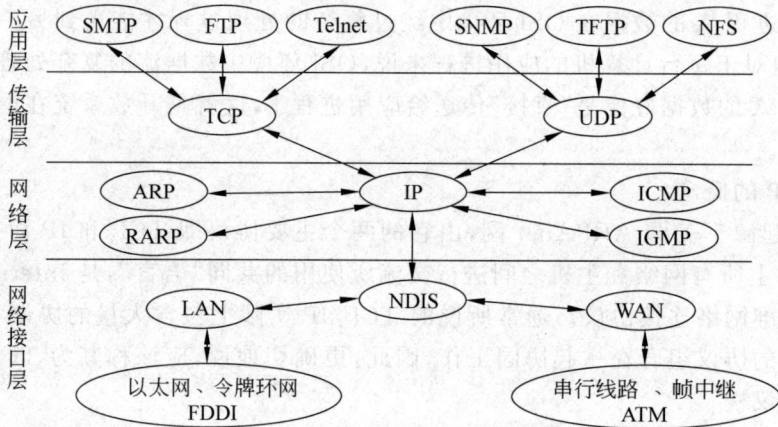

图 1-12　TCP/IP 中各层的协议

1) 应用层

在模型的顶部是应用层,与 OSI 参考模型中的高三层任务相同,都是用于提供网络服务。本层是应用程序进入网络的通道。在应用层有许多 TCP/IP 工具和服务,如 FTP、Telnet、SNMP、DNS 等。该层为网络应用程序提供了两个接口:Windows 套接字和 NetBIOS。

在 TCP/IP 模型中,应用层包括所有的高层协议,而且总是不断有新的协议加入,应用层的协议主要有以下几种。

- 远程终端协议 Telnet:利用它本地主机可以作为仿真终端登录到远程主机上运行应用程序。
- 文件传输协议 FTP:实现主机之间的文件传送。
- 简单邮件传输协议 SMTP:实现主机之间电子邮件的传送。
- 域名服务 DNS:用于实现主机名与 IP 地址之间的映射。
- 动态主机配置协议 DHCP:实现对主机的地址分配和配置工作。
- 路由信息协议 RIP:用于网络设备之间交换路由信息。
- 超文本传输协议 HTTP:用于 Internet 中的客户机与 WWW 服务器之间的数据传输。

- 网络文件系统 NFS：实现主机之间的文件系统的共享。
- 引导协议 BOOTP：用于无盘主机或工作站的启动。
- 简单网络管理协议 SNMP：实现网络的管理。

2）传输层

传输协议在计算机之间提供通信会话，也被称为主机至主机层，与 OSI 的传输层类似。它主要负责主机至主机之间的端到端通信，该层使用了两种协议来支持数据的传送方法：TCP 和 UDP。

（1）传输控制协议（transmission control protocol，TCP）。TCP 是传输层的一种面向连接的通信协议，它可提供可靠的数据传送。对于大量数据的传输，通常都要求有可靠的传送。

（2）用户数据报协议（user datagram protocol，UDP）。UDP 是一种面向无连接的协议，因此，它不能提供可靠的数据传输，而且 UDP 不进行差错检验，必须由应用层的应用程序来实现可靠性机制和差错控制，以保证端到端数据传输的正确性。虽然 UDP 与 TCP 相比显得非常不可靠，但在一些特定的环境下还是非常有优势的。例如，要发送的信息较短，不值得在主机之间建立一次连接。另外，面向连接的通信通常只能在两个主机之间进行，若要实现多个主机之间的一对多或多对多的数据传输，即广播或多播，就需要使用 UDP。

3）网络层

网络层也叫 Internet 层。它是在 Internet 标准中正式定义的第一层。它将数据报封装成 Internet 数据包并运行必要的路由算法。具体来说就是处理来自上层（传输层）的分组，将分组形成 IP 数据包，并且为该数据包进行路径选择，最终将它从源主机发送到目的主机。在网络层中，最常用的协议是网际协议（Internet protocol，IP），其他一些协议用来协助 IP 进行操作，如 ARP、ICMP、IGMP 等。

4）网络接口层

在模型的最底层是网络接口层，也被称为网络访问层，本层负责将帧放入线路或从线路中取下帧。它包括能使用与物理网络进行通信的协议，且对应着 OSI 的物理层和数据链路层。标准并没有定义具体的网络接口协议，而是旨在提供灵活性，以适应各种网络类型，如 LAN、MAN 和 WAN。这也说明了 TCP/IP 可以运行在任何网络上。

## 1.3.7　数据通信基础

### 1. 数据通信系统

通信的目的是单双向地传递信息。广义上说，采用任何方法，通过任何介质将信息从一端传送到另一端都可以称为通信。在计算机网络中，数据通信是指在计算机之间，计算机与终端以及终端与终端之间传送表示字符、数字、语音、图像的二进制代码 0 和 1 比特序列的过程。

1）信息

信息是客观事物属性和相互联系特性的表征，它反映了客观事物的存在形式和运动状态。例如，事物的运动状态、结构、温度、性能等都是信息的不同表现形式。信息可以以文字、声音、图形、图像等各种不同形式存在。

2）数据

信息可以用数字的形式来表示，数字化的信息称为数据。数据可以分为模拟数据和数字数据两种。模拟数据的取值是连续的,例如日常生活中人的语音强度、电压高低、温度等都是模拟数据。数字数据的取值是离散的,例如计算机中的二进制数据只有0、1两种状态。现在大多数的数据传输都是数字数据传输,本章所提到的数据也多指数字数据。

3)信号

简单地讲,信号就是携带信息的传输介质。在通信系统中常常使用的电信号、电磁信号、光信号、载波信号、脉冲信号、调制信号等术语就是指携带某种信息的具有不同形式或特性的传输介质。信号按其参量取值的不同,分为模拟信号和数字信号。模拟信号是指在时间上和幅度取值上都连续变化的信号,如图1-13(a)所示。例如,声音就是一个模拟信号,当人说话时,空气中便产生了一个声波,这个声波包含一段时间内的连续值。数字信号是指在时间上离散的、在幅值上经过量化的信号,如图1-13(b)所示。它一般是由二进制代码0、1组成的数字序列。数字信号从一个值到另一个值的变化是瞬时发生的,就像开关电灯一样。

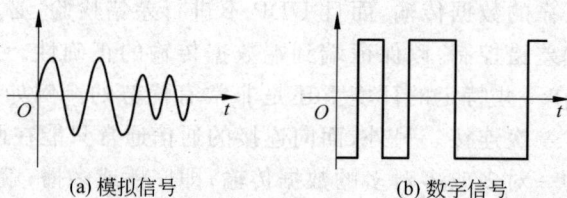

(a) 模拟信号　　　　　(b) 数字信号

图 1-13　模拟信号与数字信号

**2. 数据通信系统模型**

信息的传递是通过通信系统来实现的。图1-14所示为通信系统的基本模型。在通信系统中产生和发送信息的一端叫作信源,接收信息的一端叫作信宿,信源和信宿之间的通信线路叫作信道。信息在进入信道时要经过变换器变换为适合信道传输的形式,经过信道的传输,在进入信宿时要经过信号变换器变换为适合信宿接收的形式。信号在传输过程中会受到来自外部或信号传输过程本身的干扰,噪声源是信道中的噪声以及分散在通信系统其他各处噪声的集中表示。

信源 → 信号变换器 → 信道 → 信号变换器 → 信宿

发送端　　　噪声源　　接收端

图 1-14　通信系统的基本模型

1)数据通信系统的组成

数据通信系统主要由三个部分组成:信源、信宿和信道。另外还包括信号变换器和噪声源。

(1)信源、信宿。信源就是信息的发送端,是发出待传送信息的人或设备;信宿就是信息的接收端,是接收所传送信息的人或设备。大部分信源和信宿设备都是计算机或其他数据终端设备(data terminal equipment,DTE)。

(2)信道。信道是通信双方以传输介质为基础的传输信息的通道,它是建立在通信线路及其附属设备上的。信道本身可以是模拟的或数字方式的,用以传输模拟信号的信道叫作模拟信道;用以传输数字信号的信道叫作数字信道。

（3）信号变换器。信号变换器的作用是将信源发出的信息变换成适合在信道上传输的信号。对应不同的信源和信道,信号变换器有不同的组成和变换功能。发送端的信号变换器可以是编码器或调制器;接收端的信号变换器相对应的就是译码器或解调器。

（4）噪声源。一个通信系统在实际通信中不可避免地存在着噪声干扰,而这些干扰分布在数据传输过程的各个部分,为分析或研究问题的方便,通常把它们等效为一个作用于信道上的噪声源。

2）数据通信系统的主要技术指标

描述数据传输速率的大小和传输质量的好坏需要运用数据传输率、波特率、信道容量、误码率、吞吐量和信道的传播延迟等技术指标。

（1）数据传输率。数据传输率又称比特率,是一种数字信号的传输速率,它是指每秒所传输的二进制代码的有效位数,单位为 bps。

（2）波特率。波特率是指每秒发送的码元数,它是一种调制速率,单位为波特（baud）。波特率也称波形速率或码元速率。

（3）信道容量。信道容量用来表征一个信道传输数字信号的能力,它以数据传输速率作为指标,即信道所能支持的最大数据传输速率。信道容量仅由信道本身的特征来决定,与具体的通信手段无关,它表示的是信道所能支持的数据速率的上限。

（4）误码率。误码率是衡量数据通信系统在正常工作情况下传输可靠性的指标,它是指传输出错的码元数占传输总码元数的比例。误码率也称为出错率。

（5）吞吐量。吞吐量是单位时间内整个网络能够处理的信息总量,单位是字节/秒或位/秒。在单信道总线型网络里:吞吐量＝信道容量×传输效率。

（6）信道的传播延迟。信号在信道中传播,从源端到达目的端需要一定的时间,这个时间叫作传播延迟（也叫时延）。这个时间与源端和目的端的距离有关,也与具体的通信信道中信号传播速度有关。

### 3. 数据通信方式

1）根据数据传送方式划分

数据的传送方式有串行传输和并行传输两种,它们是一次将待传送信号经由 $n$ 个通信信道同时发送出去。设计一个通信系统时,首先要确定是采用串行通信方式,还是采用并行通信方式。采用串行通信方式只需要在收发双方之间建立一条通信信道;采用并行通信方式时,收发双方之间必须建立多条并行的通信信道。

（1）串行传输。串行传输是指一位一位地传输数据,从发送端到接收端只需要一个通信信道,经由这条通信信道逐位地将待传送信号的每个二进制代码依次发送。很明显,串行传输的速率比并行传输的速率要慢得多,但实现起来容易,费用低,特别适用于进行远距离的数据传输。计算机网络中的数据传输一般都是采用串行传输方式。由于计算机内部的操作多为并行方式,采用串行传输时,发送端采用并/串转换装置将并行数据流转换为串行数据流,然后送到信道上传送;在接收端,又通过串/并转换,将接收端的串行数据流转换为8位一组的并行数据流。

由于采用串行通信方式只需要在收发双方之间建立一条通信信道,采用并行通信方式在收发双方之间必须建立并行的多条通信信道,对于远程通信来说,在同样的传输速率的情况下,并行通信在单位时间内所发送的码元数是串行通信的 $n$ 倍。由于并行通信需要建立多个通信信道,所以造价较高。因此,在远程通信中人们一般采用串行通信方式。

(2)并行传输。并行传输的优点是传输速度快。计算机与各种外设之间的通信一般采用并行传输方式。由于并行传输需要的信道数较多,实现物理连接的费用非常高,所以,并行传输仅用于短距离的通信。

2)根据数据传送的开始时间划分

数据通信的一个基本要求是接收方必须知道它所接收的每一位字符的开始时间和持续时间,这样才能正确地接收发送方发来的数据。满足上述要求的办法有两类:同步传输和异步传输。

(1)同步传输。同步传输以数据帧为单位传输,依赖共享时钟信号实现收发双方的严格时序同步。发送方在数据帧前后添加同步字符和结束标记,接收方通过同步字符校准时钟并批量接收数据,传输效率高,适合高速、长距离通信。其核心特点是时钟频率必须一致,且数据块连续无间隔传输。

(2)异步传输。异步传输以字符为单位,通过起止位实现临时同步。每个字符附加起始位和停止位,字符间隔时间不固定,收发双方时钟可独立运行。虽然实现简单,但额外开销大,效率较低,多用于低速设备(如 RS-232 串口)。其优势在于对时序要求宽松,适应间歇性数据传输场景。

3)根据传输信号的形态划分

从传输信号的形态上,可以分为基带传输、频带传输和宽带传输三种。在计算机网络中,基带传输是指计算机信息的数字传输,频带传输和宽带传输是指计算机信息的模拟传输。

(1)基带传输。在数据通信中,表示计算机中二进制数据比特序列的数字数据信号是典型的矩形脉冲信号。人们把矩形脉冲信号的固有频带称为基本频带,简称为基带。这种矩形脉冲信号就叫作基带信号。在数字通信信道上,直接传送基带信号的方法称为基带传输。

基带传输是一种最基本的数据传输方式,一般用在较近距离的数据通信中。在计算机局域网中,主要采用这种传输方式。

(2)频带传输。基带传输要占据整个线路能提供的频率范围,在同一个时间内,一条线路只能传送一路基带信号。为了提高通信线路的利用率,可以用占据小范围带宽的模拟信号作为载波来传送数字信号。人们将这种利用模拟信道传输数据信号的传输方式叫作频带传输。频带传输要求调制后的模拟信号的频率在音频范围(300～3400Hz)内。例如,使用调制解调器将数字信号调制在某一载波频率上,这样一个较小的频带宽度就可以供两个数据设备进行通信,线路的其他频率范围还可用于其他数据设备通信。

在频带传输中,线路上传输的是调制后的模拟信号,因此,收发双方都需要配置调制解调设备,实现数字信号的调制和解调。

频带传输方式的优点是可以利用现有的大量模拟信道通信,线路的利用率高,价格便宜,容易实现,尤其适用于远距离的数字通信。它的缺点是速率低,误码率高。

(3)宽带传输。宽带传输也采用模拟信号传输,若调制成的模拟信号的频率比音频范围还宽,则称为宽带传输。例如,在有线电视网上通过线缆调制解调器进行高速的数据通信,就称为宽带传输。

4）根据信号传输的方向划分

通信信道可由一条或多条通信信道组成,根据信道在某一时间信号传输的方向,可以分为单工、半双工和全双工三种通信方式。

（1）单工通信。在单工通信方式中,信号只能向一个方向传输,任何时候都不能改变信号的传送方向。发送方不能接收,接收方也不能发送。信道的全部带宽都用于由发送方到接收方的数据传送。无线电广播和电视广播都是单工通信的例子。只能向一个方向传送的通信信道,只能用于单工通信方式中。

（2）半双工通信。在半双工通信方式中,信号可以双向传送,但必须交替进行,一个时间只能向一个方向传送。在一段时间内,信道的全部带宽用于一个方向上传送信息,航空和航海无线电台以及对讲机都是以这种方式通信的。这种方式要求通信双方都有发送和接收信号的能力,又有双向传送信息的能力,因而比单工通信设备昂贵,但比全双工设备便宜。可以双向传送信号,但必须交替进行的通信信道,只能用于半双工通信方式中。

（3）全双工通信。在全双工通信方式中,信号可以双向同时传送,例如现代的电话通信就是这样的。这不但要求通信双方都有发送和接收设备,而且要求信道能提供双向传输的双倍带宽,所以全双工通信设备价格昂贵。可以双向同时传送信号的通信信道,才能实现全双工通信,也可以用于单工或半双工通信。

# 1.4　项目设计与准备

**1. 项目设计**

首先要在每台计算机中安装网络连接设备——网卡,并安装其相应的驱动程序。然后把交叉双绞线的两端分别插入这两台计算机网卡的 RJ-45 接口中,再设置每台计算机的 IP 地址和子网掩码,设置完成后可通过 ping 命令测试网络的连通性。通过完成这个项目,掌握双绞线的制作标准、制作步骤、制作技术,学会剥线钳、压线钳等工具的使用方法。

**2. 项目准备**
- 5 类双绞线若干米。
- RJ-45 水晶头若干个。
- 压线钳一把。
- 网线测试仪一台。

# 1.5　项目实施

## 任务 1-1　制作直通双绞线并测试

双绞线的制作分为直通线的制作和交叉线的制作。制作过程主要分为五步,可简单归纳为"剥""理""插""压""测"五个字。

**1. 制作直通双绞线**

为了保持制作的双绞线有最佳兼容性,通常采用最普遍的 EIA/TIA-568B 标准来制作,制作步骤主要有以下几个方面。

(1) 准备好 5 类双绞线、RJ-45 水晶头、压线钳和网线测试仪等,如图 1-15 所示。

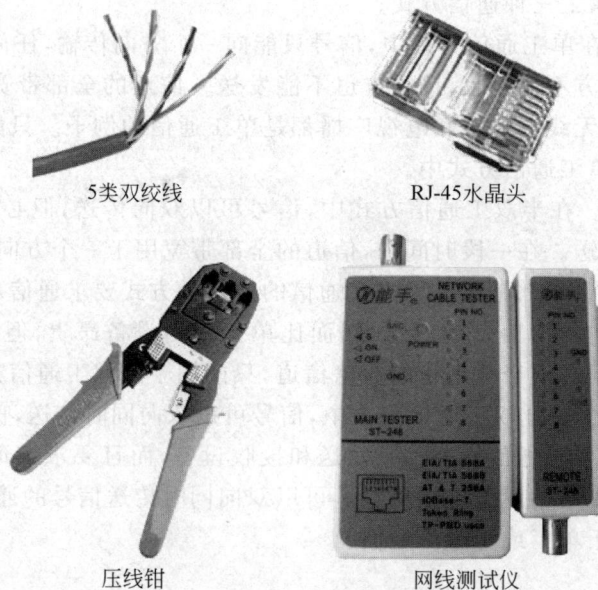

5类双绞线　　　　　　　　RJ-45水晶头

压线钳　　　　　　　　　网线测试仪

图 1-15　5 类双绞线、RJ-45 水晶头、压线钳和网线测试仪

(2) 剥线。用压线钳的剥线刀口夹住 5 类双绞线的外保护套管,适当用力夹紧并慢慢旋转,让刀口正好划开双绞线的外保护套管(小心不要将里面的双绞线的绝缘层划破),刀口距 5 类双绞线的端头至少 2cm。取出端头,剥下保护胶皮,如图 1-16 所示。

(3) 将划开的外保护套管剥去(旋转、向外抽),如图 1-17 所示。

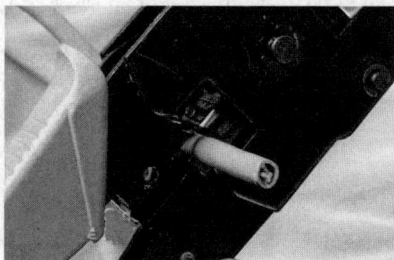

图 1-16　剥线 1

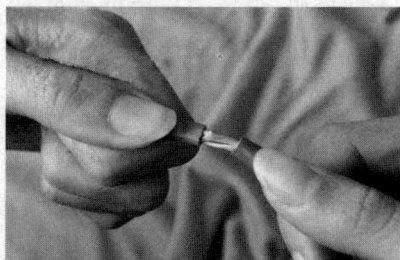

图 1-17　剥线 2

(4) 理线。双绞线由 8 根有色导线两两绞合而成,把相互缠绕在一起的每对线缆逐一解开,按照 EIA/TIA-568B 标准(橙白-1、橙-2、绿白-3、蓝-4、蓝白-5、绿-6、棕白-7、棕-8)和导线颜色将导线按规定的序号排好,排列时注意尽量避免线路的缠绕和重叠,如图 1-18 所示。

(5) 将 8 根导线拉直、压平、理顺,导线间不留空隙,如图 1-19 所示。

(6) 用压线钳的剪线刀口将 8 根导线剪齐,并留下约 12mm 的长度,如图 1-20 所示。

(7) 捏紧 8 根导线,防止导线乱序,把水晶头有塑料弹片的一侧朝下,把整理好的 8 根导线插入水晶头(插至底部),注意"橙白"线要对着 RJ-45 水晶头的第一脚,如图 1-21 所示。

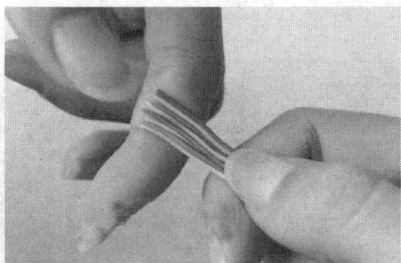

图 1-18 理线 1

图 1-19 理线 2

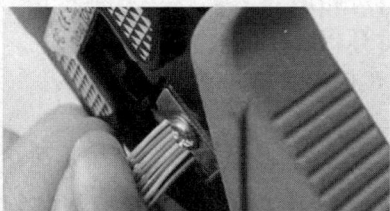

图 1-20 剪线

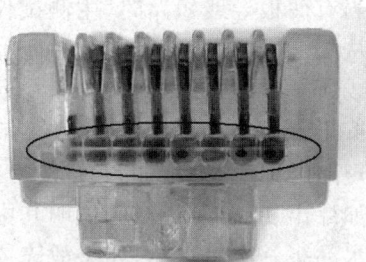

图 1-21 插线 1

（8）确认 8 根导线都已插至水晶头底部，再次检查线序无误后，将水晶头从压线钳"无牙"一侧推入压线槽内，如图 1-22 所示。

（9）压线。双手紧握压线钳的手柄，用力压紧，使水晶头的 8 个针脚接触点穿过导线的绝缘外层，分别和 8 根导线紧紧地压接在一起。压线完成后的成品如图 1-23 所示。

图 1-22 插线 2

图 1-23 压线完成后的成品

**注意**：压过的 RJ-45 水晶头的 8 只金属脚一定比未压过的低，这样才能顺利地嵌入芯线中。优质的卡线钳甚至必须在接脚完全压入后才能松开握柄，取出 RJ-45 水晶头，否则接头会卡在压接槽中取不出来。

（10）按照上述方法制作双绞线的另一端，即可完成。

**2. 测试**

现在已经做好了一根网线，在实际用它连接设备之前，先用一个简易测线仪（如上海三北的"能手"网线测试仪）进行一下连通性测试。

（1）将直通双绞线两端的水晶头分别插入主测试仪和远程测试端的 RJ-45 接口，将开关推至 ON 挡（S 为慢速挡），主测试仪和远程测试端的指示灯应该从 1～8 依次绿色闪亮，说明网线连接正常,如图 1-24 所示。

(2) 若连接不正常,按下述情况显示。

- 当有一根导线如 3 号线断路,则主测试仪和远程测试端的 3 号灯都不亮。
- 当有几条导线断路,则相对应的几条线都不亮,当导线少于 2 根线连通时,灯都不亮。
- 当两头网线乱序,如 2、4 线乱序,则显示如下。
  主测试仪端不变:1-2-3-4-5-6-7-8。
  远程测试端:1-4-3-2-5-6-7-8。
- 当有两根导线短路时,主测试仪的指示灯仍然按照从 1~8 的顺序逐个闪亮,而远程测试端两根短路线所对应的指示灯将被同时点亮,其他的指示灯仍按正常的顺序逐个闪亮。若有 3 根以上(含 3 根)短路时则所有短路的几条线号的灯都不亮。

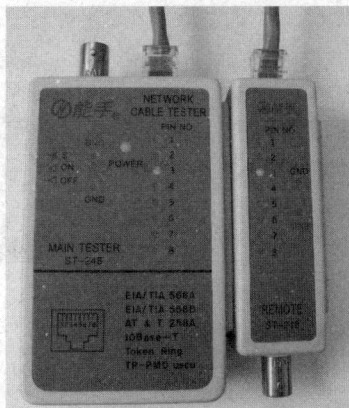

图 1-24　网线连接正常

- 如果出现红灯或黄灯,说明其中存在接触不良等现象,此时最好先用压线钳压制两端水晶头一次后再测,如果故障依旧存在,再检查一下两端芯线的排列顺序是否一样。如果芯线顺序不一样,就应剪掉一端参考另一端芯线顺序重做一个水晶头。

提示:简易测线仪只能简单地测试网线是否导通,不能验证网线的传输质量。传输质量的好坏取决于一系列的因素,如线缆本身的衰减值、串扰的影响等,这往往需要更复杂和高级的测试设备才能准确判断故障的原因。

**3. 制作交叉双绞线并测试**

(1) 制作交叉线的步骤和操作要领与制作直通线一样,只是交叉线一端按 EIA/TIA-568B 标准,另一端按 EIA/TIA-568A 标准制作。

(2) 测试交叉线时,主测试仪的指示灯按 1-2-3-4-5-6-7-8 的顺序逐个闪亮,而远程测试端的指示灯应该是按照 3-6-1-4-5-2-7-8 的顺序逐个闪亮。

**4. 几点说明**

双绞线与设备之间的连接方法很简单,一般情况下,设备口相同,使用交叉线;反之使用直通线。在有些场合下,如何判断自己应该用直通线还是交叉线,特别是当集线器或交换机互连时,有的口是普通口,有的口是级联口,用户可以参考以下几种办法。

(1) 查看说明书。如果该设备在级联时需要交叉线连接,一般在设备说明书中有说明。

(2) 查看连接端口。如果有的端口与其他端口不在一块,且标有 Uplink 或 Out to Hub 等标识,表示该端口为级联口,应使用直通线连接。

(3) 实测。这是最实用的一种方法。可以先制作两条用于测试的双绞线,其中一条是直通线,另一条是交叉线。用其中的一条连接两个设备,这时注意观察连接端口对应的指示灯,如果指示灯亮表示连接正常,否则换另一条双绞线进行测试。

(4) 从颜色区分线缆的类型,一般黄色表示交叉线,蓝色表示直通线。

提示:新型的交换机已不再需要区分 Uplink 口,交换机级联时直接使用直通线。

# 任务 1-2　双机互连对等网络的组建

本次任务需要两台安装 Windows 7 的计算机,也可以使用虚拟机来搭建实训环境。组建双机互连对等网络的步骤如下。

（1）将交叉线两端分别插入两台计算机网卡的 RJ-45 接口，如果观察到网卡的 Link/Act 指示灯亮起，表示连接良好。

（2）在计算机 1 上，依次单击"开始"→"控制面板"→"网络和 Internet"→"网络和共享中心"→"更改适配器设置"，打开"网络连接"窗口。

（3）右击"本地连接"图标，在弹出的快捷菜单中选择"属性"命令，打开"Local Area Connection 属性"对话框，如图 1-25 所示。

（4）选择"Local Area Connection 属性"对话框中的"Internet 协议版本 4（TCP/IPv4）"选项，再单击"属性"按钮［或双击"Internet 协议版本 4（TCP/IPv4）"选项］，打开"Internet 协议版本 4（TCP/IPv4）属性"对话框。

（5）选中"使用下面的 IP 地址"单选按钮，并设置 IP 地址为 192.168.0.1，子网掩码为 255.255.255.0，如图 1-26 所示。同理，设置另一台 PC 的 IP 地址为 192.168.0.2，子网掩码为 255.255.255.0。

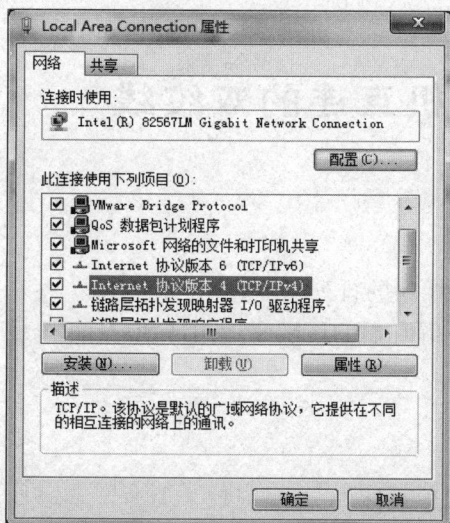

图 1-25　"Local Area Connection 属性"对话框

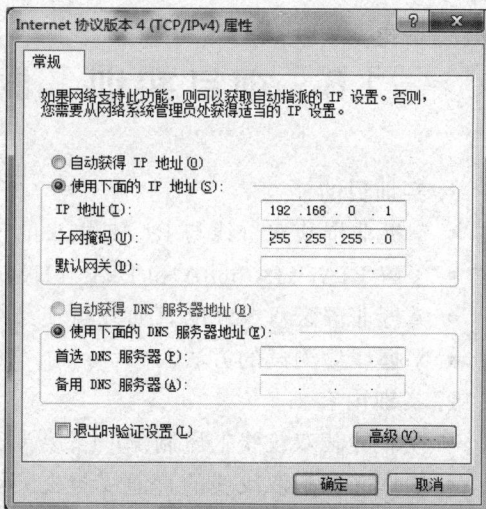

图 1-26　"Internet 协议版本 4（TCP/IPv4）属性"对话框

（6）单击"确定"按钮，返回"Local Area Connection 属性"对话框，接着单击"确定"按钮，关闭"Local Area Connection 属性"对话框。移动鼠标指针到右下角，可以发现，任务栏右下角的系统托盘中会出现"网络连接状态"的提示信息，如图 1-27 所示。

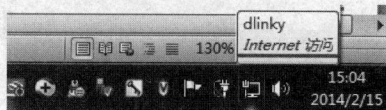

图 1-27　网络连接状态

（7）选择"开始"→"运行"命令，在"运行"对话框的"打开"文本框中输入 cmd 命令，切换到命令行状态。

（8）输入 ping 127.0.0.1 命令，进行回送测试，测试网卡与驱动程序是否正常工作。

（9）输入 ping 192.168.0.1 命令，测试本机 IP 地址是否与其他主机冲突。

（10）输入 ping 192.168.0.2 命令，测试到另一台 PC 的连通性，如图 1-28 所示。如果 ping 不成功，可关闭另一台 PC 上的防火墙后再试。同理，可在另一台 PC 中运行 ping

192.168.0.1 命令。

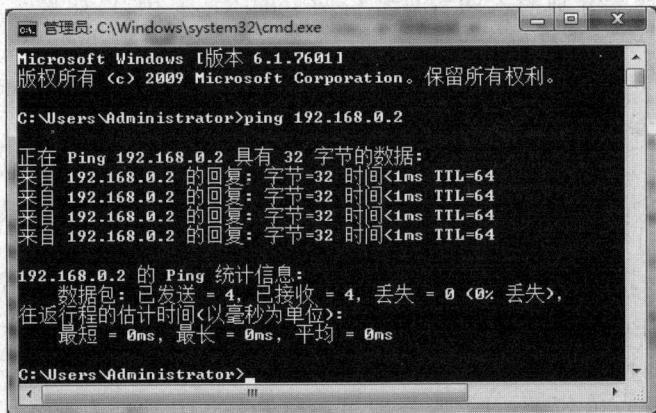

图 1-28　对等网测试成功

# 1.6　项目实训　制作双机互连的双绞线

**1. 实训目的**

- 掌握非屏蔽双绞线与 RJ-45 接头的连接方法。
- 了解 EIA/TIA-568A 和 EIA/TIA-568B 标准线序的排列顺序。
- 掌握非屏蔽双绞线的直通线与交叉线制作,了解它们的区别和适用环境。
- 掌握线缆测试的方法。

**2. 实训内容**

- 在非屏蔽双绞线上压制 RJ-45 接头。
- 制作非屏蔽双绞线的直通线与交叉线,并测试连通性。
- 使用直通线连接 PC 和集线器,使用交叉线连接两台 PC。

**3. 实训要求**

水晶头、100Base TX 双绞线、网线钳、网线测试仪。

# 1.7　习　　题

**一、填空题**

1. 计算机网络的发展历史不长,其发展过程经历了三个阶段:＿＿＿＿＿、

＿＿＿＿＿、＿＿＿＿＿。

2. 20 世纪 60 年代中期,英国国家物理实验室 NPL 的戴维斯提出了＿＿＿＿＿的概念,
1969 年美国的分组交换网 ARPA 网络投入运行。

3. 国际标准化组织 ISO 于 1984 年正式颁布了用于网络互联的国际标准＿＿＿＿＿,这
就产生了第三代计算机网络。

4. 随着计算机技术和计算机网络的发展,先后出现了_____的计算模式、_____的计算模式和_____的计算模式。

5. 计算机网络是由计算机系统、网络节点和通信链路等组成的系统。从逻辑功能上看,一个网络可由_____和_____两个部分构成。

6. 根据网络所采用的传输技术,可以将网络分为_____和_____。

7. 计算机网络是利用通信设备和通信线路,将地理位置分散、具有独立功能的多个计算机系统互联起来,通过网络软件实现网络中_____和_____的系统。

8. 按地理覆盖范围分类,计算机网络可分为_____、_____和_____。

9. 通信系统中,调制前的电信号为_____信号,调制后的信号为调制信号。

10. 在采用电信号表达数据的系统中,数据有数字数据和_____数据两种。

11. 数据通信的传输方式可分为_____和_____,其中计算机主板的总线是采用_____进行数据传输的。

12. 用于计算机网络的传输介质有_____和_____。

13. 在利用电话公共交换网络实现计算机之间的通信时,将数字信号变换成音频信号的过程称为_____,将音频信号逆变换成对应的数字信号的过程称为_____,用于实现这种功能的设备叫_____。

14. 网络中的通信在直接相连的两个设备间实现是不现实的,通常要经过中间节点将数据从信源逐点传送到信宿。通常使用的三种交换技术是_____、_____、_____。

15. 数据传输有两种同步的方法:_____和_____。

16. 网络的参考模型有两种:_____和_____。前者出自国际标准化组织;后者就是一个事实上的工业标准。

17. 从低到高依次写出 OSI 的七层参考模型中的各层名称:_____、_____、_____、_____、_____、_____和_____。

18. 物理层是 OSI 分层结构体系中最重要、最基础的一层。它是建立在通信媒体基础上的,实现设备之间的_____接口。

**二、选择题**

1. 计算机网络的基本功能是(    )。
   A. 资源共享　　　　B. 分布式处理　　　　C. 数据通信　　　　D. 集中管理

2. 计算机网络是(    )与计算机技术相结合的产物。
   A. 网络技术　　　　B. 通信技术　　　　C. 人工智能技术　　　　D. 管理技术

3. 两台计算机通过传统电话网络传输数据信号,需要提供(    )。
   A. 中继器　　　　　　　　　　　　B. 集线器
   C. 调制解调器　　　　　　　　　　D. RJ-45 接头连接器

4. 通过分割线路的传输时间来实现多路复用的技术被称为(    )。
   A. 频分多路复用　　　　　　　　　B. 波分多路复用
   C. 码分多路复用　　　　　　　　　D. 时分多路复用

5. 将物理信道的总带宽分割成若干个子信道,每个子信道传输一路信号,这就是(    )。
   A. 同步时分多路复用　　　　　　　B. 码分多路复用
   C. 异步时分多路复用　　　　　　　D. 频分多路复用

6. 半双工典型的例子是(　　　)。

    A. 广播              B. 电视              C. 对讲机            D. 手机

7. 在同步时钟信号作用下使二进制码元逐位传送的通信方式称为(　　　)。

    A. 模拟通信          B. 无线通信          C. 串行通信         D. 并行通信

8. OSI 系统模型是(　　　)。

    A. 网络协议软件                   B. 应用软件

    C. 强制性标准                    D. 自愿性的参考标准

9. 当一台计算机向另一台计算机发送文件时,下面的(　　　)过程正确描述了数据包的转换步骤。

    A. 数据、数据段、数据包、数据帧、比特       B. 比特、数据帧、数据包、数据段、数据

    C. 数据包、数据段、数据、比特、数据帧       D. 数据段、数据包、数据帧、比特、数据

10. 物理层的功能之一是(　　　)。

    A. 实现实体间的按位无差错传输

    B. 向数据链路层提供一个非透明的位传输

    C. 向数据链路层提供一个透明的位传输

    D. 在 DTE 和 DTE 间完成对数据链路的建立、保持和拆除操作

11. 关于数据链路层的叙述正确的是(　　　)。

    A. 数据链路层协议是建立在无差错物理连接基础上的

    B. 数据链路层是计算机到计算机间的通路

    C. 数据链路上传输的一组信息称为报文

    D. 数据链路层的功能是实现系统实体间的可靠、无差错数据信息传输

## 三、简答题

1. 简述计算机网络定义、组成、分类和功能。

2. 数据通信有哪几种同步方式?它们各自的优缺点是什么?

3. 主要的数据复用技术有哪些?它们各自的适用范围是什么?

4. 什么是单工、半双工和全双工?它们分别适用于什么场合?

5. 什么是基带、频带和宽带传输?

6. 什么是分层网络体系结构?分层的含义是什么?

7. 画出 OSI 参考模型的层次结构,并简述各层功能。

8. 简述 TCP/IP 四层结构及各层的功能。

9. 简述 OSI 环境中的数据传输过程。

# 项目2 组建一个办公室对等网络

## 2.1 项 目 导 入

Smile 最近新开了一家只有 3 个人的小公司,公司位于建新大厦的三层。由于办公自动化的需要,公司购买了 3 台计算机和 1 台打印机。为了方便资源共享和文件的传递及打印,Smile 想组建一个经济实用的小型办公室对等网络,请读者考虑如何组建该网络。

## 2.2 职业能力目标和要求

- 熟练掌握局域网的拓扑结构。
- 掌握局域网的参考模型。
- 熟练掌握局域网介质访问控制方式。
- 掌握以太网及快速以太网组网技术。
- 掌握用交换机组建小型交换式对等网的方法。
- 掌握 Windows 7 对等网中文件夹共享的设置方法和使用。
- 了解 Windows 7 对等网中打印机共享的设置方法。
- 掌握 Windows 7 对等网中映射网络驱动器的设置方法。
- 贯彻科学思维,培养学生的软件工匠精神。

## 2.3 相 关 知 识

### 2.3.1 网络拓扑结构

网络中各个节点相互连接的方法和形式称为网络拓扑。构成局域网的拓扑结构有很多,主要有总线型拓扑结构、星形拓扑结构、环形拓扑结构和树形拓扑结构等,如图 2-1 所示。拓扑结构的选择往往和传输介质的选择以及介质访问控制方法的确定紧密相关。选择拓扑结构时,考虑的主要因素通常是费用、灵活性和可靠性。

**1. 总线型拓扑结构**

总线型拓扑结构采用单个总线进行通信,所有的站点都通过相应的硬件接口直接连接到传输介质——总线上。任何一个站的发送信号都可以沿着介质传播,而且能被其他的站

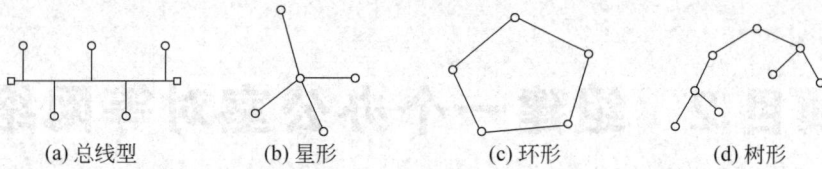

图 2-1　局域网拓扑结构

接收。因为所有的节点共享一条公用的传输链路,所以一次只能由一个设备传输,这就需要采用某种形式的访问控制策略来决定下一次哪一个站可以发送。

1) 总线型拓扑结构的优点

- 结构简单、易于扩充:增加新的站点,可在任一点将其接入。
- 电缆长度短、布线容易:因为所有的站点接到一个公共数据通路,因此,只需很短的电缆长度,减少了安装费用,易于布线和维护。

2) 总线型拓扑结构的缺点

故障诊断困难:由于不是集中控制,故障检测需在网上各个站点上进行。

**2. 星形拓扑结构**

星形拓扑结构是由中央节点和通过点到点的链路接到中央节点的各站点组成。中央节点执行集中式通信控制策略,因此中央节点相当复杂,而各个站点的通信处理负担都很小。一旦建立了通道连接,可以没有延迟地在连通的两个站之间传送数据。星形拓扑结构广泛应用于网络中智能集中于中央节点的场合。

1) 星形拓扑结构的优点

- 方便服务。利用中央节点可方便地提供服务和网络重新配置。
- 集中控制和故障诊断。由于每个站点直接连到中央节点,因此,故障容易检测和隔离,可很方便地将有故障的站点从系统中删除。单个连接的故障只影响一个设备,不会影响全网。
- 简单的访问协议。在星形拓扑结构中,任何一个连接只涉及中央节点和一个站点,因此,控制介质访问的方法很简单,访问协议也十分简单。

2) 星形拓扑结构的缺点

- 依赖于中央节点。中央节点是网络的瓶颈,一旦出现故障则全网瘫痪,所以中央节点的可靠性和冗余度要求很高。
- 电缆长度长。每个站点直接和中央节点相连,这种拓扑结构需要大量电缆,安装、维护等费用相当可观。

**3. 环形拓扑结构**

在环形拓扑结构中,各个网络节点连接成环。环路上,信息单向从一个节点传送到另一个节点,传送路径固定,没有路径选择的问题。由于多个设备共享一个环,因此需要对此进行控制,以便决定每个站在什么时候可以发送数据。这种功能是用分布控制的形式完成的,每个站都有控制发送和接收的访问逻辑。

1) 环形拓扑结构的优点

- 结构简单、容易实现、无路径选择。
- 信息传输的延迟时间相对稳定。

- 所需电缆长度和总线型拓扑结构相似,但比星形拓扑结构要短得多。

2) 环形拓扑结构的缺点

- 可靠性较差。在环上的数据传输要通过接在环上的每一个站点,环中某一个节点出现故障就会引起全网故障。
- 故障诊断困难。因为某一个节点故障都会使全网不工作,因此难以诊断故障,需要对每个节点进行检测。

### 4. 树形拓扑结构

树形拓扑结构可以从星形拓扑结构或总线型拓扑结构演变而来,形状像一棵倒置的树。

1) 树形拓扑结构的优点

- 易于扩展。从本质上看,这种结构可以延伸出很多分支和子分支,新的节点和新的分支很容易加入网内。
- 故障容易隔离。如果某一分支的节点或线路发生故障,很容易将该分支和整个系统隔离开。

2) 树形拓扑结构的缺点

树形拓扑结构的缺点是对根的依赖性大,如果根发生故障,则全网不能正常工作,因此这种结构的可靠性和星形拓扑结构相似。

## 2.3.2　局域网常用连接设备

局域网一般由服务器、用户工作站和通信设备等组成。

通信设备主要是实现物理层和介质访问控制(MAC)子层的功能,在网络节点间提供数据帧的传输,包括中继器、集线器、网桥、交换机、路由器、网关等。

### 1. 中继器

中继器(repeater)的主要功能就是将收到的信号重新整理,使其恢复到原来的波形和强度,然后继续传递下去,以实现更远距离的信号传输。它工作在 OSI 参考模型的最底层(物理层),在以太网中最多可使用四个中继器。

### 2. 集线器

集线器(hub)是单一总线共享式设备,提供很多网络接口,负责将网络中多个计算机连在一起,如图 2-2 所示。所谓共享,是指集线器所有端口共用一条数据总线。

用集线器组建的网络在物理上属于星形拓扑结构,在逻辑上属于总线型拓扑结构。

图 2-2　集线器

### 3. 网桥

网桥(bridge)在数据链路层实现同类网络的互联,它有选择地将数据从某一网段传向另一网段。

网桥的功能在延长网络跨度上类似于中继器,然而它能提供智能化连接服务,即根据数据帧的目的地址处于哪一网段来进行转发和过滤。网桥对站点所处网段的了解是靠"自学"实现的。

### 4. 交换机

交换机(switch)也叫交换式集线器,是一种工作在数据链路层上的、基于 MAC 地址识别、能完成封装转发数据包功能的网络设备。

交换机是集线器的升级产品,每一端口都可视为独立的网段,连接在其上的网络设备共同享有该端口的全部带宽。由于交换机根据所传递信息包的目的地址,将每一信息包独立地从源端口传送至目的端口,而不会向所有端口发送,避免了与其他端口发生冲突,从而提高了传输效率。

交换机与集线器的区别如下。

(1) OSI 体系结构上的区别。集线器属于 OSI 的第一层(物理层)设备,而交换机属于 OSI 的第二层(数据链路层)设备。

(2) 工作方式上的区别。集线器的工作机理是广播,无论是从哪一个端口接收到信息包,都以广播的形式将信息包发送给其余的所有端口,这样很容易产生广播风暴,当网络规模较大时,网络性能会受到很大的影响;交换机工作时,只有发出请求的端口和目的端口之间相互响应,不影响其他端口,因此交换机能够隔离冲突域和有效地抑制广播风暴的产生。

(3) 带宽占用方式上的区别。集线器不管有多少个端口,所有端口都是共享一条带宽,在同一时刻只能有两个端口在发送或接收数据,其他端口只能等待,同时集线器只能工作在半双工模式下;而对于交换机而言,每个端口都有一条独占的带宽,当两个端口工作时并不影响其他端口的工作,同时交换机不但可以工作在半双工模式下,而且可以工作在全双工模式下。

**5. 路由器**

路由器工作在 OSI 第三层(网络层),这意味着它可以在多个网络上交换数据包和实现路由功能。

比起网桥,路由器不但能过滤和分隔网络信息流、连接网络分支,还能访问数据包中更多的信息,并用来提高数据包的传输效率。常见的家用路由器如图 2-3 所示。

**6. 网关**

网关通过把信息重新包装来适应不同的网络环境。网关能互联异类的网络,网关从一个网络中读取数据,剥去原网络中的数据协议,然后用目标网络的协议进行重新包装。

图 2-3　常见的家用路由器

网关的一个较为常见的用途,是在局域网的微机和小型机或大型机之间作"翻译",从而连接两个(或多个)异类的网络。网关的典型应用是当作网络专用服务器。

## 2.3.3　局域网的参考模型

局域网技术从 20 世纪 80 年代开始迅速发展,各种局域网产品层出不穷,但是不同设备生产商的产品互不兼容,给网络系统的维护和扩充带来了很大困难。电气电子工程师协会(IEEE)下设的 IEEE 802 委员会根据局域网介质访问控制方法适用的传输介质、拓扑结构、性能及实现难易等因素,为局域网制定了一系列的标准,称为 IEEE 802 标准。

由于 OSI 是针对广域网设计的,因而 OSI 的数据链路层可以很好地解决广域网中通信子网的交换节点之间的点到点通信问题。但是,当将 OSI 模型应用于局域网时就会出现一个问题:该模型的数据链路层不具备解决局域网中各站点争用共享通信介质的能力。为了解决这个问题,同时又保持与 OSI 模型的一致性,在将 OSI 模型应用于局域网时,就将数据

链路层划分为两个子层：逻辑链路控制（logical link control，LLC）子层和介质访问控制
（medium access control，MAC）子层。MAC 子层处理局域网中各站对通信介质的争用问题，对于不同的网络拓扑结构可以采用不同的 MAC 方法。LLC 子层屏蔽各种 MAC 子层的具体实现，将其改造成为统一的 LLC 界面，从而向网络层提供一致的服务。图 2-4 描述了 IEEE 802 模型与 OSI 模型的对应关系。

| 应用层 | | 高层 |
|---|---|---|
| 表示层 | | |
| 会话层 | | |
| 传输层 | | |
| 网络层 | | |
| 数据链路层 | | LLC子层 |
| | | MAC子层 |
| 物理层 | | 物理层 |

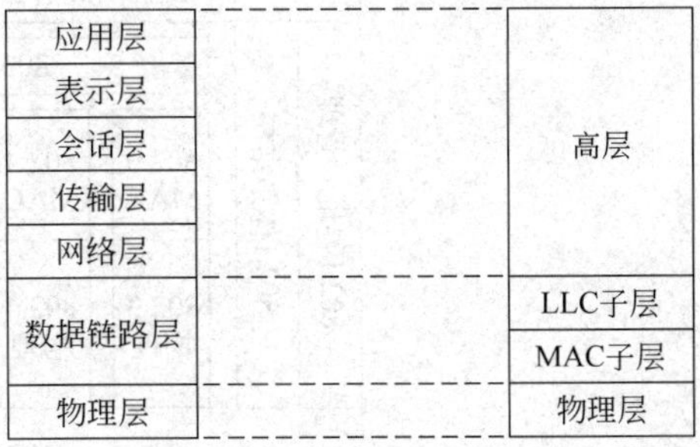

图 2-4    IEEE 802 模型与 OSI 模型的对应关系

**1. MAC 子层（介质访问控制层）**

MAC 子层是数据链路层的一个功能子层，是数据链路层的下半部分，它直接与物理层相邻。MAC 子层为不同的物理介质定义了介质访问控制标准。主要功能如下。

- 传送数据时，将传送的数据组装成 MAC 帧，帧中包括地址和差错检测字段。
- 接收数据时，将接收的数据分解成 MAC 帧，并进行地址识别和差错检测字段。
- 管理和控制对局域网传输介质的访问。

**2. LLC 子层（逻辑链路控制子层）**

该层在数据链路层的上半部分，在 MAC 层的支持下向网络层提供服务。它可运行于所有 IEEE 802 局域网和城域网协议上。LLC 子层与传输介质无关，它隐蔽了各种 IEEE 802 网络之间的差别，并向网络层提供一个统一的格式和接口。

LLC 子层的功能包括差错控制、流量控制和顺序控制，并为网络层提供面向连接和无连接的两类服务。

## 2.3.4    IEEE 802 标准

IEEE 802 标准已被美国国家标准协会（ANSI）接受为美国国家标准；随后又被国际标准化组织（ISO）采纳为国际标准，称为 ISO 802 标准。

IEEE 802 委员会认为，由于局域网只是一个计算机通信网，而且不存在路由选择问题，因此它不需要网络层，有最低的两个层次就可以；但与此同时，由于局域网的种类繁多，其介质访问控制方法也各不相同，因此有必要将局域网分解为更小而且更容易管理的子层。

IEEE 802 标准系列间的关系如图 2-5 所示。根据网络发展的需要，新的协议还在不断补充进 IEEE 802 标准。IEEE 802 局域网标准包括以下方面。

（1）IEEE 802.1：综述和体系结构。它除了定义 IEEE 802 标准和 OSI 参考模型高层的接口外，还解决寻址、网络互联和网络管理等方面的问题。

（2）IEEE 802.2：逻辑链路控制，定义 LLC 子层为网络层提供的服务。对于所有的 MAC 规范，LLC 是共同的。

（3）IEEE 802.3：带冲突检测的载波侦听多路访问（carrier sense multiple access with collision detection，CSMA/CD）控制方法和物理层规范。

（4）IEEE 802.4：令牌总线（token bus）访问控制方法和物理层规范。

（5）IEEE 802.5：令牌环（token ring）访问控制方法和物理层规范。

（6）IEEE 802.6：城市区域网（metropolitan area network，MAN）访问控制方法和物理

图 2-5  IEEE 802 标准系列间的关系

层规范。

（7）IEEE 802.7：时隙环(slotted ring)访问控制方法和物理层规范。

## 2.3.5  局域网介质访问控制方式

局域网使用的是广播信道，即众多用户共享通信媒体，为了保证每个用户不发生冲突，能正常通信，关键问题是如何解决对信道争用问题。解决信道争用的协议称为介质访问控制协议(medium access control，MAC)，这是数据链路层协议的一部分。

局域网常用的介质访问控制协议有载波侦听多路访问/冲突检测(CSMA/CD)、令牌环(token ring)访问控制和令牌总线访问控制。采用 CSMA/CD 的以太网已是局域网的主流，本书重点介绍。

载波侦听多路访问/冲突检测是一种适合于总线型结构的具有信道检测功能的分布式介质访问控制方法。最初的以太网是基于总线拓扑结构的，使用的是粗同轴电缆，所有站点共享总线，每个站点根据数据帧的目的地址决定是丢弃还是处理该帧。

载波侦听多路访问/冲突检测协议可分为"载波侦听"和"冲突检测"。

**1. 工作过程**

CSMA/CD 又被称为"先听后讲，边听边讲"，其具体工作过程概括如下。

（1）先侦听信道，如果信道空闲则发送信息。

（2）如果信道忙，则继续侦听，直到信道空闲时立即发送。

（3）发送信息后进行冲突检测，如发生冲突，立即停止发送，并向总线发出一串阻塞信号(连续几个字节全 1)，通知总线上各站点冲突已发生，使各站点重新开始侦听与竞争。

（4）已发出信息的站点收到阻塞信号后，等待一段随机时间，重新进入侦听发送阶段。

CSMA/CD 发送流程如图 2-6 所示。

**2. 二进制指数后退算法**

实际上，当一个站开始发送信息时，检测到本次发送有无冲突的时间很短，它不超过该站点与距离该站点最远站点信息传输时延的两倍。假设 A 站点与距离 A 站最远 B 站点的传输时延为 $T$(图 2-7)，那么 $2T$ 就作为一个时间单位。若该站点在信息发送后 $2T$ 时间内无冲突，则该站点取得使用信道的权利。可见，要检测是否冲突，每个站点发送的最小信息长度必须大于 $2T$。

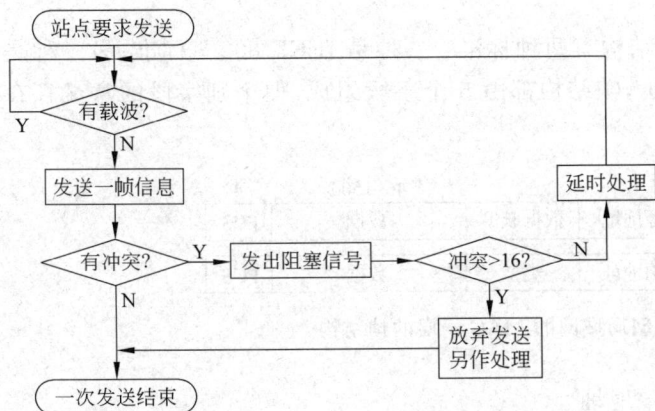

图 2-6   CSMA/CD 发送流程

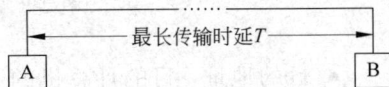

图 2-7   传输时延示意图

在标准以太网中,$2T$ 取 $51.2\mu s$。在 $51.2\mu s$ 的时间内,对 10Mbps 的传输速率,可以发送 512bit,即 64 字节数据。因此以太网发送数据,如果发送 64 字节还没发生冲突,那么后续的数据将不会发生冲突。为了保证每一个站点都能检测到冲突,以太网规定最短的数据帧为 64 字节。在接收到的小于 64 字节的帧都是由于发生冲突后站点停止发送的数据片,是无效的,应该丢弃。反过来说,如果以太网的帧小于 64 字节,那么有可能某个站点数据发送完毕后,没有检测到冲突,但冲突实际已经发生。

为了检测冲突,在每个站点的网络接口单元(NIU)中设置有相应电路,当有冲突发生时,该站点延迟一个随机时间($2T \times$ 随机数),再重新侦听。与延迟相应的随机数一般取 $(0, M)$ 之间,$M = 2^{\min(10, N)}$。其中 $N$ 为已检测到的冲突次数:冲突大于 16,则放弃发送,另做处理。这种延迟算法称为二进制指数后退算法。

由于采用冲突检测的机制,站点间只能采用半双工的通信方式。同时,当网络中的站点增多,网络流量增加时,各站点间的冲突概率大增加,网络性能变差,会造成网络拥塞。

## 2.3.6   以太网技术

1976 年 7 月,Bob 在 ALOHA 网络的基础上,提出总线型局域网的设计思想,并提出冲突检测、载波侦听与随机后退延迟算法,将这种局域网命名为以太网(Ethernet)。

以太网的核心技术是介质访问控制方法 CSMA/CD,它解决了多节点共享公用总线的问题。每个站点都可以接收到所有来自其他站点的数据,目的站点将该帧复制,其他站点则丢弃该帧。

数据链路层数据
抓包协议分析

**1. MAC 地址**

为了标识以太网上的每台主机,需要给每台主机上的网络适配器(网卡)分配一个全球唯一的通信地址,即以太网地址或称为网卡的物理地址、MAC 地址。

以太网地址长度为 48bit,共 6 字节,如 00-0D-88-47-58-2C,其中,前 3 字节为 IEEE 分配给厂商的厂商代码(00-0D-88),后 3 字节为厂商自己设置的网络适配器编号(47-58-2C)。

### 2. 以太网的 MAC 帧格式

总线型局域网的 MAC 子层的帧结构有两种标准:一种是 IEEE 802.3 标准;另一种是 DIX Ethernet V2 标准。如图 2-8 所示,帧结构都由 5 个字段组成,但个别字段的意义存在差别。

| 字节 | 6 | 6 | 2 | 46~1500 | 4 |
|---|---|---|---|---|---|
| 802.3 MAC帧 | 目的地址 | 源地址 | 数据长度 | 数据 | FCS |
| 以太网V2 MAC帧 | 目的地址 | 源地址 | 类型 | 数据 | FCS |

图 2-8  总线型局域网的 MAC 子层的帧结构

- 目的地址:目的计算机的 MAC 地址。
- 源地址:本计算机的 MAC 地址。
- 类型:2 字节,高层协议标识,表明上层使用何种协议。如类型值为 0x0800 时,高层使用 IP。上层协议不同,以太网帧的长度范围也有变化。
- 数据:46~1500 字节,上层传下来的数据。46 字节是以太网帧的最小字节 64 字节减去前后的固定字段字节和 18 字节而得到的。
- 填充字段:保证帧长不少于 64 字节。当上层数据小于 46 字节,会自动添加字节。
- FCS:帧校验序列,这是一个 32 位的循环冗余码(CRC-32)。

### 3. 10Mbps 标准以太网

以前,以太网只有 10Mbps 的吞吐量,采用 CSMA/CD 的介质访问控制方法和曼彻斯特编码,这种早期的 10Mbps 以太网称为标准以太网。

以太网可以使用粗同轴电缆、细同轴电缆、非屏蔽双绞线、屏蔽双绞线和光纤等多种传输介质进行连接,并且在 IEEE 802.3 标准中,为不同的传输介质制定了不同的物理层标准,在这些标准中前面的数字表示传输速度,单位是 Mbps,最后的一个数字表示单段网线长度(基准单位是 100m),Base 表示"基带"的意思。表 2-1 是各类 10Mbps 标准以太网的特性比较。

表 2-1  各类 10Mbps 标准以太网的特性比较

| 特　　性 | 10Base-5 | 10Base-2 | 10Base-T | 10Base-F |
|---|---|---|---|---|
| IEEE 标准 | IEEE 802.3 | IEEE 802.3a | IEEE 802.3i | IEEE 802.3j |
| 速率(Mbps) | 10 | 10 | 10 | 10 |
| 传输方法 | 基带 | 基带 | 基带 | 基带 |
| 无中继器,线缆最大长度(m) | 500 | 185 | 100 | 2000 |
| 站间最小距离(m) | 2.5 | 0.5 | — | — |
| 最大长度(m)/媒体段数 | 2500/5 | 925/5 | 500/5 | 4000/2 |
| 传输介质 | 50Ω 粗同轴电缆($\phi$10) | 50Ω 细同轴电缆($\phi$5) | UTP | 多模光纤 |
| 拓扑结构 | 总线型 | 总线型 | 星形 | 星形 |
| 编码 | 曼彻斯特编码 | 曼彻斯特编码 | 曼彻斯特编码 | 曼彻斯特编码 |

在局域网发展历史中,10Base-T 技术是现代以太网技术发展的里程碑。使用集线器时,10Base-T 需要 CSMA/CD,但使用交换机时,则大多数情况下不需要 CSMA/CD。

## 2.3.7　快速以太网

### 1. 快速以太网(100Base-T)简介

快速以太网是在传统以太网基础上发展的,因此它不仅保持相同的以太帧格式,而且还保留了用于以太网的 CSMA/CD 介质访问控制方式。

快速以太网具有以下特点。

- 协议采用与 10Base-T 相似的层次结构,其中 LLC 子层完全相同,但在 MAC 子层与物理层之间采用了介质无关接口。
- 数据帧格式与 10Base-T 相同,包括最小帧长为 64 字节,最大帧长为 1518 字节。
- 介质访问控制方式仍然是 CSMA/CD。
- 传输介质采用 UTP 和光纤,传输速率为 100Mbps。
- 拓扑结构为星形结构,网络节点间最大距离为 205m。

### 2. 快速以太网分类

快速以太网标准分为 100Base-T4、100Base-TX 和 100Base-FX 三个子类,如表 2-2 所示。

表 2-2　快速以太网标准

| 名　　称 | 线　　缆 | 最大距离(m) | 优　　点 |
|---|---|---|---|
| 100Base-T4 | 双绞线 | 100 | 可以使用 3 类双绞线 |
| 100Base-TX | 双绞线 | 100 | 全双工、5 类双绞线 |
| 100Base-FX | 光纤 | 200 | 全双工、长距离 |

### 3. 快速以太网接线规则

快速以太网对 MAC 层的接口有所拓展,它的接线规则有相应变化,如图 2-9 所示。

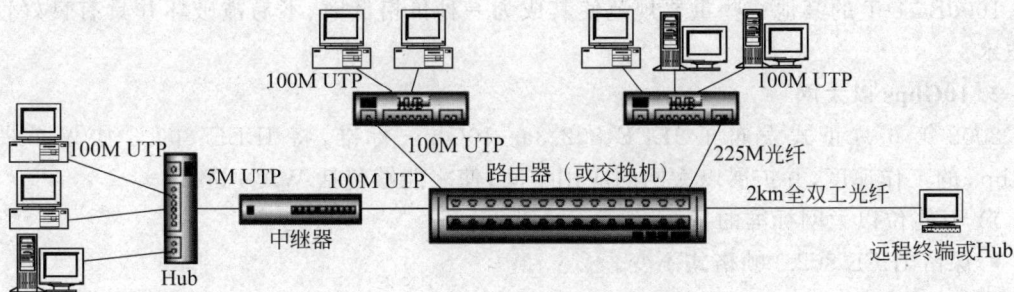

图 2-9　快速以太网接线规则

- 站点距离中心节点的 UTP 最大长度依然是 100m。
- 增加了Ⅰ级和Ⅱ级中继器规范。

在 10Mbps 标准以太网中对所有介质采用同一中继器定义。100Mbps 以太网定义了Ⅰ级和Ⅱ级两类中继器,两类中继器靠传输时延来划分,时延 0.7μs 的为Ⅰ级中继器,在 0.46μs 以下的为Ⅱ级中继器。

在一条链路上只能使用一个Ⅰ级中继器,两端的链路为 100m。最多可以使用 2 个Ⅱ级中继器,可以用两段 100m 的链路和 5m 的中继器间的链路。两个站点间或站点与交换机间的最大距离为 205m。

当采用光纤布线时,交换机与中继器(集线器)连接,如果采用半双工通信,两者之间的光纤最大距离为 225m。如果采用全双工通信,站点到交换机间的距离可以达到 2000m 或更长。

快速以太网仍然是基于载波侦听多路访问/冲突检测(CSMA/CD)技术,当网络负载较重时,会造成效率低下。

### 2.3.8　千兆位以太网和 10Gbps 以太网

#### 1. 千兆位以太网

千兆位以太网技术有两个标准:IEEE 802.3z 和 IEEE 802.3ab。IEEE 802.3z 制定了光纤和短程铜线连接方案的标准。IEEE 802.3ab 制定了 5 类双绞线上较长距离连接方案的标准。

1) IEEE 802.3z

(1) 1000Base-SX。1000Base-SX 只支持多模光纤,可以采用直径 62.5μm 和 50μm 的多模光纤,工作波长为 770~860nm,传输距离为 550m 左右。

(2) 1000Base-LX。1000Base-LX 既可以使用多模光纤,也可以使用单模光纤。

多模光纤采用直径 62.5μm 和 50μm,工作波长为 1270~1355nm,传输距离为 550m 左右。

单模光纤采用直径 9μm 和 10μm,工作波长为 1270~860nm,传输距离为 5km 左右。

(3) 1000Base-CX。1000Base-CX 采用 150Ω 屏蔽双绞线(STP),传输距离为 25m。

2) IEEE 802.3ab

IEEE 802.3ab 工作组负责制定基于 UTP 的半双工链路的千兆以太网标准。IEEE 802.3ab 定义了基于 5 类 UTP 的 1000Base-T 标准,是 100Base-T 的自然扩展,与 10Base-T、100Base-T 完全兼容,其目的是在 5 类 UTP 上以 1000Mbps 速率传输 100m,保护用户在 5 类 UTP 布线上的投资。

1000Base-T 的其他一些重要规范使其成为一种价格低廉、不易被破坏并具有良好性能的技术。

#### 2. 10Gbps 以太网

2002 年 6 月正式发布了 IEEE 802.3ae 10Gbps 标准,将 IEEE 802.3 协议扩展到 10Gbps 的工作速度,并扩展以太网的应用空间,使之能够包括 WAN 链接。

1) 万兆位以太网标准的目标

- 保留 IEEE 802.3 帧格式不变。
- 保留 IEEE 802.3 最小/最大帧长不变。
- 只支持全双工运行模式。
- 不需要进行冲突检测,不再使用 CSMA/CD 协议。
- 仅使用光缆作为传输介质。
- 可提供 10Gbps 的城域网或局域网数据传输速率,也可以支持 10.59Gbps 的广域网数据传输速率(支持 SONET/SDH)。

2) IEEE 802.3ae 标准的分类

(1) 10GBase-SR Serial:850nm 短距离模块(现有多模光纤上最长传输距离为 85m,新型 2000MHz/km 多模光纤上最长传输距离为 300m）。

（2）10GBase-LR Serial：1310nm 长距离模块（单模光纤上最长传输距离为 10km）。

（3）10GBase-ER Serial：1550nm 超长距离模块（单模光纤上最长传输距离为 40km）。

# 2.4　项目设计与准备

**1. 项目设计**

（1）由于公司规模小，只有 103 台计算机，网络应用并不多，对网络性能要求也不高。组建小型共享式对等网就可满足目前公司办公和网络应用的需求。

（2）该网络采用星形拓扑结构，用双绞线把各计算机连接到以集线器为核心的中央节点，没有专用的网络服务器，每台计算机既是服务器，又是客户机，这样可节省购买专用服务器的费用。

（3）小型共享式对等网结构简单、费用低廉，便于网络维护以及今后的升级，适合小型公司的网络需求。

（4）网络硬件连接完成后，还要配置每台计算机的名称、所在的工作组、IP 地址和子网掩码等，然后用 ping 命令测试网络是否正常连通。设置文件共享和打印机共享后，用户之间就可进行文件访问、传送以及共享打印。

（5）由于集线器是共享总线的，随着网络应用的增多，广播干扰和数据"碰撞"的现象日益严重，网络性能会不断下降。此时，可组建以交换机为中心节点的交换式对等网，进一步提高网络性能。

**2. 项目准备**

（1）直通线 3 条。

（2）打印机 1 台。

（3）集线器 1 台。

（4）安装 Windows 7 的计算机 3 台（也可使用虚拟机）。网络拓扑结构如图 2-10 所示。

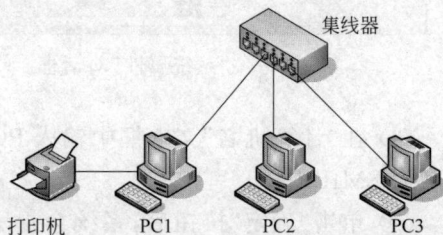

图 2-10　组建办公室对等网的网络拓扑结构

# 2.5　项 目 实 施

## 任务 2-1　小型共享式对等网的组建

组建小型共享式对等网的步骤如下。

**1. 硬件连接**

（1）将 3 条直通双绞线的两端分别插入每台计算机网卡的 RJ-45 接口和集线器的 RJ-45 接口中，检查网卡和集线器的相应指示灯是否亮起，以判断网络是否正常连通。

（2）将打印机连接到 PC1 计算机。

**2. TCP/IP 配置**

（1）配置 PC1 的 IP 地址为 192.168.1.10，子网掩码为 255.255.255.0；配置 PC2 的 IP 地址为 192.168.1.20，子网掩码为 255.255.255.0；配置 PC3 的 IP 地址为 192.168.1.30，子网掩码为 255.255.255.0。设置方法请参见项目 1。

（2）在 PC1、PC2 和 PC3 之间用 ping 命令测试网络的连通性。

**3. 设置计算机名和工作组名**

（1）依次选择"开始"→"控制面板"→"系统和安全"→"系统"→"高级系统设置"→"计算机名"，打开"系统属性"对话框，如图 2-11 所示。

（2）在"计算机名"选项卡中单击"更改"按钮，打开"计算机名/域更改"对话框，如图 2-12 所示。

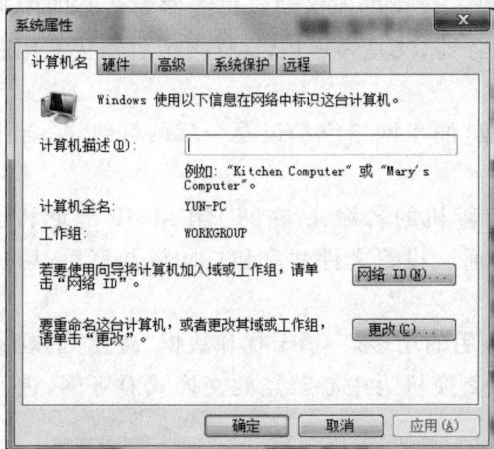

图 2-11　"系统属性"对话框

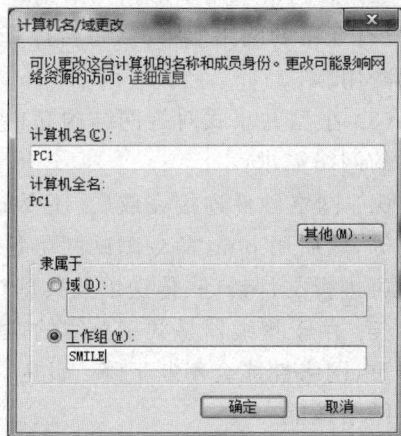

图 2-12　"计算机名/域更改"对话框

（3）在"计算机名"文本框中输入 PC1 作为本机名，选中"工作组"单选按钮，并设置工作组名为 SMILE。

（4）单击"确定"按钮后，系统会提示重启计算机。系统重启后，修改后的"计算机名"和"工作组名"就生效了。

**4. 安装共享服务**

（1）依次选择"开始"→"控制面板"→"网络和 Internet"→"网络和共享中心"→"更改适配器设置"，打开"网络连接"窗口。

（2）右击"本地连接"图标，在弹出的快捷菜单中选择"属性"命令，打开"Local Area Connection 属性"对话框，如图 2-13 所示。

（3）界面中已选中"Microsoft 网络的文件和打印机共享"复选框，说明共享服务安装正确。否则检查安装并选中该复选框。

（4）单击"确定"按钮，重启系统后设置

图 2-13　"Local Area Connection 属性"对话框

生效。

**5. 设置有权限共享的用户**

(1) 单击"开始"菜单,右击"计算机",在弹出的快捷菜单中选择"管理"命令,打开"计算机管理"窗口,如图 2-14 所示。

图 2-14　"计算机管理"窗口

(2) 依次展开"本地用户和组"→"用户",右击"用户",在弹出的快捷菜单中选择"新用户"命令,打开"新用户"对话框,如图 2-15所示。

(3) 依次输入用户名、密码等信息,然后单击"创建"按钮,创建新用户 shareuser。

**6. 设置文件夹共享**

(1) 右击某一需要共享的文件夹,在弹出的快捷菜单中选择"特定用户"命令,如图 2-16所示。

(2) 在打开的"文件共享"对话框中单击下三角按钮,选择能够访问共享文件夹 share 的用户 shareuser,如图 2-17 所示。

(3) 单击"共享"按钮,完成文件夹共享的设置,如图 2-18 所示。

图 2-15　"新用户"对话框

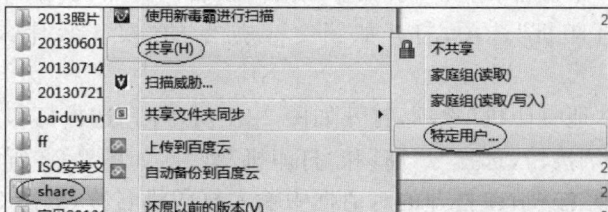

图 2-16　设置文件夹共享

39

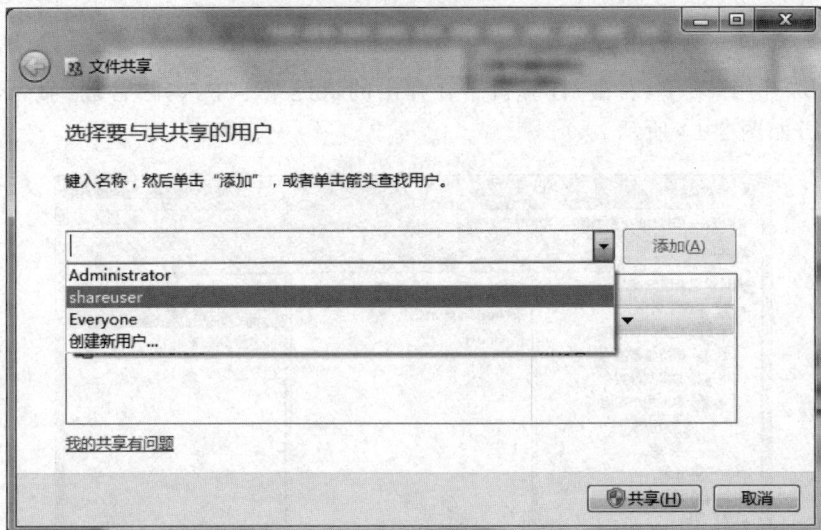

图 2-17　"文件共享"对话框

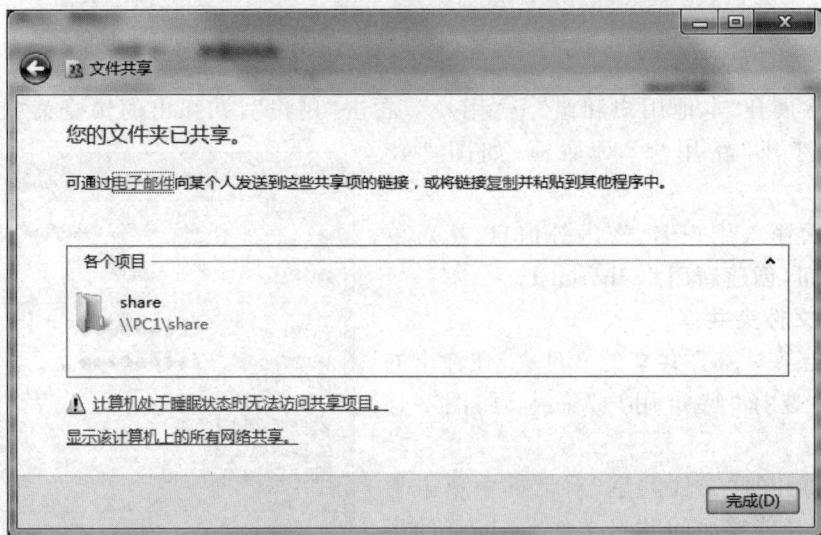

图 2-18　完成文件夹共享

**7. 设置打印机共享**

(1) 选择"开始"→"设备和打印机"命令,打开"设备和打印机"窗口,如图 2-19 所示。

(2) 单击"添加打印机"选项,打开如图 2-20 所示的"要安装什么类型的打印机?"对话框。

(3) 单击"添加本地打印机"选项,打开如图 2-21 所示的"选择打印机端口"对话框。

(4) 单击"下一步"按钮,选择"厂商"和"打印机"型号,如图 2-22 所示。

(5) 单击"下一步"按钮,在打开的对话框中输入打印机名称,如图 2-23 所示。

(6) 单击"下一步"按钮,选择"共享此打印机以便网络中的其他用户可以找到并使用它"单选按钮,共享该打印机,如图 2-24 所示。

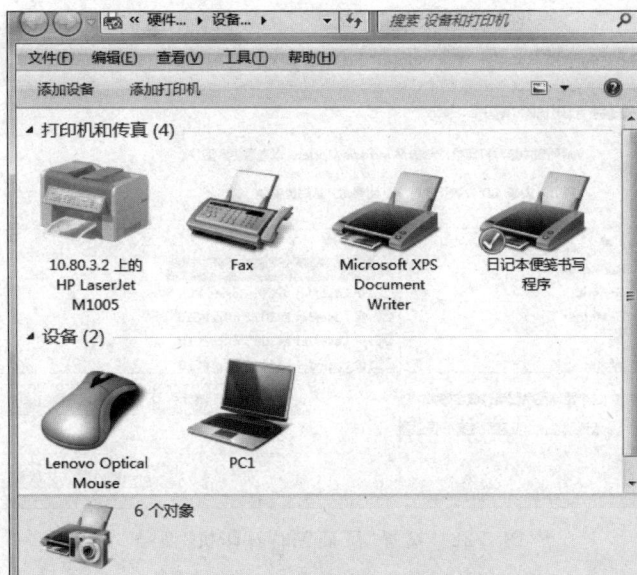

图 2-19　"设备和打印机"窗口

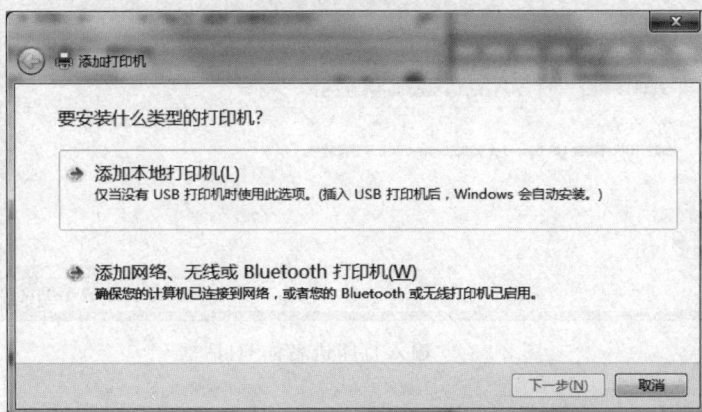

图 2-20　"要安装什么类型的打印机?"对话框 1

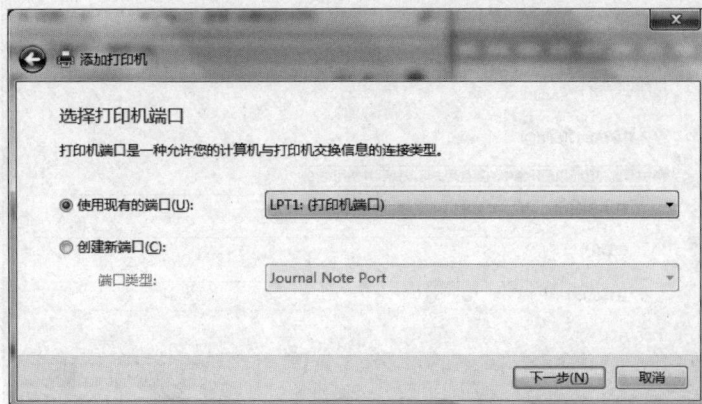

图 2-21　"选择打印机端口"对话框

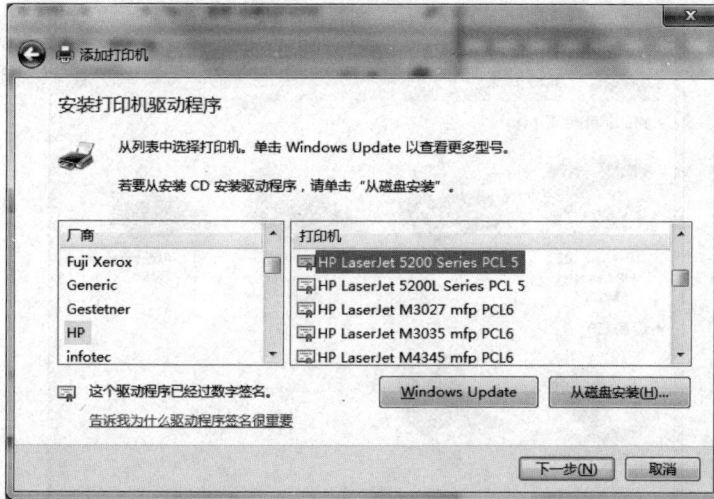

图 2-22　选择"厂商"和"打印机"型号

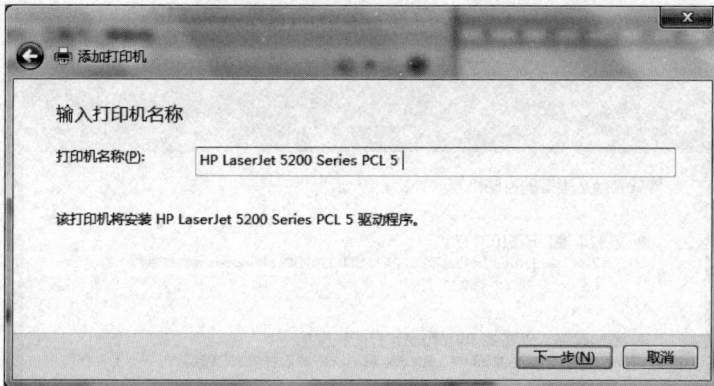

图 2-23　"输入打印机名称"对话框

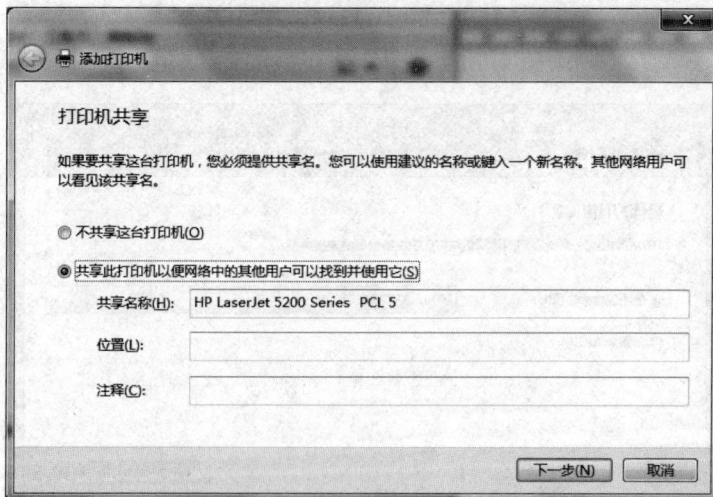

图 2-24　"打印机共享"对话框

（7）单击"下一步"按钮，设置默认打印机，如图 2-25 所示。单击"完成"按钮，完成打印机的安装。

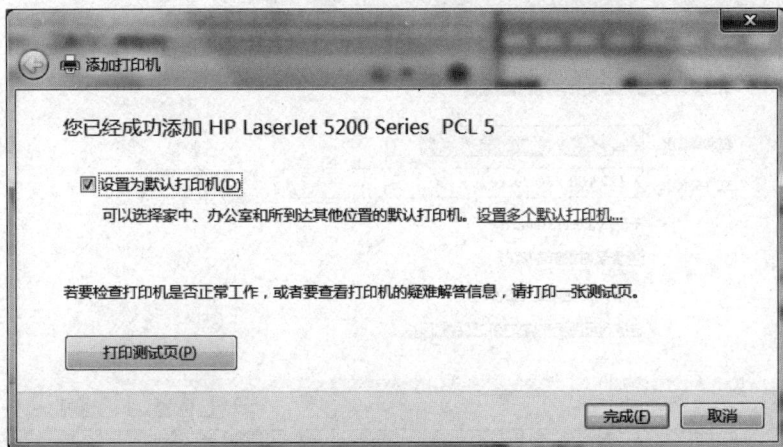

图 2-25　"添加打印机"对话框 1

### 8. 使用共享文件夹

（1）在其他计算机中，如 PC2，在资源管理器或 IE 浏览器的"地址"栏中输入共享文件所在的计算机名或 IP 地址，如输入"\\192.168.1.10"或"\\PC1"，输入用户名和密码，即可访问共享资源（如共享文件夹 share），如图 2-26 所示。

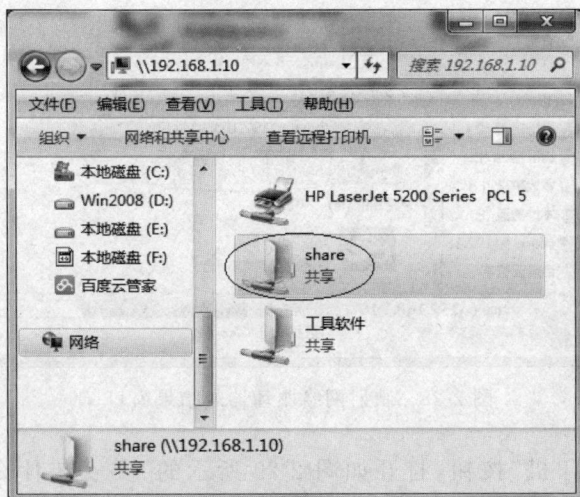

图 2-26　"使用共享文件夹"窗口

（2）右击共享文件夹 share 图标，在弹出的快捷菜单中选择"映射网络驱动器"命令，打开"映射网络驱动器"对话框，如图 2-27 所示。

（3）单击"完成"按钮，完成"映射网络驱动器"操作。双击打开"计算机"，这时可以看到共享文件夹已被映射成 Z 驱动器，如图 2-28 所示。

### 9. 使用共享打印机

（1）在 PC2 或 PC3 中，选择"开始"→"设备和打印机"，打开"设备和打印机"窗口。

43

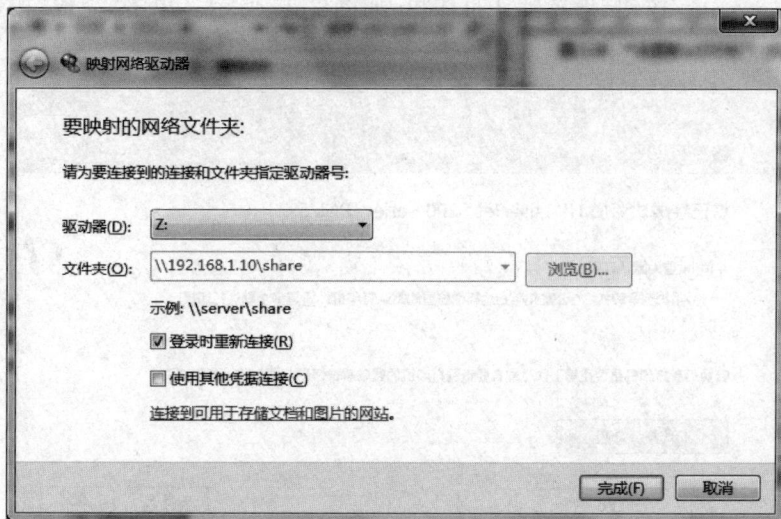

图 2-27　"映射网络驱动器"对话框

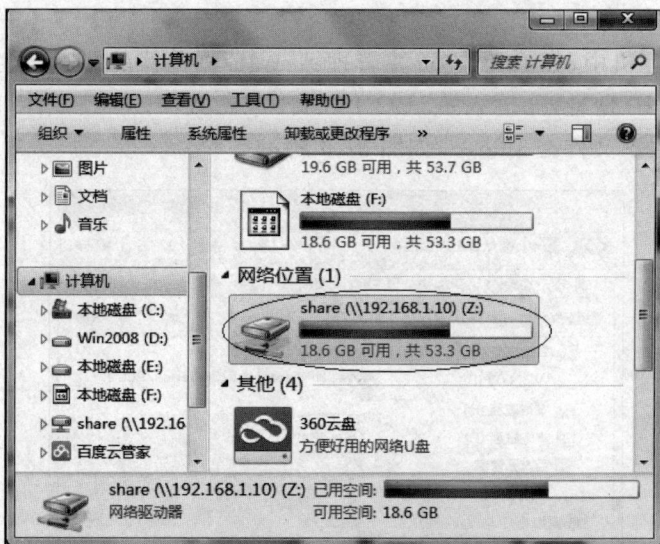

图 2-28　映射网络驱动器的结果窗口

　　(2) 单击"添加打印机"按钮,打开如图 2-29 所示的"要安装什么类型的打印机?"对话框。

　　(3) 单击"添加网络、无线或 Bluetooth 打印机"选项,打开如图 2-30 所示的"添加打印机"对话框。

　　(4) 一般网络上共享的打印机会被自动搜索。如果没有搜索到,可单击"我需要的打印机不在列表中"选项,打开如图 2-31 所示的"添加打印机"对话框,选中"按名称选择共享打印机"单选按钮,输入 UNC 方式的共享打印机。本例中输入"\\192.168.1.10\HP LaserJet 5200 Series PCL 5"或"\\pc1\HP LaserJet 5200 Series PCL 5"。

　　(5) 单击"下一步"按钮继续,最后单击"完成"按钮,完成网络共享打印机的安装。

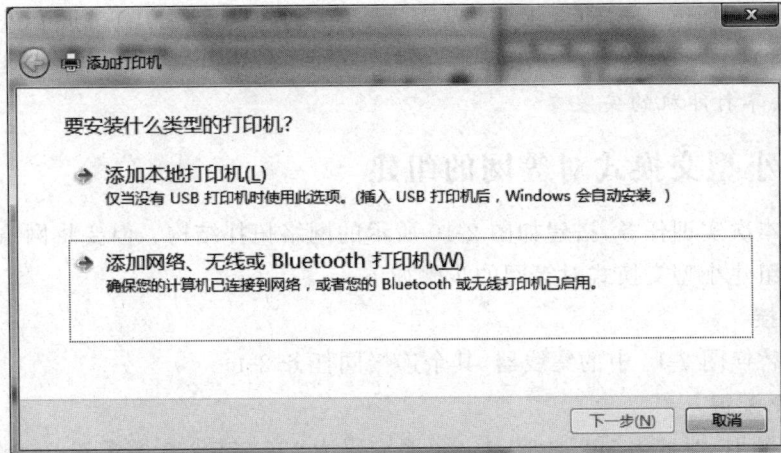

图 2-29　"要安装什么类型的打印机?"对话框 2

图 2-30　"添加打印机"对话框 2

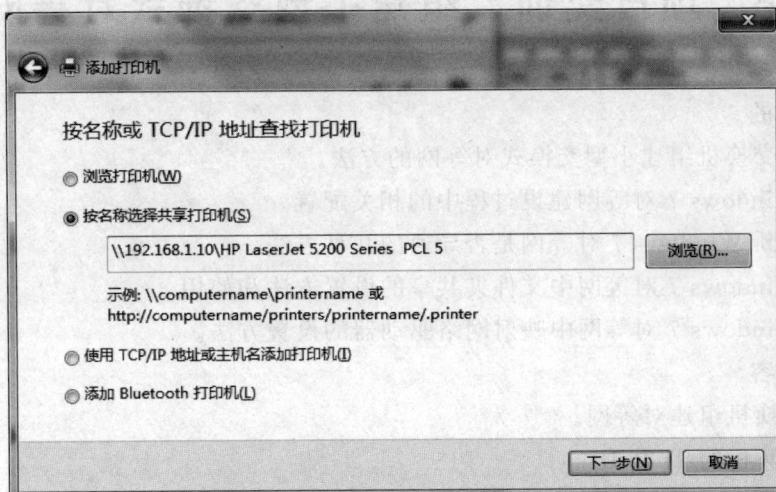

图 2-31　"按名称选择共享打印机"对话框

提示：也可以在 PC2 或 PC3 上使用 UNC 路径(\\192.168.1.10)列出 PC1 上的共享资源，包括共享打印机资源。然后在共享打印机上右击，在弹出的快捷菜单中选择"连接"命令，进行网络共享打印机的安装。

## 任务 2-2　小型交换式对等网的组建

为了完成本次实训任务，搭建如图 2-10 所示的网络拓扑结构。但要将网络中的集线器换成交换机。组建小型交换式对等网的步骤如下。

**1. 硬件连接**

用交换机替换图 2-10 中的集线器，其余连接同任务 2-1。

**2. TCP/IP 配置**

配置 PC1 的 IP 地址为 192.168.1.10，子网掩码为 255.255.255.0；配置 PC2 的 IP 地址为 192.168.1.20，子网掩码为 255.255.255.0；配置 PC3 的 IP 地址为 192.168.1.30，子网掩码为 255.255.255.0。

**3. 测试网络连通性**

(1) 在 PC1 中，分别执行 ping 192.168.1.20 和 ping 192.168.1.30 命令，测试与 PC2、PC3 的连通性。

(2) 在 PC2 中，分别执行 ping 192.168.1.10 和 ping 192.168.1.30 命令，测试与 PC1、PC3 的连通性。

(3) 在 PC3 中，分别执行 ping 192.168.1.10 和 ping 192.168.1.20 命令，测试与 PC1、PC2 的连通性。

(4) 观察使用集线器和使用交换机在连接速度等方面有何不同。

**4. 文件共享与打印机共享**

文件共享与打印机共享的设置和使用方法同任务 2-1。

# 2.6　项目实训　组建小型交换式对等网

**1. 实训目的**

- 掌握用交换机组建小型交换式对等网的方法。
- 掌握 Windows 7 对等网建设过程中的相关配置。
- 了解判断 Windows 7 对等网是否导通的几种方法。
- 掌握 Windows 7 对等网中文件夹共享的设置方法和使用。
- 掌握 Windows 7 对等网中映射网络驱动器的设置方法。

**2. 实训内容**

- 使用交换机组建对等网。
- 配置计算机的 TCP/IP。
- 安装共享服务。
- 设置有权限共享的用户。

- 设置文件夹共享。
- 设置打印机共享。
- 使用共享文件夹。
- 使用共享打印机。

### 3. 网络拓扑结构

网络拓扑结构参考图 2-10。

- 直通线 3 条。
- 打印机 1 台。
- 集线器 1 台。
- 安装 Windows 7 的计算机 3 台(也可使用虚拟机)。

### 4. 实训思考题

- 如何组建对等网络。
- 对等网有何特点。
- 如何测试对等网是否建设成功。
- 如果超过 3 台计算机组成对等网,该增加何种设备。
- 如何实现文件、打印机等的资源共享。

## 2.7　习　　题

### 一、填空题

1. 局域网是一种在_____地理范围内以实现_____和信息交换为目的,由计算机和数据通信设备连接而成的计算机网。

2. 局域网拓扑结构一般比较规则,常用的有星形、_____、_____、_____。

3. 从局域网媒体访问控制方法的角度讲,可以把局域网划分为_____网和_____网两大类。

4. CSMA/CD 技术包含_____和冲突检测两个方面的内容。该技术只用于总线型网络拓扑结构。

5. 载波侦听多路访问技术是为了减少_____。它是在源站点发送报文之前,首先侦听信道是否_____,如果侦听到信道上有载波信号,则_____发送报文。

6. 千兆以太网标准是现行_____标准的扩展,经过修改的 MAC 子层仍然使用_____协议。

### 二、选择题

1. 在共享式的网络环境中,由于公共传输介质为多个节点所共享,因此有可能出现(　　)。

  A. 拥塞　　　　　　B. 泄密　　　　　　C. 冲突　　　　　　D. 交换

2. 采用 CSMA/CD 通信协议的网络为(　　)。

  A. 令牌网　　　　　B. 以太网　　　　　C. 因特网　　　　　D. 广域网

3. 以太网的拓扑结构是(　　　)。

    A. 星形　　　　　　　　B. 总线型　　　　　　　　C. 环形　　　　　　　　D. 树形

4. 与以太网相比,令牌环网的最大优点是(　　　)。

    A. 价格低廉　　　　　　B. 易于维护　　　　　　　C. 高效可靠　　　　　　D. 实时性

5. IEEE 802 工程标准中的 802.3 协议是(　　　)。

    A. 局域网的载波侦听多路访问标准　　　　　　B. 局域网的令牌环网标准

    C. 局域网的令牌总线标准　　　　　　　　　　D. 局域网的互联标准

6. IEEE 802 为局域网规定的标准只对应于 OSI 参考模型的(　　　)。

    A. 第一层　　　　　　　　　　　　　　　　　B. 第二层

    C. 第一层和第二层　　　　　　　　　　　　　D. 第二层和第三层

### 三、简答题

1. 什么叫计算机局域网? 它有哪些主要特点? 局域网由哪几部分组成?

2. 局域网可以采用哪些通信介质? 简述几种常见局域网拓扑结构的优缺点。

3. 局域网参考模型各层功能是什么? 与 OSI/RM 参考模型有哪些不同?

4. 以太网采用何种介质访问控制技术? 简述其原理。

# 项目3　了解 IP 地址并进行子网划分

## 3.1　项目导入

Smile 新创办了一家公司，公司设有技术部、销售部、财务部等。目前，公司中的所有计算机相互之间可以访问。出于缩减网络流量、优化网络性能以及安全等方面的考虑，需要实现以下目标。

（1）同一部门内的计算机之间能相互访问，如技术部内部的计算机能相互访问。

（2）不同部门之间的计算机不能相互访问，如技术部中的计算机不能访问销售部中的计算机。

要完成这个目标，要求不能增加额外的费用，那么该如何做呢？本项目将带领读者解决这个问题。

## 3.2　职业能力目标和要求

- 熟练掌握 IP 和 IP 地址。
- 熟练掌握子网的划分。
- 掌握 IPv6。
- 了解 CIDR（无类别域间路由）。

## 3.3　相关知识

### 3.3.1　IP 地址

在网络中，对主机的识别要依靠地址，所以 Internet 在统一全网的过程中首先要解决地址的统一问题。因此 IP 编址与子网划分就显得很重要。

#### 1. 物理地址与 IP 地址

地址用来标识网络系统中的某个资源，也称为"标识符"。通常标识符被分为三类：名字（name）、地址（address）和路径（route）。三类标识符分别告诉人们，资源是什么、资源在哪里以及怎样去寻找该资源。不同的网络所采用的地址编制方法和内容均不相同。

Internet 是通过路由器(或网关)将物理网络互联在一起的虚拟网络。在任何一个物理网络中,各个节点的设备必须都有一个可以识别的地址,这样才能使信息在其中进行交换,这个地址称为"物理地址"(physical address)。由于物理地址体现在数据链路层上,因此,物理地址也被称为硬件地址或媒体访问控制 MAC 地址。

网络的物理地址给 Internet 统一全网地址带来以下问题。

(1) 物理地址是物理网络技术的一种体现,不同的物理网络,其物理地址的长短、格式各不相同。例如,以太网的 MAC 地址在不同的物理网络中难以寻找,而令牌环网的地址格式也缺乏唯一性。显然,这两种地址管理方式都会给跨网通信设置障碍。

(2) 物理网络的地址被固化在网络设备中,通常是不能修改的。

(3) 物理地址属于非层次化的地址,它只能标识出单个的设备,而标识不出该设备连接的是哪一个网络。

Internet 采用一种全局通用的地址格式,为全网的每一个网络和每一台主机分配一个 Internet 地址,以此屏蔽物理网络地址的差异。IP 的一项重要功能就是专门处理这个问题,即通过 IP 把主机原来的物理地址隐藏起来,在网络层中使用统一的 IP 地址。

**2. IP 地址的划分**

根据 TCP/IP 规定,IP 地址由 32 位组成,它包括三个部分:地址类别、网络号和主机号(为方便划分网络,后面将"地址类别"和"网络号"合起来称作"网络号"),如图 3-1 所示。如何将这 32 位的信息合理地分配给网络和主机作为编号,看似简单,意义却很大。因为各部分比特位数一旦确定,就等于确定了整个 Internet 中所能包含的网络数量以及各个网络所能容纳的主机数量。

由于 IP 地址是以 32 位二进制数的形式表示的,这种形式非常不适合阅读和记忆,因此,为了便于用户阅读和理解 IP 地址,Internet 管理委员会采用了一种"点分十进制"表示方法来表示 IP 地址。也就是说,将 IP 地址分为 4 个字节(每个字节为 8 位),且每个字节用十进制表示,并用点号"."隔开,如图 3-2 所示。

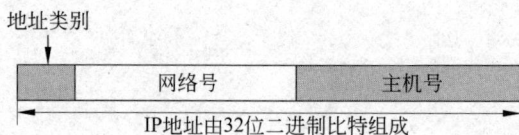

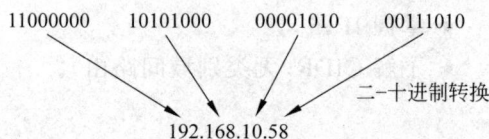

图 3-1　IP 地址的结构　　　　图 3-2　"点分十进制"的 IP 地址表示方法

由于互联网上的每个接口必须有唯一的 IP 地址,因此必须要有一个管理机构为接入互联网的网络分配 IP 地址。这个管理机构叫互联网络信息中心(Internet network information center),称作 InterNIC。InterNIC 只分配网络号。主机号的分配由系统管理员来负责。

**3. IP 地址分类**

TCP/IP 用 IP 地址在 IP 数据包中标识源地址和目的地址。由于源主机和目的主机都位于某个网络中,要寻找一个主机,首先要找到它所在的网络,所以 IP 地址结构由网络号(net ID)和主机号(host ID)两部分组成,分别标识一个网络和一个主机,网络号和主机号也可分别称作网络地址和主机地址。IP 地址是网络和主机的一种逻辑编号,由网络信息中心来分配。若局域网不与 Internet 相连,则该网络也可自定义它的 IP 地址。

IP 地址与网上设备并不一定是一对一的关系,网上不同的设备一定有不同的 IP 地址,但同一设备也可以分配几个 IP 地址。例如,路由器若同时接通几个网络,它就需要拥有所接各个网络的 IP 地址。

IP 规定:IP 地址的长度为 4 字节(32 位),其格式分为五种类型,见表 3-1。

表 3-1　IP 地址分类

| 地址类 | 第 1 个 8 位位组的格式 | 可能的网络数目 | 网络中节点的最大数目 | 地 址 范 围 |
|---|---|---|---|---|
| A 类 | 0×××××××× | $2^7-2$ | $2^{24}-2$ | 1.0.0.1～126.255.255.254 |
| B 类 | 10×××××× | $2^{14}$ | $2^{16}-2$ | 128.0.0.1～191.255.255.254 |
| C 类 | 110×××××× | $2^{21}$ | $2^8-2$ | 192.0.0.1～223.255.255.254 |
| D 类 | 1110×××× | 1110 后跟 28bit 的多路广播地址 | | 224.0.0.1～239.255.255.255 |
| E 类 | 11110××× | 1111 开始,为将来使用保留 | | 240.0.0.1～255.255.255.254 |

A 类地址首位为 0,网络号占 8 位,主机号占 24 位,适用于大型网络;B 类地址前两位为 10,网络号占 16 位,主机号占 16 位,适用于中型网络;C 类地址前三位为 110,网络号占 24 位,主机号占 8 位,适用于小型网络;D 类地址前四位为 1110,用于多路广播;E 类地址前五位为 11110,为将来使用保留,通常不用于实际工作环境。另外,255.255.255.255 为广播地址。

一些 IP 地址具有专门用途或特殊意义。对于 IP 地址的分配、使用应遵循以下规则。

- 网络号必须是唯一的。
- 网络号的首字节不能是 127,此数保留给内部回送函数,用于诊断。
- 主机号对所属的网络号必须是唯一的。
- 主机号的各位不能全为 1,全为 1 用作广播地址。
- 主机号的各位不能全为 0,全为 0 表示本地网络。

**4. 特殊地址**

IP 地址空间中的某些地址已经为特殊目的而保留,而且通常并不允许作为主机地址。如表 3-2 所示,这些保留地址的规则如下。

表 3-2　特殊 IP 地址

| 网络部分 | 主机 | 地址类型 | 用　　途 |
|---|---|---|---|
| Any | 全 0 | 网络地址 | 代表一个网段 |
| Any | 全 1 | 广播地址 | 特定网段的所有节点 |
| 127 | Any | 回环地址 | 回环测试 |
| 全 0 | | 所有网络 | QuidWay 路由器,用于指定默认路由 |
| 全 1 | | 广播地址 | 本网段所有节点 |

(1) IP 地址的网络地址部分不能设置为"全部为 1"或"全部为 0"。当 IP 地址的主机地址中的所有位都设置为 0 时,它指示为一个网络,而不是哪个网络上的特定主机。这些类型的条目通常可以在路由选择表中找到,因为路由器控制网络之间的通信量,而不是单个主机之间的通信量。

(2) IP 地址的子网部分不能设置为"全部为 1"或"全部为 0"。在一个子网网络中,主机位设置为 0 将代表特定的子网。同样,为这个子网分配的所有位不能全为 0,因为这将会代表上一级网络的网络地址。

(3) IP 地址的主机地址部分不能设置为"全部为 1"或"全部为 0"。网络位不能全部都是 0,因为 0.0.0.0 是一个不合法的网络地址,而且用于代表"未知网络或地址"。

(4) 网络 127.×.×.× 不能作为网络地址。网络地址 127.×.×.× 已经分配给当地回路地址。这个地址的目的是提供对本地主机的网络配置的测试。使用这个地址提供了对协议堆栈的内部回路测试,这和使用主机的实际 IP 地址不同,它需要网络连接。

**5. 私用地址**

私用地址不需要注册,仅用于局域网内部,该地址在局域网内部是唯一的。当网络上的公用地址不足时,可以通过网络地址翻译(NAT),通过少量的公用地址把大量配有私用地址的机器连接到公用网上。

下列地址作为私用地址:

10.0.0.1~10.255.255.254

172.16.0.1~172.31.255.254

192.168.0.1~192.168.255.254

## 3.3.2 IP

IP 使用一个恒定不变的地址方案。在 TCP/IP 协议栈的最底层上运行并负责实际传送数据帧的各种协议都有互不兼容的地址方案。在每个网段上传递数据帧时使用的地址方案会随着数据帧从一个网段传递到另一个网段而变化,但是,IP 地址方案却保持恒定不变,它与每种基本网络技术的具体实施办法无关,并且不受其影响。

IP 是执行一系列功能的软件,它负责决定如何创建 IP 数据报,如何使数据报通过一个网络。当数据发送到计算机时,IP 执行一组任务;当从另一台计算机那里接收数据时,IP 则执行另一组任务。

每个 IP 数据报除了包含它要携带的数据有效负载外,还包含一个 IP 首标。数据有效负载是指任何一个协议层要携带的数据。源计算机上的 IP 负责创建 IP 首标。IP 首标中存在着大量的信息,包括源主机和目的主机的 IP 地址,甚至包含对路由器的指令。数据报从源计算机传送到目的计算机的路径上经过的每个路由器都要查看甚至更新 IP 首标的某个部分。

图 3-3 所示为 IP 数据报的格式。其中,IP 首标的最小长度是 20 字节,包含的信息如下。

- 版本:指明所用 IP 的版本。IP 的当前版本是 4,它的二进制模式是 0100。
- 报头长度:以 4 字节为单位表示 IP 首标的长度。首标最小长度是 20 字节。本域的典型二进制模式是 0101。
- 服务类型:源 IP 可以指定特定路由信息。主要选项涉及延迟、吞吐量、可靠性等。
- 总长度:以字节为单位表示 IP 数据报长度,该长度包括 IP 首标和数据有效负载。
- 标识:源 IP 赋予数据报的一个递增序号。
- 标志:用于指明分段可能性的标志。
- 片偏移:为实现顺序重组数据报而赋予每个相连数据报的一个数值。

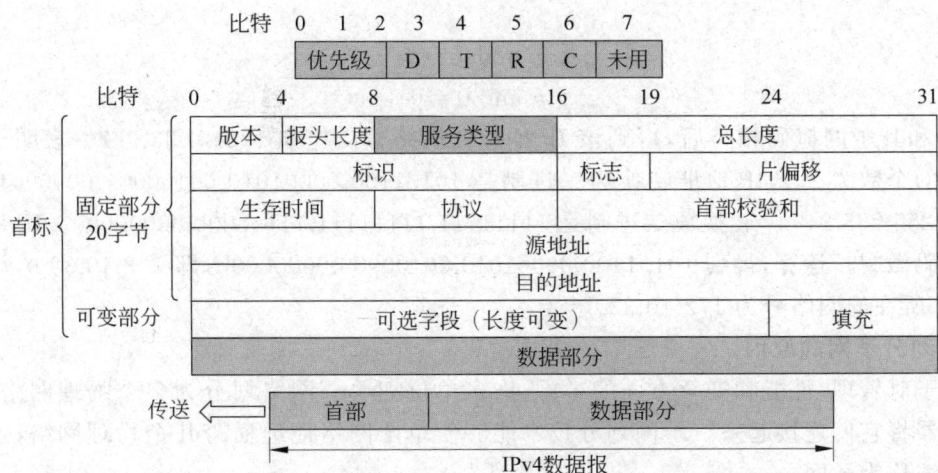

图 3-3　IP 数据报的格式

- 生存时间(time to live,TTL):指明数据报在被删除之前可以留存的时间,以秒或路由器划分的网段为单位。每个路由器都要查看该域并至少将它递减 1,或减去数据报在该路由器内延迟的秒数。当该域的值达到零时,该数据报即被删除。
- 协议:规定了使用 IP 的高层协议。
- 首部校验和:存放一个 16 位的计算值,用于检验首标的有效性。随着 TTL 域的值递减,本域的值在每个路由器中都要重新计算。
- 源地址:本地址供目的 IP 在发送回执时使用。
- 目的地址:本地址供目的 IP 用来检验数据传送的正确性。
- 可选字段(长度可变):用于网络控制或测试。这个域是可选的。
- 填充:确保首标在 32 位边界处结束。
- 数据部分:本域常包含送往传输层 ICMP 或 IGMP 中的 TCP 或 UDP 的数据。

### 3.3.3　划分子网

考虑到管理、性能和安全方面的因素,许多单位把单一网络划分为多个物理网络,并使用路由器将它们连接起来。

**1. 子网掩码**

我们可以发现,在 A 类地址中,每个网络可以容纳 16777214 台主机;在 B 类地址中,每个网络可以容纳 65534 台主机。在网络设计中一个网络内部不可能有这么多机器;另一方面 IPv4 面临 IP 资源短缺的问题。在这种情况下,可以采取划分子网的办法来有效地利用 IP 资源。所谓划分子网,是指从主机位借出一部分来做网络位,借以增加网络数目,减少每个网络内的主机数目。

引入子网机制以后,就需要用到子网掩码。子网掩码定义了构成 IP 地址的 32 位中的多少位用于定义网络。子网掩码中的二进制位构成了一个过滤器,它仅仅能够通过应该解释为网络地址的 IP 地址的那一部分。完成这个任务的过程称为按位求"与"。按位求"与"是一个逻辑运算,它对地址中的每一位和相应的掩码位进行"与"运算。AND 运算的规

53

则是：

$$x \text{ and } 1 = x$$
$$x \text{ and } 0 = 0$$

IP 地址和其子网掩码相与后，得到该 IP 地址的网络号。比如 172.10.33.2/20(表明子网掩码中 1 的个数为 20)，IP 地址转换为二进制是 10101100.00001010.00100001.00000010。子网掩码 255.255.240.0，转换成二进制是 11111111.11111111.11110000.00000000。IP 地址与子网掩码做"与"运算，得到 10101100.00001010.00100000.00000000，即 172.10.32.0，可以得到该 IP 所在的网络号为 172.10.32.0。

**2. 划分子网的原因**

出于对管理、性能和安全方面的考虑，许多单位把单一网络划分为多个物理网络，并使用路由器将它们连接起来。子网划分技术能够使单个网络地址横跨几个物理网络，这些物理网络统称为子网。

另外，使用路由器的隔离作用还可以将网络分为内外两个子网，并限制外部网络用户对内部网络的访问，以提高内部子网的安全性。

划分子网的原因有很多，包括的主要内容有以下几个方面。

1) 充分使用地址

由于 A 类网或 B 类网的地址空间太大，造成在不使用路由设备的单一网络中无法使用全部地址，比如，对于一个 B 类网络 172.17.0.0，可以有 $2^{16}-2$ 个主机，这么多的主机在单一的网络下是不能工作的。因此，为了能更有效地使用地址空间，有必要把可用地址分配给更多较小的网络。

2) 划分管理职责

划分子网还可以更易于管理网络。当一个网络被划分为多个子网时，每个子网就变得更易于控制。每个子网的用户、计算机及其子网资源可以让不同的管理员进行管理，减轻了单人管理大型网络的负担。

3) 提高网络性能

在一个网络中，随着网络用户的增长、主机的增加，网络通信也将变得非常繁忙。而繁忙的网络通信很容易导致冲突、丢失数据包以及数据包重传，因而降低了主机之间的通信效率。而如果将一个大型的网络划分为若干个子网，并通过路由器将其连接起来，就可以减少网络拥塞。这些路由器就像一堵墙把子网隔离开，使本地的通信不会转发到其他子网中。使同一子网中主机之间进行广播和通信，只能在各自的子网中进行。

**3. 划分的方法**

要创建子网，必须扩展地址的路由选择部分。Internet 把网络当成完整的网络来"了解"，识别成拥有 8、16、24 个路由选择位(网络号)的 A、B、C 类地址。子网字段表示的是附加的路由选择位，所以在组织内的路由器可在整个网络的内部辨认出不同的区域或子网。

子网掩码与 IP 地址使用一样的地址结构。即每个子网掩码是 32 位长，并且被均匀地分成了 4 组。子网掩码的网络和子网络部分全为 1，主机部分全为 0。默认情况下，B 类网络的子网掩码是 255.255.0.0。如果为建立子网借用 8bit，子网掩码因为包括 8 个额外的 1bit 而变成 255.255.255.0。例如，B 类地址 130.5.2.144，路由器知道要把分组发送到网络 130.5.2.0 而不是网络 130.5.0.0。

因为一个 B 类网络地址的主机字段中含有两个 8bit，所以总共有 14bit 可以被借来创建子网。一个 C 类地址的主机部分只含有一个 8bit，所以在 C 类网络中只有 6bit 可以被借来创建子网。图 3-4 所示是 B 类网络划分子网情况。

子网字段总是直接跟在网络号后面。也就是说，被借的位必须是默认主机字段的前 N 位。这个 N 是新子网字段的长度。

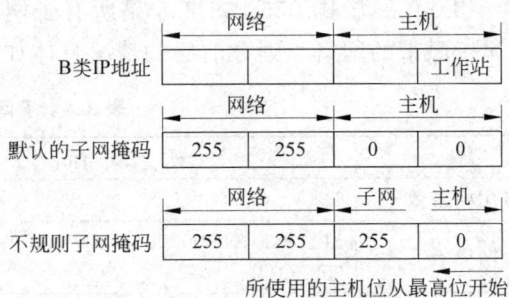

图 3-4  B 类网络划分子网情况

### 4. 子网掩码与子网的关系

#### 1) 计算子网掩码和 IP 地址

从主机地址借位，应当注意到每次借用 1bit 时所创建出的附加子网数量。在借位时不能只借 1bit，至少要借 2bit。借 2bit 可以创建 $2(2^2-2)$ 个子网。当每次从主机字段借位时，所创建的子网数量就增加一倍。

#### 2) 计算每个子网中的主机数

当每次从主机字段借走一位时，用于主机数量的位就少一位。相应地，当每次从主机字段借一位时，可用主机的数量就减少一半。

设想一下把一个 C 类网络划分成子网。如果从 8bit 的主机字段借 2bit 时，主机字段减少到 6bit。如果把剩下 6bit 中 0 和 1 的所有可能的排列组合写出来，就会发现每个子网中主机总数减少到 $64(2^6)$ 个，可用主机数减少到 $62(2^6-2)$ 个。

另一种用于计算子网掩码和网络数量的公式如下。

可用子网数（$N$）等于 2 的借用子网位数（$n$）次幂减去 2：

$$N=2^n-2$$

可用主机数（$M$）等于 2 的剩余部分位数（$m$）次幂减去 2：

$$M=2^m-2$$

### 5. 例题

某企业网络号为 10.0.0.0，下属有三个部门，希望划分三个子网，请问如何划分？

根据公式 $2^n-2 \geqslant 3$，得出 $n$ 的值为 3，即要从主机位中借用 3 位作为网络位，才可以至少划分出 3 个子网，其具体划分如下。

10.0.0.0 中的 10 本身就是网络位，不用改变，而是将紧跟在后面的主机位中的前三位划为网络位。

因为默认子网掩码的二进制表示为 11111111.00000000.00000000.00000000，所以按要求划分子网后，该网络的子网掩码变为（二进制表示）

11111111.11100000.00000000.00000000

即新的子网掩码为 255.224.0.0。在新的子网掩码中，网络位所对应的原网络位不动，新加的 3 个网络位的改变就是新划分的子网，可划分的子网的网络号可以是

10.001/00000.0.0，10.010/00000.0.0，10.011/00000.0.0

10.100/00000.0.0，10.101/00000.0.0，10.110/00000.0.0

55

其中 10.0.0.0 与 10.224.0.0 不能够用来作为子网,所以新划分的网络最多有 6 个子网。

10.0.0.0 与 10.255.255.255 是所有子网的网络号与广播地址,即新形成的逻辑子网都从属于原来的网络。划分前后的情况具体如表 3-3 所示。

表 3-3　子网划分前后示例

| 类　别 | 划　分　前 | 划　分　后 |
|---|---|---|
| 可用网络数 | 1 | 6 |
| 子网掩码 | 11111111.00000000.00000000.00000000<br>255.0.0.0 | 11111111.11100000.00000000.00000000<br>255.224.0.0 |
| 网络号 | 10.0.0.0 | (10.0.0.0 整个网络的网络号)<br>10.32.0.0　　10.64.0.0　　10.96.0.0<br>10.128.0.0　　10.160.0.0　　10.192.0.0 |
| 广播地址 | 10.255.255.255 | (10.255.255.255 整个网络的广播地址)<br>10.63.255.255　　10.95.255.255<br>10.127.255.255　　10.159.255.255<br>10.191.255.255　　10.223.255.255 |
| 网络主机范围<br>(主机数) | 10.0.0.1～10.255.255.254 | 10.32.0.1～10.63.255.254<br>10.64.0.1～10.95.255.254<br>10.96.0.1～10.127.255.254<br>10.128.0.1～10.159.255.254<br>10.160.0.1～10.191.255.254<br>10.192.0.1～10.223.255.254 |

### 3.3.4　IPv6

现有的互联网是在 IPv4 的基础上运行的,IPv6(IP version 6)是下一版本的互联网协议,也可以说是下一代互联网协议。IPv4 采用 32 位地址长度,只有大约 43 亿个地址,在不久的将来将被分配完毕。而 IPv6 采用 128 位地址长度,几乎可以不受限制地提供地址。

**1. IPv6 的优点**

与 IPv4 相比,IPv6 主要有以下优点。

(1) 超大的地址空间。IPv6 将 IP 地址从 32 位增加到 128 位,所包含的地址数目高达 $2^{128}$(约为 $10^{40}$ 个地址)。如果所有地址平均散布在整个地球表面,大约每平方米有 1024 个地址,远远超过了地球上的人数。

(2) 更好的首部格式。IPv6 采用了新的首部格式,将选项与基本首部分开,并将选项插入首部与上层数据之间。首部具有固定的 40 字节的长度,简化和加速了路由选择的过程。

(3) 增加了新的选项。IPv6 有一些新的选项可以实现附加的功能。

(4) 允许扩充。留有充分的备用地址空间和选项空间,当有新的技术或应用需要时允许协议进行扩充。

(5) 支持资源分配。在 IPv6 中删除了 IPv4 中的服务类型,但增加了流标记字段,可用来标识特定的用户数据流或通信量类型,以支持实时音频和视频等需实时通信的通信量。

(6) 增加了安全性考虑。扩展了对认证、数据一致性和数据保密的支持。

**2. IPv6 地址**

1）IPv6 的地址表示

IPv6 地址采用 128 位二进制数，其表示格式如下。

（1）首选格式：按 16 位一组，每组转换为 4 位十六进制数，并用冒号隔开。如 21DA：0000：0000：0000：02AA：000F：FE08：9C5A。

（2）压缩表示：一组中的前导 0 可以不写；在有多个 0 连续出现时，可以用一对冒号取代，且只能取代一次。如上面地址可表示如下。

21DA:0:0:0:2AA:F:FE08:9C5A 或 21DA::2AA:F:FE08:9C5A

（3）内嵌 IPv4 地址的 IPv6 地址。为了从 IPv4 平稳过渡到 IPv6，IPv6 引入一种特殊的格式，即在 IPv4 地址前置 96 个 0，保留十进制点分格式，如::192.168.0.1。

2）IPv6 掩码

与无类域间路由（CIDR）类似，IPv6 掩码采用前缀表示法，即表示成 IPv6 地址/前缀长度，如 21DA::2AA:F:FE08:9C5A/64。

3）IPv6 地址类型

IPv6 地址有三种类型，即单播、组播和任播。IPv6 取消了广播类型。

（1）单播地址。单播地址是点对点通信时使用的地址，该地址仅标识一个接口。

（2）组播地址。组播地址（前 8 位均为"1"）表示主机组，它标识一组网络接口，发送给组播的分组必须交付到该组中的所有成员。

（3）任播地址。任播地址也表示主机组，但它标识属于同一个系统的一组网络接口（通常属于不同的节点），路由器会将目的地址是任播地址的数据包发送给距离本地路由器最近的一个网络接口。如移动用户上网就需要因地理位置的不同，而接入离用户距离最近的一个接收站，这样才可以使移动用户在地理位置上不受太多的限制。

当一个单播地址被分配给多于 1 个的接口时，就属于任播地址。任播地址从单播地址中分配，使用单播地址的任何格式，从语法上任播地址与单播地址没有任何区别。

4）特殊 IPv6 地址

当所有 128 位都为"0"时（即 0:0:0:0:0:0:0:0），如果不知道主机自己的地址，在发送查询报文时用作源地址。注意该地址不能用作目的地址。

- 当前 127 位为"0"，而第 128 位为"1"时（即 0:0:0:0:0:0:0:1），作为回送地址使用。
- 当前 96 位为"0"，而最后 32 位为 IPv4 地址时，用作在 IPv4 向 IPv6 过渡期两者兼容时使用的内嵌 IPv4 地址的 IPv6 地址。

**3. IPv6 的数据报格式**

IPv6 的数据报由一个 IPv6 的基本报头、多个扩展报头和一个高层协议数据单元组成。基本报头长度为 40 字节。一些可选的内容放在扩展报头中实现，此种设计方法可提高数据报的处理效率。IPv6 数据报格式对 IPv4 不向下兼容。

IPv6 数据报格式如图 3-5 所示。

IPv6 数据报的主要字段如下。

（1）版本。占 4 位，取值为 6，意思是 IPv6。

（2）通信流类别。占 8 位，表示 IPv6 的数据报类型或优先级，以提供区分服务。

（3）流标签。占 20 位，用来标识这个 IP 数据报属于源节点和目标节点之间的一个特

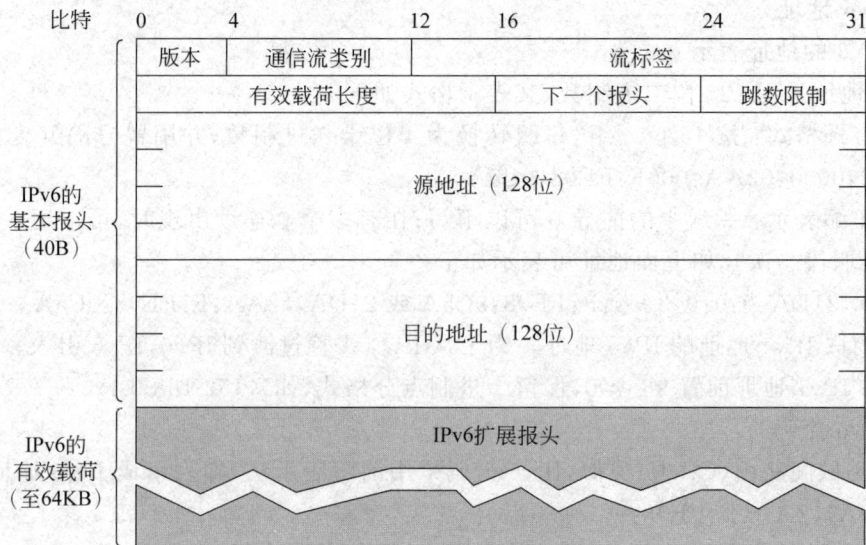

图 3-5　IPv6 数据报格式

定数据报序列。流是指从某个源节点向目标节点发送的分组群中，源节点要求中间路由器做特殊处理的分组。

（4）有效载荷长度。占 16 位，是指除基本报头外的数据，包含扩展报头和高层数据。

（5）下一个报头。占 8 位，如果存在扩展报头，该字段的值指明下一个扩展报头的类型；如果无扩展报头，该字段的值指明高层数据的类型，如 TCP(6)、UDP(17) 等。

（6）跳数限制。占 8 位，是指 IP 数据报丢弃之前可以被路由器转发的次数。

（7）源地址。占 128 位，是指发送方的 IPv6 地址。

（8）目的地址。占 128 位，大多情况下，该字段为最终目的节点的 IPv6 地址，如果有路由扩展报头，目的地址可能为下一个转发路由器的 IPv6 地址。

（9）IPv6 扩展报头。扩展报头是可选报头，紧接在基本报头之后，IPv6 数据报可包含多个扩展报头，而且扩展报头的长度并不固定，IPv6 扩展报头代替了 IPv4 报头中的选项字段。

IPv6 的基本报头为固定 40 字节长，一些可选报头信息由 IPv6 扩展报头实现。IPv6 的基本报头中"下一个报头"字段指出第一个扩展报头类型。每个扩展报头中都包含"下一个报头"字段，用以指出后继扩展报头类型。最后一个扩展报头中的"下一个报头"字段指出高层协议的类型。

扩展报头包含的内容如下。

（1）逐跳选项报头。类型为 0，由中间路由器处理的扩展报头。

（2）目的站选项报头。类型为 60，用于携带由目的节点检查的信息。

（3）路由报头。类型为 43，用来指出数据报从数据源到目的节点传输过程中，需要经过的一个或多个中间路由器。

（4）分片报头。类型为 44，IPv6 对分片的处理类似于 IPv4，该字段包括数据报标识符、段号和是否终止标识符。在 IPv6 中，只能由源主机对数据报进行分片，源主机对数据报分片后要加分片选项扩展头。

（5）认证报头。类型为 51，用于携带通信双方进行认证所需的参数。

（6）封装安全有效载荷报头。类型为 52，与认证报头结合使用，也可单独使用，用于携带通信双方进行认证和加密所需的参数。

**4. IPv6 的地址自动配置**

（1）无状态地址配置：128 位的 IPv6 地址由 64 位前缀和 64 位网络接口标识符（网卡 MAC 地址，IPv6 中 IEEE 已经将网卡 MAC 地址由 48 位改为 64 位）组成。

如果主机与本地网络的主机通信，可以直接通信，这是因为它们处于同一网络中，有相同的 64 位前缀。

如果与其他网络互联时，主机需要从网络中的路由器中获得该网络使用的网络前缀，然后与 64 位网络接口标识符结合形成有效的 IPv6 地址。

（2）有状态地址配置：自动配置需要 DHCPv6 服务器的支持，主机向本地链接中所有 DHCPv6 服务器发多点广播"DHCP 请求信息"，DHCPv6 返回"DHCP 应答消息"中分配的地址给请求主机，主机利用该地址作为自己的 IPv6 地址进行配置。

## 3.3.5　组播技术

### 1. 组播技术概述

组播技术是指单个发送者对应多个接收者的一种网络通信。组播技术中，通过向多个接收方传送单信息流方式，可以减少具有多个接收方同时收听或查看相同资源情况下的网络通信流量。对于 $n$ 方视频会议，可以减少使用 $a(n-1)$ 倍的带宽长度。"组播"中较为典型的是采用组播地址的 IP 组播。IPv6 支持单播（unicast）、组播（multicast）以及任意播（anycast）三种类型，IPv6 中没有关于广播（broadcast）的具体划分，而是作为组播的一个典型类型。此外组播定义还包括一些其他协议，如使用"点对多点"或"多点对多点"连接的异步传输协议（ATM）。

组播技术基于"组"这样一个概念，属于接收方专有组，主要接收相同数据流。该接收方组可以分配在因特网的任意地方。组播原理如图 3-6 所示。

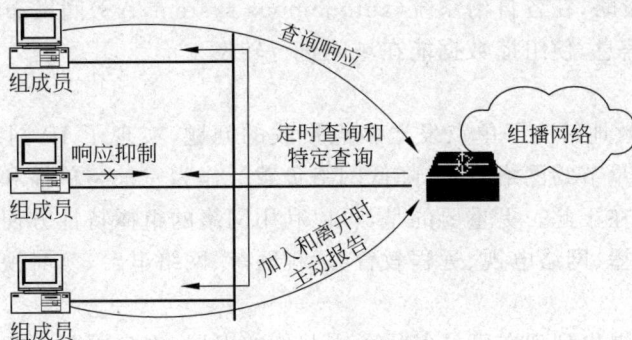

图 3-6　组播原理示意图

### 2. 产生原因

传统的 IP 通信有两种方式：第一种是在一台源 IP 主机和一台目的 IP 主机之间进行，

即单播;第二种是在一台源 IP 主机和网络中所有其他的 IP 主机之间进行,即广播。如果要将信息发送给网络中的多个主机而非所有主机,则要么采用广播方式,要么由源主机分别向网络中的多台目标主机以单播方式发送 IP 包。采用广播方式实现时,不仅会将信息发送给不需要的主机而浪费带宽,也可能由于路由回环引起严重的广播风暴;采用单播方式实现时,由于 IP 包的重复发送会白白浪费掉大量带宽,也增加了服务器的负载。所以,传统的单播和广播通信方式不能有效地解决单点发送多点接收的问题。

IP 组播是指在 IP 网络中将数据包以尽力传送(best-effort)的形式发送到网络中的某个确定节点子集,这个子集称为组播组(multicast group)。IP 组播的基本思想是,源主机只发送一份数据,这份数据中的目的地址为组播组地址;组播组中的所有接收者都可接收到同样的数据备份,并且只有组播组内的主机(目标主机)可以接收该数据,网络中其他主机不能收到。组播组用 D 类 IP 地址(224.0.0.0~239.255.255.255)来标识。

### 3. 基本原理

组播技术涵盖的内容相当丰富,从地址分配、组成员管理,到组播报文转发、路由建立、可靠性等诸多方面。下面首先介绍组播协议体系的整体结构,之后从组播地址、组播成员管理、组播报文转发、域内组播路由和域间组播路由等几个方面介绍有代表性的协议和机制。

### 4. 协议体系

根据协议的作用范围,组播协议分为主机—路由器之间的协议,即组播成员管理协议,以及路由器—路由器之间协议,主要是各种路由协议。组成员关系协议包括 IGMP(互联网组管理协议);组播路由协议又分为域内组播路由协议及域间组播路由协议两类。域内组播路由协议包括 PIM-SM、PIM-DM、DVMRP 等协议,域间组播路由协议包括 MBGP、MSDP 等协议。同时为了有效抑制组播数据在二层网络中的扩散,引入了 IGMP Snooping 等二层组播协议。

通过 IGMP 和二层组播协议,在路由器和交换机中建立起直联网段内的组成员关系信息,具体地说,就是哪个接口下有哪个组播组的成员。域内组播路由协议根据 IGMP 维护的这些组播组成员关系信息,运用一定的组播路由算法构造组播分发树,在路由器中建立组播路由状态,路由器根据这些状态进行组播数据包转发。域间组播路由协议根据网络中配置的域间组播路由策略,在各自治系统(autonomous system,AS)间发布具有组播能力的路由信息以及组播源信息,使组播数据能在域间进行转发。

### 5. 市场前景

IP 组播技术有效地解决了单点发送多点接收的问题,实现了 IP 网络中点到多点的高效数据传送,能够大量节约网络带宽,降低网络负载。作为一种与单播和广播并列的通信方式,组播的意义不仅在于此。更重要的是,可以利用网络的组播特性方便地提供一些新的增值业务,包括在线直播、网络电视、远程教育、远程医疗、网络电台、实时视频会议等互联网的信息服务领域。

组播从 1988 年提出到现在已经经历了十几年的发展,许多国际组织对组播的技术研究和业务开展进行了大量的工作。随着互联网建设的迅猛发展和新业务的不断推出,组播也必将走向成熟。尽管目前端到端的全球组播业务还未大规模开展起来,但是具备组播能力的网络数目在增加。一些主要的 ISP 已运行域间组播路由协议进行组播路由的交换,形成组播对等体。在 IP 网络中多媒体业务日渐增多的情况下,组播有着巨大的市场潜力,组播业务也将逐渐得到推广和普及。

# 3.4　项目设计与准备

虽然为每个部门设置不同的网络号可实现如上目标,但这样会造成大量的 IP 地址浪费,也不便于网络管理。

由于 IPv4 固有的不足,在 IP 地址紧缺的今天,可为整个公司设置一个网络号,再对这个网络号进行子网划分,使不同部门位于不同子网中。由于各个子网在逻辑上是独立的,因此,没有路由器的转发,子网之间的主机不能相互通信,尽管这些主机可能处于同一个物理网络中。

划分子网是通过设置子网掩码来实现的。由于不同子网分属于不同的广播域,划分子网可创建规模更小的广播域,缩减网络流量,优化网络性能。划分子网后,可利用 ping 命令测试子网内部和子网之间的连通性。

在本项目中,需要如下设备(可考虑每 5 名学生一组)。

- 装有 Windows 7 操作系统的 5 台 PC。
- 交换机 1 台。
- 直通线 5 根。

# 3.5　项 目 实 施

## 任务 3-1　IP 地址与子网划分

假如 10 台计算机组成一个局域网,该局域网的网络地址是"200.200.组号.0",将该局域网划分成两个子网,求出子网掩码和每个子网的 IP 地址,并重新设置该组计算机的 IP 地址,然后测试设置后的效果。

**1. 划分子网**

以 2 组为例,对 IP 地址进行规划和设置。也就是对于网络 200.200.2.0,拥有 10 台计算机,若将该局域网划分成两个子网,则子网掩码和每个子网的 IP 地址该如何规划。

1) 求子网掩码

(1) 根据 IP 地址 200.200.2.0 确定该网是 C 类网络,主机地址是低 8 位,子网数是 2 个,设子网的位数是 $m$,则 $2^m - 2 \geqslant 2$,即 $m \geqslant 2$,根据满足子网条件下,主机数最多原则,取 $m$ 等于 2。

(2) 根据上述分析计算出子网掩码是 11111111.11111111.11111111.11000000,即 255.255.255.192。

2) 求子网号

将 200.200.2.0 划分成点分二进制形式: 11001000.11001000.00000010.00000000。

如果 $m = 2$,共划分($2^m - 2$)个子网,即 2 个子网。子网号由低 8 位的前 2 位决定,主机数由 IP 地址的低 8 位的后 6 位决定,所以子网号分别如下。

子网 1: 11001000.11001000.00000010.01000000,即 200.200.2.64。

子网 2：11001000. 11001000.00000010.10000000，即 200.200.2.128。

3）分配 IP 地址

（1）子网 1 的 IP 地址范围应是

11001000.11001000.00000010.01000001

11001000.11001000.00000010.01000010

11001000.11001000.00000010.01000011

……

11001000.11001000.00000010.0111111110

即 200.200.2.65～200.200.2.126。

（2）子网 2 的 IP 地址范围应是

11001000.11001000.00000010.10000001

11001000.11001000.00000010.10000010

11001000.11001000.00000010.10000011

……

11001000.11001000.00000010.1011111110

即 200.200.2.129～200.200.2.190。

所以子网 1 的 5 台计算机的 IP 地址为 200.200.2.65～200.200.2.69，子网 2 的 5 台计算机的 IP 地址为 200.200.2.129～200.200.2.133。

4）设置各子网中计算机的 IP 地址和子网掩码

（1）按前述步骤打开 TCP/IP 属性对话框。

（2）输入 IP 地址和子网掩码。

（3）单击"确定"按钮完成子网配置。

**2. 使用 ping 命令测试子网的连通性**

（1）使用 ping 命令可以测试 TCP/IP 的连通性。依次选择"开始"→"程序"→"附件"→"命令提示符"，打开"命令提示符"窗口，输入"ping/?"，查看 ping 命令用法。

（2）输入 ping 200.200.2.*，该地址为同一子网中的 IP 地址，观察测试结果（如利用 IP 地址为 200.200.2.65 的计算机去 ping IP 地址为 200.200.2.67 的计算机）。

（3）输入 ping 200.200.2.*，该地址为不同子网中的 IP 地址，观察测试结果（如利用 IP 地址为 200.200.2.65 的计算机去 ping IP 地址为 200.200.2.129 的计算机）。

**3. 继续思考**

（1）用 ping 命令测试网络，测试结果可能出现几种情况？分析每种情况出现的可能原因。

（2）图 3-7 所示是一个划分子网的网络拓扑结构，看图回答问题。

- 如何求图中各台主机的子网号。
- 如何判断图中各台主机是否属于同一个子网。
- 求出 192.168.1.0 在子网掩码为 255.255.255.240 情况下的所有子网划分的地址表。

# 任务 3-2　IPv6 的使用

**1. 手工简易配置 IPv6**

（1）在"计算机 1"上，依次选择"开始"→"控制面板"→"网络和 Internet"→"网络和共享

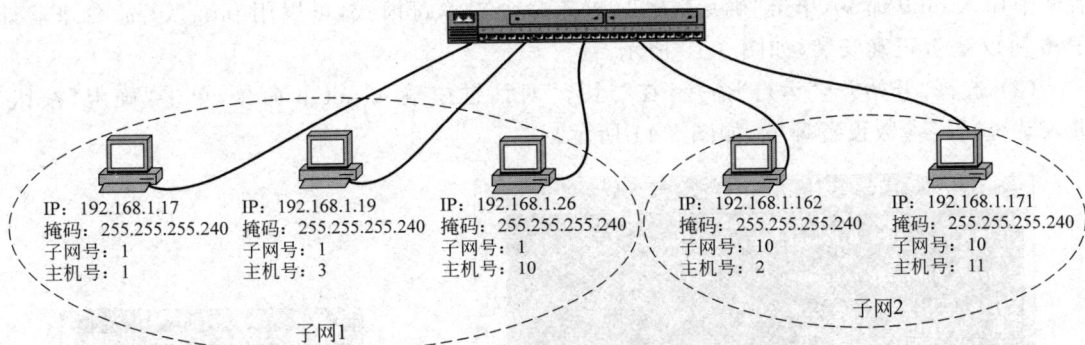

图 3-7 划分子网的网络拓扑结构

中心"→"更改适配器设置",打开"网络连接"窗口。

（2）右击"本地连接"图标，在弹出的快捷菜单中选择"属性"命令，打开"Wireless Network Connection 属性"对话框，如图 3-8 所示。

（3）选择"Wireless Network Connection 属性"对话框中的"Internet 协议版本 6（TCP/IPv6）"选项，再单击"属性"按钮［或双击"Internet 协议版本 6（TCP/IPv6）"选项］，打开"Internet 协议版本 6（TCP/IPv6）属性"对话框，如图 3-9 所示。

（4）输入 ISP 给定的 IPv6 地址，包括网关等信息。

**2. 使用程序配置 IPv6**

（1）选择"开始"→"运行"命令，在"运行"对

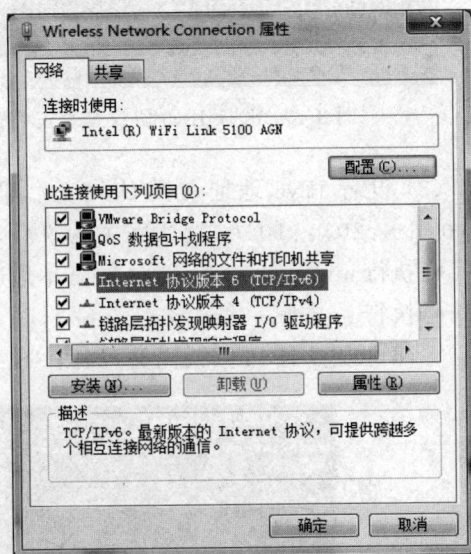

图 3-8 "Wireless Network Connection 属性"对话框

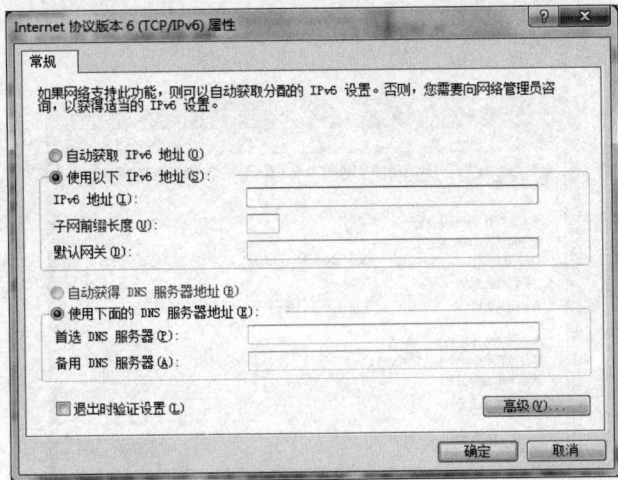

图 3-9 "Internet 协议版本 6（TCP/IPv6）属性"对话框

63

话框中输入 cmd 命令,单击"确定"按钮,进入命令提示符模式,可以用 ping::1 命令来验证 IPv6 协议是否正确安装,如图 3-10 所示。

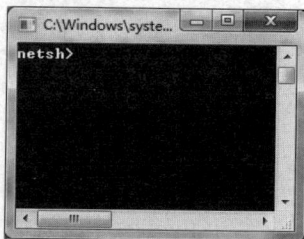

(2) 选择"开始"→"运行"命令,在"运行"对话框中输入 netsh 命令,单击"确定"按钮, 进入系统网络参数设置环境,如图 3-11 所示。

图 3-10  验证 IPv6 协议是否正确安装          图 3-11  系统网络参数设置环境

(3) 设置 IPv6 地址及默认网关。假如网络管理员分配给客户端的 IPv6 地址为 2010:da8:207::1010,默认网关为 2010:da8:207::1001,则:

- 执行 interface ipv6 add address 本地连接 2010:da8:207::1010 命令即可设置 IPv6 地址。
- 执行 interface ipv6 add route ::/0 本地连接 2010:da8:207::1001 publish=yes 命令 即可设置 IPv6 默认网关,如图 3-12 所示。

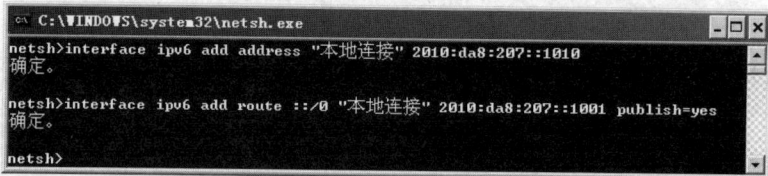

图 3-12  使用程序配置 IPv6

(4) 查看"本地连接"的"Internet 协议版本 6(TCP/IPv6)属性",可发现 IPv6 地址已经 配置好,如图 3-13 所示。

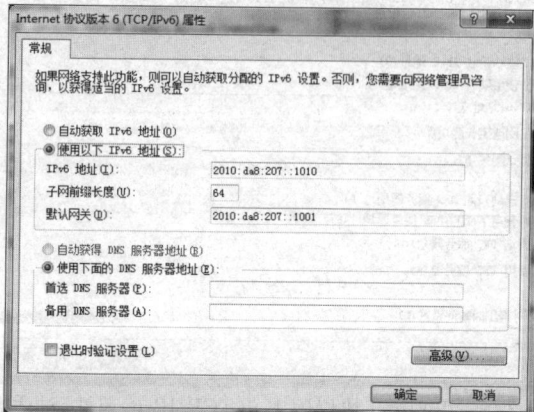

图 3-13  "Internet 协议版本 6(TCP/IPv6)属性"配置结果

# 3.6 项目实训 划分子网及应用

**1. 实训目的**

- 正确配置 IP 地址和子网掩码。
- 掌握子网划分的方法。

**2. 实训内容**

- 划分子网。
- 配置不同子网的 IP 地址。
- 测试结果。

IP 子网规划与划分

**3. 实训要求**

所需设备如下：

- 装有 Windows 7 操作系统的 5 台 PC(可分组进行)。
- 交换机 1 台。
- 直通线 5 根。

**4. 网络拓扑结构**

子网划分及应用的网络拓扑结构如图 3-14 所示。

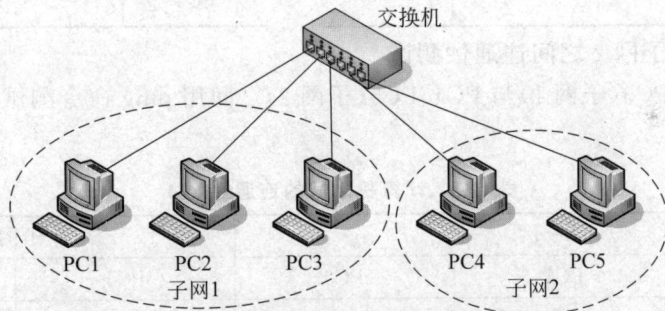

图 3-14 子网划分及应用的网络拓扑结构

**5. 实训步骤**

(1) 硬件连接。如图 3-14 所示,将 5 条直通双绞线的两端分别插入每台计算机网卡的 RJ-45 接口和交换机的 RJ-45 接口中,检查网卡和交换机的相应指示灯是否亮,判断网络是否正常连通。

(2) TCP/IP 配置。

① 配置 PC1 的 IP 地址为 192.168.1.17,子网掩码为 255.255.255.0;配置 PC2 的 IP 地址为 192.168.1.18,子网掩码为 255.255.255.0;配置 PC3 的 IP 地址为 192.168.1.19,子网掩码为 255.255.255.0;配置 PC4 的 IP 地址为 192.168.1.33,子网掩码为 255.255.255.0;配置 PC5 的 IP 地址为 192.168.1.34,子网掩码为 255.255.255.0。

② 在 PC1、PC2、PC3、PC4、PC5 之间用 ping 命令测试网络的连通性,测试结果填入表 3-4。

表 3-4　计算机之间的连通性表 1

| 计算机 | PC1 | PC2 | PC3 | PC4 | PC5 |
|---|---|---|---|---|---|
| PC1 | — | | | | |
| PC2 | | — | | | |
| PC3 | | | — | | |
| PC4 | | | | — | |
| PC5 | | | | | — |

（3）划分子网 1。

① 保持 PC1、PC2、PC3 的 IP 地址不变,将它们的子网掩码都修改为 255.255.255.240。

② 在 PC1、PC2、PC3 之间用 ping 命令测试网络的连通性,测试结果填入表 3-5。

（4）划分子网 2。

① 保持 PC4、PC5 的 IP 地址不变,将它们的子网掩码都修改为 255.255.255.240。

② 在 PC4、PC5 之间用 ping 命令测试网络的连通性,测试结果填入表 3-6。

表 3-5　计算机之间的连通性表 2

| 计算机 | PC1 | PC2 | PC3 |
|---|---|---|---|
| PC1 | — | | |
| PC2 | | — | |
| PC3 | | | — |

表 3-6　计算机之间的连通性表 3

| 计算机 | PC4 | PC5 |
|---|---|---|
| PC4 | — | |
| PC5 | | — |

（5）子网 1 和子网 2 之间连通性测试。

在 PC1、PC2、PC3(子网 1)与 PC4、PC5(子网 2)之间用 ping 命令测试网络的连通性,测试结果填入表 3-7。

表 3-7　计算机之间的连通性表 4

| 子网 1 | | | 子网 2 | |
|---|---|---|---|---|
| PC1 | PC2 | PC3 | PC4 | PC5 |
| | | | | |
| | | | | |

提示：① 子网 1 的子网号是 192.168.1.16,子网 2 的子网号是 192.168.2.32。
②该实训最好分组进行,每组 5 人,每组的 IP 地址可设计为 192.168.组号.×××。

# 3.7　习　　题

**一、填空题**

1. IP 地址由_____和_____组成。

2. Internet 传输层包含两个重要协议：_____和_____。

3. TCP 的全称是_____,IP 全称是_____。

4. IPv4 地址由_____位二进制数组成,IPv6 地址由_____位二进制数组成。

5. 以太网利用_____协议获得目的主机 IP 地址与 MAC 地址的映射关系。

6. _____是用来判断任意两台计算机的 IP 地址是否属于同一网络的根据。

7. 已知某主机的 IP 地址为 132.102.101.28,子网掩码为 255.255.255.0,那么该主机所在子网的网络地址是_____。

8. 只有两台计算机处于同一个_____的,才可以进行直接通信。

二、选择题

1. 为了保证连接的可靠建立,TCP 通常采用(　　)。

　　A. 三次握手机制　　　B. 窗口控制机制　　　C. 自动重发机制　　　D. 端口机制

2. 下列 IP 地址中(　　)是 C 类地址。

　　A. 127.233.13.34　　　　　　　　　　　B. 212.87.256.51

　　C. 169.196.30.54　　　　　　　　　　　D. 202.96.209.21

3. IP 地址 205.140.36.88 的(　　)表示主机号。

　　A. 205　　　　　　　B. 205.140　　　　　　C. 88　　　　　　D. 36.88

4. 以下(　　)表示网卡的物理地址(MAC 地址)。

　　A. 192.168.63.251　　　　　　　　　　　B. 19-23-05-77-88

　　C. 0001.1234.Fbc3　　　　　　　　　　　D. 50-78-4C-6F-03-8D

5. IP 地址 127.0.0.1 表示(　　)。

　　A. 一个暂时未用的保留地址　　　　　　　B. 一个 B 类 IP 地址

　　C. 一个本网络的广播地址　　　　　　　　D. 一个表示本机的 IP 地址

三、简答题

1. IP 地址中的网络号与主机号各起了什么作用?

2. 为创建一个子网至少要借多少位?

3. 有一个 IP 地址:222.98.117.118/27。请写出该 IP 地址所在子网内的合法主机 IP 地址范围、广播地址及子网的网络号。

4. 一个公司有三个部门,分别为财务部、市场部、人事部。要求建三个子网,请根据网络号 172.17.0.0/16 划分,写出每个子网的网络号、子网掩码、合法主机范围。要求写出步骤。

5. 为什么要推出 IPv6? IPv6 中的变化体现在哪几个方面?

# 项目 4　使用常用网络命令排除网络故障

## 4.1　项　目　导　入

公司的网络不可能不出现故障,一旦出现故障该如何排除呢? 掌握常用的网络命令的使用可以帮助用户解决许多网络问题。

本项目将带领读者去掌握常用的网络命令。

## 4.2　职业能力目标和要求

- 熟练掌握 TCP/IP 传输层协议 TCP、UDP。
- 了解 ICMP、Arp 和 RARP。
- 掌握 TCP/IP 实用程序。
- 正确认识和理解学习的价值,培养学生树立终身学习的意识。

## 4.3　相　关　知　识

### 4.3.1　TCP

Internet 传输层包含两个重要协议:传输控制协议(TCP)和用户数据报协议(UDP)。TCP 是专门为在不可靠的 Internet 上提供可靠的端到端的字节流通信而设计的一种面向连接的传输协议;UDP 是一种面向无连接的传输协议。

传输层数据包抓包分析

**1. 传输层端口**

Internet 传输层与网络层功能上的最大区别是前者可提供进程间的通信能力。因此,TCP/IP 提出了端口(port)的概念,用于标识通信的进程。TCP 和 UDP 都使用与应用层接口处的端口和上层的应用进程进行通信。也就是说,应用层的各种进程是通过相应的端口与传输实体进行交互的。

端口实际上是一个抽象的软件结构(包括一些数据结构和 I/O 缓冲区),它是操作系统可分配的一种资源。应用进程通过系统调用与某端口建立关联后,传输层传输给该端口的数据都被相应的应用进程所接收,相应进程发送给传输层的数据都通过该端口输出。从另

一个角度讲,端口又是应用进程访问传输服务的入口点。

在 Internet 传输层中,每一端口是用套接字(socket)来描述的。应用程序一旦向系统申请到一个 socket,就相当于应用程序获得一个与其他应用程序通信的输入/输出接口。每一个 socket 表示一个通信端点,且对应有一个唯一传输地址即标识(IP 地址,端口号),其中,端口号是一个 16 位二进制数,约定 256 以下的端口号被标准服务保留,取值大于 256 的为自由端口。自由端口是在端主机的进程间建立传输连接时由本地用户进程动态分配得到。由于 TCP 和 UDP 是完全独立的两个软件模块,所以,各自的端口号是相互独立的。

TCP 和 UDP 的保留端口如图 4-1 所示。

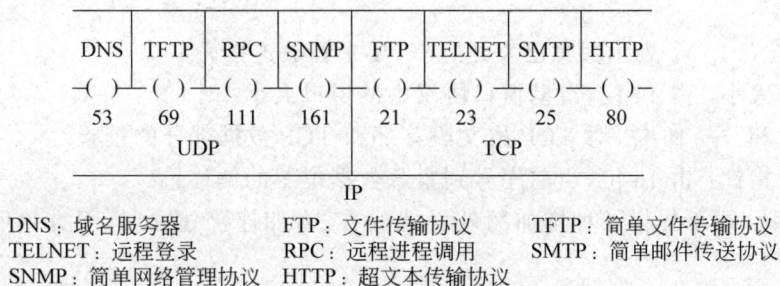

图 4-1 TCP 和 UDP 的保留端口

DNS:域名服务器　　　　　FTP:文件传输协议　　　　TFTP:简单文件传输协议
TELNET:远程登录　　　　RPC:远程进程调用　　　　SMTP:简单邮件传送协议
SNMP:简单网络管理协议　HTTP:超文本传输协议

图 4-1　TCP 和 UDP 的保留端口

## 2. TCP 报文格式

TCP 只有一种类型的 TPDU,叫作 TCP 段。一个 TCP 段由段头(称 TCP 头或传输头)和数据流两部分组成,TCP 数据流是无结构的字节流,流中数据是由一个个字节序列构成的,TCP 中的序号和确认号都是针对流中字节的,而不针对段。段头的格式如图 4-2 所示。

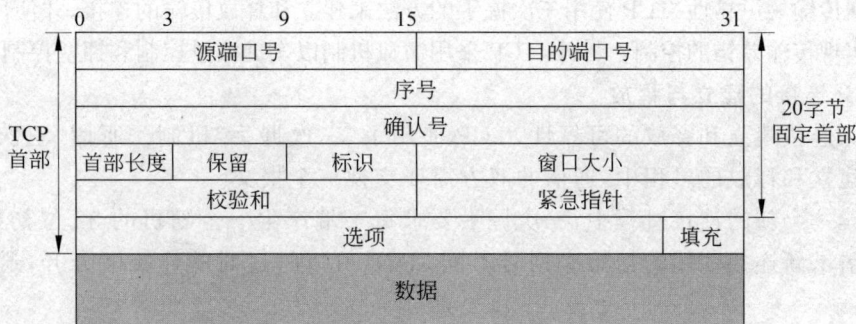

图 4-2　TCP 报文格式

TCP 报文各字段的含义如下。

(1) 源端口号和目的端口号:各占 16 位,标识发送端和接收端的应用进程。端口号 1024 以下的被称为知名端口,它们被保留用于一些标准的服务。

(2) 序号:占 32 位,所发送的消息的首字节的序号,用以标识从 TCP 发送端和 TCP 接收端发送的数据字节流。

(3) 确认号:占 32 位,期望收到对方的下一个消息首字节的序号。只有在"标识"字段中的 ACK 位设置为 1 时,此序号才有效。

（4）首部长度：占 4 位，以 32 位为计算单位的 TCP 报文段首部的长度。

（5）保留：占 6 位，为将来的应用而保留。目前置为 0。

（6）标识：占 6 位，有 6 个标识位（以下是设置为 1 时的作用）。

① 紧急位（URG）：紧急指针有效。

② 确认位（ACK）：确认号有效。

③ 急迫位（PSH）：接收方收到数据后，立即送往应用程序。

④ 复位位（RST）：复位由于主机崩溃或其他原因而出现的错误的连接。

⑤ 同步位（SYN）：SYN=1、ACK=0 表示连接请求消息，SYN=1、ACK=1 表示同意建立连接消息。

⑥ 终止位（FIN）：表示数据已发送完毕，要求释放连接。

（7）窗口大小：占 16 位，滑动窗口协议中的窗口大小。

（8）校验和：占 16 位，对 TCP 报文段首部和 TCP 数据部分的校验。

（9）紧急指针：占 16 位，当前序号到紧急数据位置的偏移量。

（10）选项：用于提供一种增加额外设置的方法，如连接建立时，双方说明最大的负载能力。

（11）填充：当"选项"字段长度不足 32 位时，需要加以填充。

（12）数据：来自高层（即应用层）的协议数据。

**3. TCP 可靠传输**

TCP 是利用网络层 IP 提供的不可靠的通信服务，为应用进程提供可靠的、面向连接的、端到端的基于字节流的传输服务。

TCP 提供面向连接的、可靠的字节流传输。TCP 连接是全双工和点到点的。全双工意味着可以同时进行双向传输。点到点的意思是每个连接只有两个端点，TCP 不支持组播或广播。为保证数据传输的可靠性，TCP 使用三次握手的方法来建立和释放传输的连接，并使用确认和重传机制来实现传输差错的控制。另外，TCP 采用窗口机制以实现流量控制和拥塞控制。

**4. TCP 连接的建立与释放**

为确保连接建立和释放的可靠性，TCP 使用了"三次握手"机制。所谓"三次握手"，就是在连接建立和释放的过程中，通信的双方需要交换三个报文。

在创建一个新的连接过程中，三次握手要求每一端产生一个随机的 32 位初始序列号，由于每次请求新连接使用的初始序列号不同，TCP 可以将过时的连接区分开，避免重复连接的产生。

图 4-3 显示了 TCP 利用三次握手建立连接的正常过程。

在 TCP 中，连接的双方都可以发起释放连接的操作。为了保证在释放连接之前所有的数据都可靠地到达了目的地，TCP 再次使用了三次握手。一方发出释放请求后并不立即释放连接，而是等待对方确认。只有收到对方的确认信息，才能释放连接。

**5. TCP 的差错控制（确认与重传）**

在差错控制过程中，如果接收方的 TCP 正确收到一个数据报文，它要回发一个确认信息给发送方；若检测到错误，就丢弃该数据。而发送方在发送数据时，TCP 需要启动一个定时器。在定时器到时之前，如果没有收到一个确认信息（可能因为数据出错或丢失），则发送方重传该数据。图 4-4 说明了 TCP 的差错控制机制。

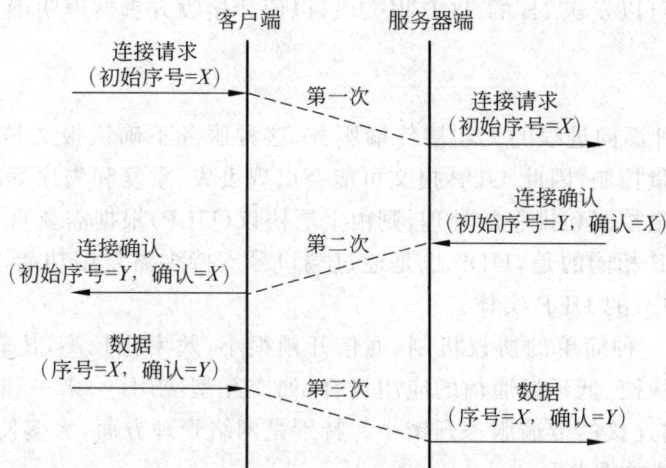

图 4-3   三次握手

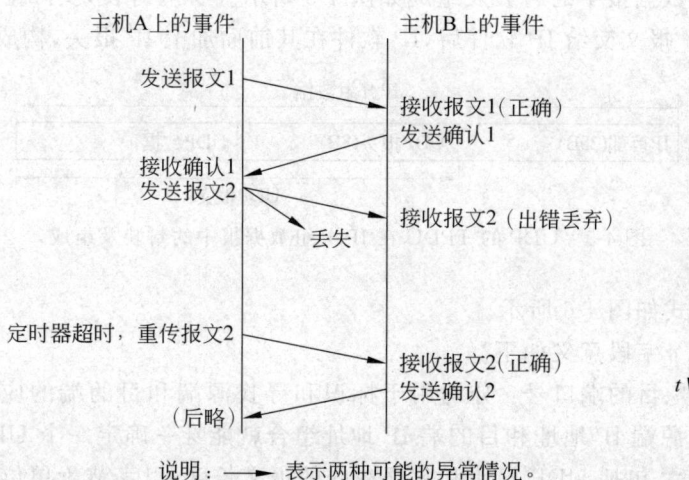

说明：——→ 表示两种可能的异常情况。

图 4-4   TCP 的差错控制机制

#### 6. 流量控制

一旦连接建立起来后,通信双方就可以在该连接上传输数据了。在数据传输过程中,TCP 提供一种基于动态滑动窗口协议的流量控制机制,使接收方 TCP 实体能够根据自己当前的缓冲区容量来控制发送方 TCP 实体传送的数据量。假设接收方现有 2048B 的缓冲区空间,如果发送方传送了一个 1024B 的报文段并被正确接收到,那么接收方要确认该报文段。然而,因为它现在只剩下 1024B 的缓冲区空间(在应用程序从缓冲区中取走数据之前),所以,它只声明 1024B 大小的窗口,期待接收后续的数据。当发送方再次发送了 1024B 的 TCP 报文段后,由于接收方无剩余的缓冲区空间,所以,最终的确认其声明的滑动窗口大小为 0。

此时发送方必须停止发送数据直到接收方主机上的应用程序被确定从缓冲区中取走一些数据,接收方重新发出一个新的窗口值为止。

当滑动窗口为 0 时,在正常情况下,发送方不能再发送 TCP 报文段。但有两种情况例外:一是紧急数据可以发送,比如,立即中断远程的用户进程;二是为防止窗口声明丢失时

71

出现死锁，发送方可以发送 1B 的 TCP 报文段，以便让接收方重新声明确认号和窗口大小。

### 4.3.2　UDP

UDP 提供一种面向进程的无连接传输服务，这种服务不确认报文是否到达，不对报文排序，也不进行流量控制，因此 UDP 报文可能会出现丢失、重复和失序等现象。

对于差错、流量控制和排序的处理，则由上层协议（ULP）根据需要自行解决，UDP 本身并不提供。与 TCP 相同的是，UDP 也是通过端口号支持多路复用功能，多个 ULP 可以通过端口地址共享单一的 UDP 实体。

由于 UDP 是一种简单的协议机制，通信开销很小，效率比较高，比较适合于对可靠性要求不高，但需要快捷、低延迟通信的应用场合，如交互型应用（一来一往交换报文）。即使出错重传也比面向连接的传输服务开销小。特别是网络管理方面，大多使用 UDP。

**1. UDP 的协议数据单元**

UDP 的协议数据单元（TPDU）是由 8B 报头和可选部分的 0 个或多个数据字节组成的。它在 IP 分组数据报中的封装及组成如图 4-5 所示。所谓封装，实际上就是指发送端的 UDP 软件将 UDP 报文交给 IP 软件后，IP 软件在其前面加上 IP 报头，构成 IP 分组数据报。

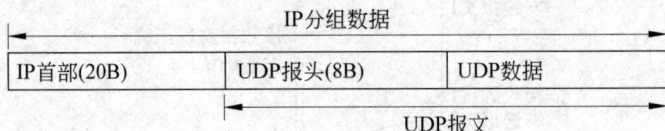

图 4-5　UDP 的 TPDU 在 IP 分组数据报中的封装及组成

UDP 报文格式如图 4-6 所示。

UDP 报头各个字段意义如下。

（1）源端口号、目的端口号：分别用于标识和寻找源端和目的端的应用进程。它们分别与 IP 报头中的源端 IP 地址和目的端 IP 地址组合就能唯一确定一个 UDP 连接。

（2）报文长度：包括 UDP 报头和数据在内的报文长度，以字节为单位，最小值为 8（报头长度）。

（3）校验和：可选字段。若计算校验和，则对 IP 首部、UDP 报头和 UDP 数据全部计算在内，用于检错，即由发送端计算校验和并存储，由接收端进行验证，否则取值为 0。

（4）数据：长度可变，最大为 65527 字节。

**注意**：UDP 校验和字段是可选项而非强制性字段，如果该字段为 0，就说明不进行校验。这样设计的目的是使那些在可靠性很好的局域网上使用 UDP 的应用程序能够尽量减少开销。由于 IP 中的校验和并没有覆盖 IP 分组数据报中的数据部分，所以，UDP 校验和字段提供了对数据是否正确到达目的地的唯一手段，因此，使用该字段是非常必要的。

图 4-6　UDP 报文格式

**2. UDP 的工作原理**

利用 UDP 实现数据传输的过程远比利用 TCP 要简单得多。UDP 数据报是通过 IP 发送和接收的。发送端主机分配源端口，并指定目的端口，构造 UDP 的 TPDU，提交给 IP 处理。网间寻址由 IP 地址完成，进程间寻址则由 UDP 端口来实现。当发送数据时，UDP 实体构造好一个 UDP 数据报后递交给 IP，IP 将整个 UDP 数据报封装在 IP 数据报中，即加上 IP 报头，形成 IP 数据报发送到网络中。

在接收数据时，UDP 实体首先判断接收到的数据报的目的端口是否与当前使用的某端口相匹配。如果匹配，则将数据报放入相应的接收队列；否则丢弃该数据报，并向源端发送一个"端口不可达"的 ICMP 报文。

## 4.3.3  ICMP

在网络层中，最常用的协议网际协议 IP，其他一些协议用来协助 IP 进行操作，如 ARP、ICMP、IGMP 等。

IP 在传送数据报时，如果路由器不能正确地传送或者检测到异常现象影响其正确传送，路由器就需要通知传送的源主机或路由器采取相应的措施，因特网控制消息协议 ICMP（Internet control message protocol）为 IP 提供了差错控制、网络拥塞控制和路由控制等功能。主机、路由器和网关利用它来实现网络层信息的交互，ICMP 中最多的用途就是错误汇报。

ICMP 信息是在 IP 数据报内部被传输的，如图 4-7 所示。

| IP数据报 | |
|---|---|
| IP首部 | ICMP报文 |
| 20字节 | |

图 4-7  ICMP 封装在 IP 数据报内部

ICMP 通常被认为是 IP 的一部分，因为 ICMP 消息是在 IP 分组内携带的，也就是说，ICMP 消息是 IP 的有效载荷，就像 TCP 或者 UDP 作为 IP 的有效载荷一样。

ICMP 信息有一个类型字段和一个代码字段，同时还包含导致 ICMP 消息首先被产生的 IP 数据报头部和其数据部分的前 8 字节（由此可以确定导致错误的分组），如图 4-8 所示。

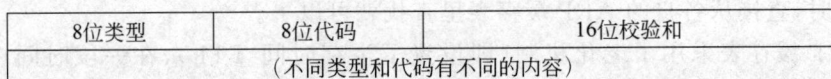

| 8位类型 | 8位代码 | 16位校验和 |
|---|---|---|
| （不同类型和代码有不同的内容） | | |

图 4-8  ICMP 格式

众所周知，ping 命令就是给指定主机发送 ICMP 类型 8 代码 0 的报文，目的主机接收到回应请求后，返回一个类型 0 代码 0 的 ICMP 应答。表 4-1 给出了一些选定 ICMP 的报文消息。

表 4-1  ICMP 的报文消息

| 类型 | 代码 | 描述 | 类型 | 代码 | 描述 |
|---|---|---|---|---|---|
| 0 | 0 | 回应应答（执行 ping） | 8 | 0 | 回应请求 |
| 3 | 0 | 目的网络不可达 | 9 | 0 | 路由器公告 |
| 3 | 1 | 目的主机不可达 | 10 | 0 | 路由器发现 |
| 3 | 2 | 目的协议不可达 | 11 | 0 | TTL 过期 |
| 3 | 3 | 目的端口不可达 | 12 | 0 | IP 头部损坏 |
| 4 | 0 | 源端抑制（拥塞控制） | | | |

例如,ICMP 的源端抑制消息,其目的是执行拥塞控制。它允许一个拥塞路由器给主机发送一个 ICMP 源端抑制消息,迫使主机降低传送速率。

### 4.3.4 ARP 和 RARP

ARP(address resolution protocol)即地址解析协议,实现通过 IP 地址得知其物理地址(MAC 地址)。

在以太网协议中规定,同一局域网中的一台主机要和另一台主机进行直接通信,必须要知道目标主机的 MAC 地址。

ARP 分析

**1. ARP 的工作原理**

在每台安装有 TCP/IP 的计算机中都有一个 ARP 缓存表,表里的 IP 地址与 MAC 地址是一一对应的。

以主机 A(192.168.1.5)向主机 B(192.168.1.1)发送数据为例。

(1) 当发送数据时,主机 A 会在自己的 ARP 缓存表中寻找是否有目标 IP 地址。

(2) 如果找到了,也就知道了目标 MAC 地址,直接把目标 MAC 地址写入帧里面,就可以发送了。

(3) 如果在 ARP 缓存表中没有找到目标 IP 地址,主机 A 就会在网络上发送一个广播:"我是 192.168.1.5,我的 MAC 地址是 00-aa-00-66-d8-13,请问 IP 地址为 192.168.1.1 的 MAC 地址是什么?"

(4) 网络上其他主机并不响应 ARP 询问,只有主机 B 接收到这个帧时,才向主机 A 做出这样的回应:"192.168.1.1 的 MAC 地址是 00-aa-00-62-c6-09。"

(5) 这样,主机 A 就知道了主机 B 的 MAC 地址,它就可以向主机 B 发送信息。

(6) 主机 A 和主机 B 还同时都更新了自己的 ARP 缓存表(因为主机 A 在询问的时候把自己的 IP 和 MAC 地址一起告诉了主机 B),下次主机 A 再向主机 B 或者主机 B 向主机 A 发送信息时,直接从各自的 ARP 缓存表里查找就可以了。

(7) ARP 缓存表采用了老化机制(即设置了生存时间 TTL),在一段时间内(一般为 15~20min)如果表中的某一行内容(IP 地址与 MAC 地址的映射关系)没有被使用过,该行内容就会被删除,这样可以大大减少 ARP 缓存表的长度,加快查询速度。

**2. RARP 的工作原理**

RARP(reverse address resolution protocol)即反向地址解析协议。

如果某站点被初始化后,只有自己的物理地址(MAC 地址)而没有 IP 地址,则它可以通过 RARP 发出广播请求,征询自己的 IP 地址,RARP 服务器负责回答。

RARP 广泛用于无盘工作站获取 IP 地址。

RARP 的工作原理如下。

(1) 源主机发送一个本地的 RARP 广播,在此广播包中,声明自己的 MAC 地址并且请求任何收到此请求的 RARP 服务器分配一个 IP 地址。

(2) 本地网段上的 RARP 服务器收到此请求后,检查其 RARP 列表,查找该 MAC 地址对应的 IP 地址。

(3) 如果存在,RARP 服务器就向源主机发送一个响应数据包,并将此 IP 地址提供给源主机使用。

（4）如果不存在，RARP 服务器对此不做任何的响应。

（5）源主机收到 RARP 服务器的响应信息，就利用得到的 IP 地址进行通信；如果一直没有收到 RARP 服务器的响应信息，表示初始化失败。

## 4.3.5　无类别域间路由（CIDR）

### 1. 无类别域间路由（CIDR）概念

如今，网络界很少采用所谓的传统 IP 寻址方法。更为常见的是，ISP 采用无类别域间路由（CIDR），即 classless inter-domain routing。

无类别域间路由（CIDR）技术有时也称超网，它把划分子网的概念向相反的方向做了扩展：通过借用前 3 字节的几位可以把多个连续的 C 类地址集聚在一起。换句话说，就像所有到达某个 B 类地址的数据都将发给某个路由器一样，所有到达某一块 C 类地址的数据都将被选路至某个路由器上。

称作无类别域间路由的原因在于它使路由器可以忽略网络类别（C 类）地址，并可以在决定如何转发数据报时向前再多看几位。另一个与子网划分不同的特点在于，对于外部网络来说，子网掩码是不可见的，而超网路径的使用主要是为了减少路由器上的路由表项数。例如，一个 ISP 可以获得一块 256 个 C 类地址。这可以认为与 B 类地址相同。有了超网后，路由器可设定为包含地址块的前 16 位，然后把地址块作为有 8 位超网的一条路由来处理，而不再是为其中包含的每个 C 类地址处理最多可能有 256 项的路由。由于 ISP 经常负责为它们的用户的网络提供路由，于是它们获得的通常就是这种地址块，从而所有发往其用户网络的数据可以由 ISP 的路由器以任何一种方式选路。

起初，视网络规模而定，包括 IPv4 地址的 32 位地址空间被分成了五类。每类地址包括两个部分：第一个部分识别网络，第二个部分用来识别该网络上某个机器的地址。它们采用点分十进制记法表示，有四组数字，每组代表八位，中间用句点隔开。比如 $xxx.xxx.xxx.yyy$，其中，$x$ 表示网络地址，$y$ 表示该站的号码。分配用来识别网络的比特越多，该网络所能支持的站数就越少，反之亦然。

处在最上端的是 A 类网络，专门留给那些节点数最多的网络，准确地说，是 16777214 个节点。A 类网络只有 126 个。B 类网络则针对中等规模的网络，但按照今天的标准来看，规模仍然相当大：每个 B 类网络拥有 65534 个节点。B 类网络有 16384 个。然而，大多数分配的地址属于 C 类地址空间，它最多可以包括 254 个主机。C 类网络超过 200 万个节点。

### 2. 无类别域间路由（CIDR）工作原理

CIDR 地址包括标准的 32 位 IP 地址和用正斜线标记的前缀。因而，地址 66.77.27.3/24 表示头 24 位识别网络地址（这里是 66.77.24），剩余的 8 位识别某个站的地址。

因为各类地址在 CIDR 中有着类似的地址群，两者之间的转移就相对简单。所有 A 类网络可以转换成/8 CIDR 表项目。B 类网络可以转换成/16，C 类网络可以转换成/24。

CIDR 的优点解决了困扰传统 IP 寻址方法的两个问题，因为以较小增量单位分配地址，这就减少了浪费的地址空间，还具有可伸缩性优点。路由器能够有效地聚合 CIDR 地址。所以，路由器不用为 8 个 C 类网络广播地址，而是只要广播带有/21 网络前缀的地址——这相当于 8 个 C 类网络，从而大大缩减了路由器的路由表大小。

该办法可行的唯一前提是地址是连续的，否则就不可能设计出包含所需地址、但排除不需要地址的前缀。为了达到这个目的,超网块(supernet block)即大块的连续地址就分配给 ISP,然后 ISP 负责在用户中划分这些地址,从而减轻了 ISP 自有路由器的负担。

对企业的网络管理人员来说,这意味着他们要证明自己的 IP 地址分配方案是可行的,在 CIDR 出现之前,获得网络地址相当容易。但随着可用地址的数量不断减少,用户只好详细记载预计需求,这个过程通常长达 3 个月。此外,如果是分类地址方法,公司要向因特网注册机构购买地址。然而有了 CIDR,就可以向服务提供商租用地址。这就是为什么更换 ISP 需要给网络设备重新编号,否则就要使用新老地址之间进行转换的代理服务器,这又会严重制约可伸缩性。

超网完成的工作就是从默认掩码中删除位,从最右边的位开始,并一直处理到左边。为了解这是如何进行的,让我们看一个例子。

假设已经指定了下列的 C 类网络地址。

200.200.192.0　　200.200.193.0　　200.200.197.0　　200.200.195.0

利用默认的 255.255.255.0 掩码,这些是独立的网络。然而,如果我们使用子网掩码 255.255.192.0,则这些网络中的每一个都似乎是网络 200.200.192.0 的一部分,因为所有的标记位都是一样的。第 3 个 8 位组中的最低位变成了主机地址空间的一部分。

与 VLSM 类似,这种技术涉及违反标准 IP 地址类。我们已经讨论了这些寻址方法,以提供一个可能使用的例子,它是在解决寻址的限制时提出的。在初学网络时,要记住将重点放在对标准的、基于类的 IP 寻址的理解上。

# 4.4　项目设计与准备

随着网络应用的日益广泛,计算机或各种网络设备出现这样或那样的故障是在所难免的。

TCP/IP 实用程序涉及对 TCP/IP 进行故障诊断和配置、文件传输和访问、远程登录等多个方面。网络管理员除了使用各种硬件检测设备和测试工具外,还可利用操作系统本身内置的一些网络命令,对所在的网络进行故障检测和维护。

- ipconfig 命令查看 TCP/IP 配置信息(如 IP 地址、网关、子网掩码等)。
- ping 命令可测试网络的连通性。
- tracert 命令可以获得从本地计算机到目的主机的路径信息。
- netstat 命令可以查看本机各端口的网络连接情况。
- arp 命令可以查看 IP 地址与 MAC 地址的映射关系。

# 4.5　项 目 实 施

## 任务 4-1　ping 命令的使用

ping 命令是利用回应请求/应答 ICMP 报文来测试目的主机或路由器的可达性的。

通过执行 ping 命令可获得如下信息。

- 监测网络的连通性,检验与远程计算机或本地计算机的连接。
- 确定是否有数据报被丢失、复制或重传。ping 命令在所发送的数据报中设置唯一的序列号(sequence number),以此检查其接收到应答报文的序列号。
- ping 命令在其所发送的数据报中设置时间戳(timestamp),根据返回的时间戳信息可以计算数据包交换的时间,即 RTT(round trip time)。
- ping 命令校验每一个收到的数据报,据此可以确定数据报是否损坏。

ping [-t][-a][-n count][-l size][-f][-i TTL][-v TOS][-r count][-s count][[-j host-list]|[-k host-list]][-w timeout] 目的 IP 地址

ping 命令各选项的含义如表 4-2 所示。

表 4-2　ping 命令各选项的含义

| 选　项 | 含　义 |
|---|---|
| -t | 连续地 ping 目的主机,直到手动停止(按 Ctrl＋C 组合键) |
| -a | 将 IP 地址解析为主机名 |
| -n count | 发送回送请求 ICMP 报文的次数(默认值为 4) |
| -l size | 定义 echo 数据报的大小(默认值为 32B) |
| -f | 不允许分片(默认为允许分片) |
| -i TTL | 指定生存周期 |
| -v TOS | 指定要求的服务类型 |
| -r count | 记录路由 |
| -s count | 使用时间戳选项 |
| -j host-list | 使用松散源路由选项 |
| -k host-list | 使用严格源路由选项 |
| -w timeout | 指定等待每个回送应答的超时时间(以 ms 为单位,默认值为 1000,即 1s) |

(1)测试本机 TCP/IP 是否正确安装。执行 ping 127.0.0.1 命令,如果能 ping 成功,说明 TCP/IP 已正确安装。127.0.0.1 是回送地址,它永远回送到本机。

(2)测试本机 IP 地址是否正确配置或者网卡是否正常工作。执行"ping 本机 IP 地址"命令,如果能 ping 成功,说明本机 IP 地址配置正确,并且网卡工作正常。

(3)测试与网关之间的连通性。执行"ping 网关 IP 地址"命令,如果能 ping 成功,说明本机到网关之间的物理线路是连通的。

(4)测试能否访问 Internet。执行 ping 60.215.128.237 命令,如果能 ping 成功,说明本机能访问 Internet。其中,60.215.128.237 是 Internet 上新浪服务器的 IP 地址。

(5)测试 DNS 服务器是否正常工作。执行 ping www.sina.com.cn 命令,如果能 ping 成功,如图 4-9 所示,说明 DNS 服务器工作正常,能把网址(www.sina.com.cn)正确解析为 IP 地址(60.215.128.237)。否则,说明主机的 DNS 未设置或设置有误等。

如果计算机打不开任何网页,可通过上述的 5 个步骤来诊断故障的位置,并采取相应的解决措施。

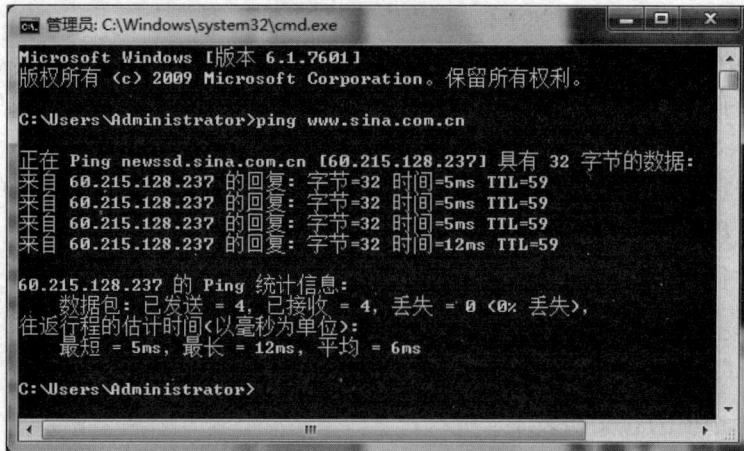

图 4-9　使用 ping 测试 DNS 服务器是否正常工作

（6）连续发送 ping 探测报文。

```
ping -t 60.215.128.237
```

（7）使用自选数据长度的 ping 探测报文，如图 4-10 所示。

图 4-10　使用自选数据长度的 ping 探测报文

（8）修改 ping 命令的请求超时时间，如图 4-11 所示。

图 4-11　修改 ping 命令的请求超时时间

（9）不允许路由器对 ping 探测报文分片。如果指定的探测报文的长度太长,同时又不允许分片,探测数据报就不可能到达目的地并返回应答,如图 4-12 所示。

图 4-12　不允许路由器对 ping 探测报文分片

## 任务 4-2　ipconfig 命令的使用

ipconfig 命令可以查看主机当前的 TCP/IP 配置信息(如 IP 地址、网关、子网掩码等)、刷新动态主机配置协议(DHCP)和域名系统(DNS)设置。

ipconfig 命令的语法格式为

ipconfig[/all][/renew[Adapter]][/release [Adapter]][/flushdns][/displaydns]
[/registerdns][/showclassid Adapter][/setclassid Adapter [ClassID]]

ipconfig 命令各选项的含义如表 4-3 所示。

表 4-3　ipconfig 命令各选项的含义

| 选　项 | 含　义 |
|---|---|
| /all | 显示所有适配器的完整 TCP/IP 配置信息 |
| /renew [Adapter] | 更新所有适配器或特定适配器的 DHCP 配置 |
| /release [Adapter] | 发送 DHCP RELEASE 消息到 DHCP 服务器,以释放所有适配器或特定适配器的当前 DHCP 配置并丢弃 IP 地址配置 |
| /flushdns | 刷新并重设 DNS 客户解析缓存的内容 |
| /displaydns | 显示 DNS 客户解析缓存的内容,包括从 Local Hosts 文件预装载的记录,以及最近获得的针对由计算机解析的名称查询的资源记录 |
| /registerdns | 初始化计算机上配置的 DNS 名称和 IP 地址的手工动态注册 |
| /showclassid Adapter | 显示指定适配器的 DHCP 类别 ID |
| /setclassid Adapter[ClassID] | 配置特定适配器的 DHCP 类别 ID |
| /? | 在命令提示符下显示帮助信息 |

（1）要显示基本 TCP/IP 配置信息,可执行 ipconfig 命令。使用不带参数的 ipconfig 可以显示所有适配器的 IP 地址、子网掩码和默认网关。

（2）要显示完整的 TCP/IP 配置信息(主机名、MAC 地址、IP 地址、子网掩码、默认网关、DNS 服务器等),可执行 ipconfig /all 命令,并把显示结果填入表 4-4 中。

表 4-4　TCP/IP 配置信息

| 选　项 | 含　义 |
| --- | --- |
| 主机名（host name） | |
| 网卡的 MAC 地址（physical address） | |
| 主机的 IP 地址（IP address） | |
| 子网掩码（subnet address） | |
| 默认网关地址（default gateway） | |
| DNS 服务器（DNS server） | |

（3）仅更新"本地连接"适配器的由 DHCP 分配的 IP 地址配置，可执行 ipconfig/renew 命令。

（4）要在排除 DNS 的名称解析故障期间刷新 DNS 解析器缓存，可执行 ipconfig/flushdns 命令。

## 任务 4-3　arp 命令的使用

arp 命令用于查看、添加和删除缓存中的 ARP 表项。

ARP 表可以包含动态（dynamic）和静态（static）表项，用于存储 IP 地址与 MAC 地址的映射关系。

动态表项随时间推移自动添加和删除。而静态表项则一直保留在高速缓存中，直到人为删除或重新启动计算机为止。

每个动态表项的潜在生命周期是 10min，新表项加入时定时器开始计时，如果某个表项添加后 2min 内没有被再次使用，则此表项过期并从 ARP 表中删除。如果某个表项始终在使用，则它的最长生命周期为 10min。

（1）显示高速缓存中的 ARP 表，如图 4-13 所示。

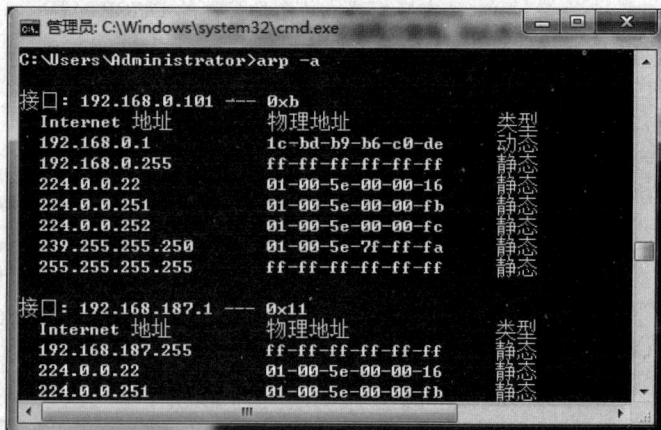

图 4-13　显示高速缓存中的 ARP 表

（2）添加 ARP 静态表项，如图 4-14 所示。

（3）删除 ARP 静态表项，如图 4-15 所示。

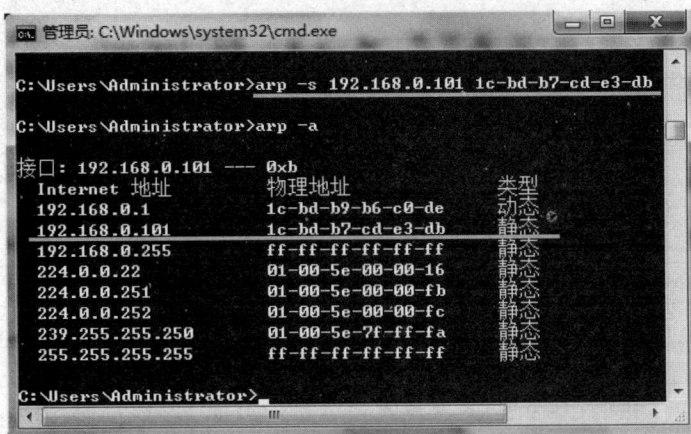

图 4-14　添加 ARP 静态表项

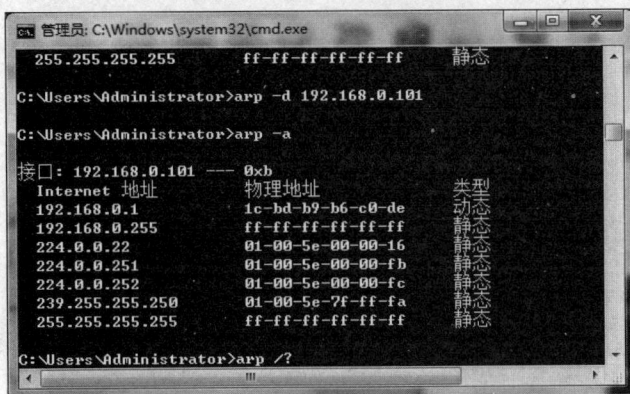

图 4-15　删除 ARP 静态表项

## 任务 4-4　tracert 命令的使用

tracert(跟踪路由)是路由跟踪实用程序,用于获得 IP 数据报访问目标时从本地计算机到目的主机的路径信息。

tracert 命令的语法格式为

tracert[-d][-h MaximumHops][-j HostList][-w Timeout][-R][-S SrcAddr][-4][-6]TargetName

tracert 命令各选项的含义如表 4-5 所示。

表 4-5　tracert 命令各选项的含义

| 选　项 | 含　义 |
| --- | --- |
| -d | 防止 tracert 试图将中间路由器的 IP 地址解析为它们的名称 |
| -h MaximumHops | 指定搜索目标(目的)的路径中"跳数"的最大值。默认"跳数"值为 30 |
| -j HostList | 指定"回显请求"消息将 IP 报头中的松散源路由选项与 HostList 中指定的中间目标集一起使用 |

81

续表

| 选　项 | 含　义 |
| --- | --- |
| -w Timeout | 指定等待"ICMP 已超时"或"回显答复"消息(对应于要接收的给定"回显请求"消息)的时间(ms) |
| -R | 指定 IPv6 路由扩展报头应用来将"回显请求"消息发送到本地主机,使用指定目标作为中间目标并测试反向路由 |
| -S SrcAddr | 指定在"回显请求"消息中使用的源地址。仅当跟踪 IPv6 地址时才使用该参数 |
| -4 | 指定 tracert 只能将 IPv4 用于本跟踪 |
| -6 | 指定 tracert 只能将 IPv6 用于本跟踪 |
| TargetName | 指定目标,可以是 IP 地址或主机名 |
| -? | 在命令提示符下显示帮助 |

(1) 要跟踪名为 www.163.com 的主机的路径,执行 tracert www.163.com 命令,结果如图 4-16 所示。

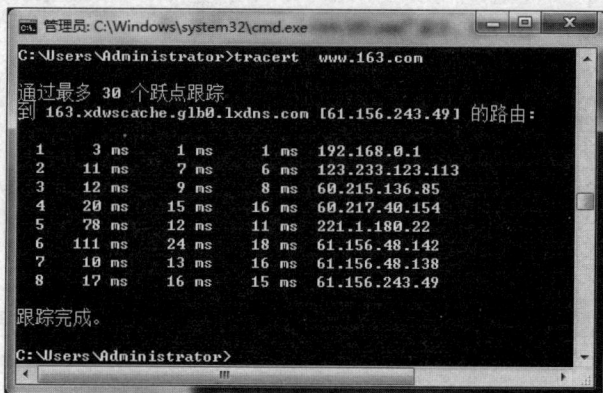

图 4-16　使用 tracert 跟踪主机的路径 1

(2) 要跟踪名为 www.163.com 的主机的路径,并防止将每个 IP 地址解析为它的名称,执行 tracert -d www.163.com 命令,结果如图 4-17 所示。

图 4-17　使用 tracert 跟踪主机的路径 2

## 任务 4-5　netstat 命令的使用

netstat 命令可以显示当前活动的 TCP 连接、计算机侦听的端口、以太网统计信息、IP 路由表、IPv4 统计信息以及 IPv6 统计信息等。

netstat 命令的语法格式为

netstat [-a][-e][-n][-o][-p Protocol][-r][-s][Interval]

netstat 命令各选项的含义如表 4-6 所示。

表 4-6　netstat 命令各选项的含义

| 选　　项 | 含　　义 |
| --- | --- |
| -a | 显示所有活动的 TCP 连接以及计算机侦听的 TCP 和 UDP 端口 |
| -e | 显示以太网统计信息,如发送和接收的字节数、数据包数等 |
| -n | 显示活动的 TCP 连接,不过,只以数字形式表示地址和端口号 |
| -o | 显示活动的 TCP 连接并包括每个连接的进程 ID(PID)。该选项可以与-a、-n 和-p 选项结合使用 |
| -p Protocol | 显示 Protocol 所指定的协议的连接 |
| -r | 显示 IP 路由表的内容。该选项与 route print 命令等价 |
| -s | 按协议显示统计信息 |
| Interval | 每隔 Interval 设定的时间就重新显示一次选定的消息。按 Ctrl＋C 组合键停止重新显示统计信息。如果省略该选项,netstat 将只显示一次选定的信息 |
| /? | 在命令提示符下显示帮助 |

(1)要显示所有活动的 TCP 连接以及计算机侦听的 TCP 和 UDP 端口,执行 netstat-a 命令,结果如图 4-18 所示。

图 4-18　显示所有活动的 TCP 连接

(2)要显示以太网统计信息,如发送和接收的字节数、数据包数等,执行 netstat -e-s 命令,结果如图 4-19 所示。

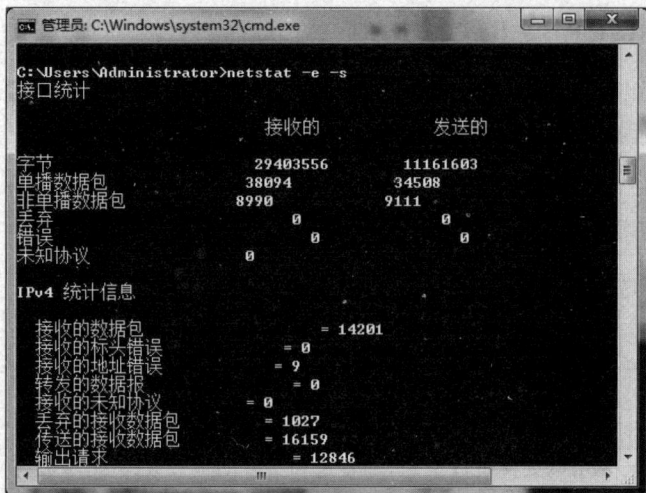

图 4-19　显示以太网统计信息

# 4.6　项目实训　使用常用的网络命令

**1. 实训目的**

- 了解 ARP、ICMP、NETBIOS、FTP 和 TELNET 等网络协议的功能。
- 熟悉各种常用网络命令的功能,了解如何利用网络命令检查和排除网络故障。
- 熟练掌握 Windows 下常用网络命令的用法。

**2. 实训要求**

- 利用 ping 命令检测网络故障。
- 利用 ipconfig 命令检测网络配置。
- 利用 arp 命令查看 ARP 缓存中的信息。
- 利用 tracert 命令检测路由故障。
- 利用 route 命令查看路由表信息。
- 利用 nbtstat 命令显示本地计算机的名称列表和 NetBIOS 名称缓存内容。
- 利用 net view 命令显示计算机名称及其注释列表。
- 通过 net use 命令连接到网络资源。
- 使用其他网络命令。

**3. 实训步骤**

1) 通过 ping 命令检测网络故障

正常情况下,当用 ping 命令来查找问题所在或检验网络运行情况时,需要使用许多 ping 命令,如果所有都运行正确,就可以相信基本的连通性和配置参数没有问题;如果某些 ping 命令出现运行故障,它也可以指明到何处去查找问题。下面就给出一个典型的检测顺序及可能出现的故障。

(1) ping 127.0.0.1。该命令被送到本地计算机的 IP 软件。如果没有收到回应,就表示 TCP/IP 的安装或运行存在某些最基本的问题。

(2) ping 本地 IP：如 ping 192.168.22.10，该命令被送到本地计算机所配置的 IP 地址，本地计算机始终都应该对该 ping 命令做出应答。如果没有收到应答，则表示本地配置或安装存在问题。出现此问题时，请断开网络电缆，然后重新发送该命令。如果网线断开后本命令正确，则有可能网络中的另一台计算机配置了与本机相同的 IP 地址。

(3) ping 局域网内其他 IP：如 ping 192.168.22.98，该命令经过网卡及网络电缆到达其他计算机，再返回。收到回送应答表明本地网络中的网卡和载体运行正确。但如果没有收到回送应答，则表示子网掩码不正确，或网卡配置错误，或电缆系统有问题。

(4) ping 网关 IP：如 ping 192.168.22.254，该命令如果应答正确，表示网关正在运行。

(5) ping 远程 IP：如 ping 202.115.22.11，如果收到 4 个正确应答，表示成功使用默认网关。

(6) ping localhost：localhost 是操作系统的网络保留名，是 127.0.0.1 的别名，每台计算机都能将该名字转换成该地址。如果没有做到，则表示主机文件(C:/Windows/host)中存在问题。

(7) ping 域名地址：如 ping www.sina.com.cn，对这个域名执行 ping 命令，计算机必须先将域名转换成 IP 地址，通常是通过 DNS 服务器。如果这里出现故障，则表示 DNS 服务器的 IP 地址配置不正确，或 DNS 服务器有故障，也可以利用该命令实现域名对 IP 地址的转换功能。

如果上面列出的所有 ping 命令都能正常运行，那么计算机进行本地和远程通信的功能基本上就可以放心了。事实上，在实际网络中，这些命令的成功并不表示所有的网络配置都没有问题。例如，某些子网掩码错误就可能无法用这些方法检测到。同样，由于 ping 的目的主机可以自行设置是否对收到的 ping 包产生回应，因此当收不到返回数据包时，也不一定说明网络有问题。

2）通过 ipconfig 命令检测网络配置

依次选择"开始"→"运行"命令，打开"运行"对话框，输入命令 cmd，打开命令行界面，在提示符下，输入 ipconfig /all，仔细观察输出信息。

3）通过 arp 命令查看 ARP 缓存中的信息

(1) 在命令行界面的提示符下，输入 arp -a，其输出信息列出了 ARP 缓存中的内容。

(2) 输入命令 arp -s 192.168.22.98 00-1a-46-35-5d-50，实现 IP 地址与网卡地址的绑定。

4）通过 tracert 命令检测路由故障

tracert 一般用来检测路由故障的位置，用户可以用 tracert IP 来查找从本地计算机到远方主机路径中哪个环节出了问题。虽然还是没有确定是什么问题，但它已经告诉了我们问题所在的地方。

(1) 可以利用 tracert 工具来检查到达目标地址所经过的路由器的 IP 地址，显示到达 www.263.net 主机所经过的路径，如图 4-20 所示。

(2) 与 tracert 工具的功能类似的还有 pathping。pathping 命令是进行路由跟踪的工具。pathping 命令首先检测路由结果，然后会列出所有路由器之间转发数据包的信息，如图 4-21 所示。

请用户输入 tracert www.sina.com.cn，查看从源主机到目的主机所经过的路由器 IP 地址。仔细观察输出信息。

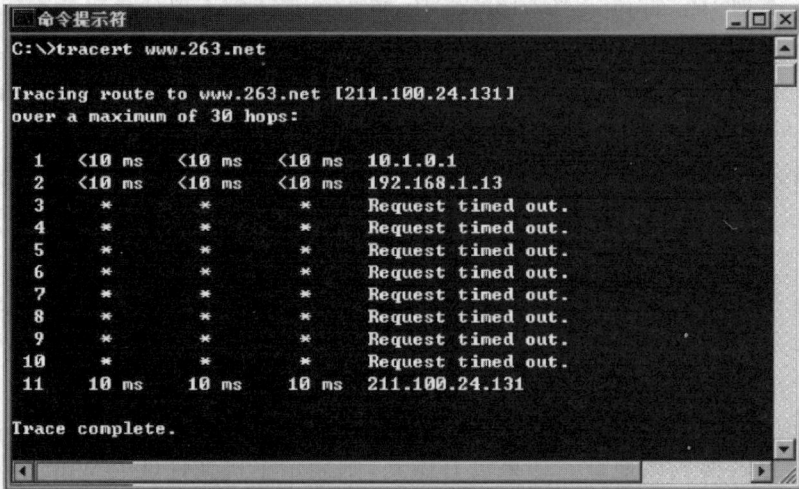

图 4-20　测试 www.263.net 主机所经过的路径

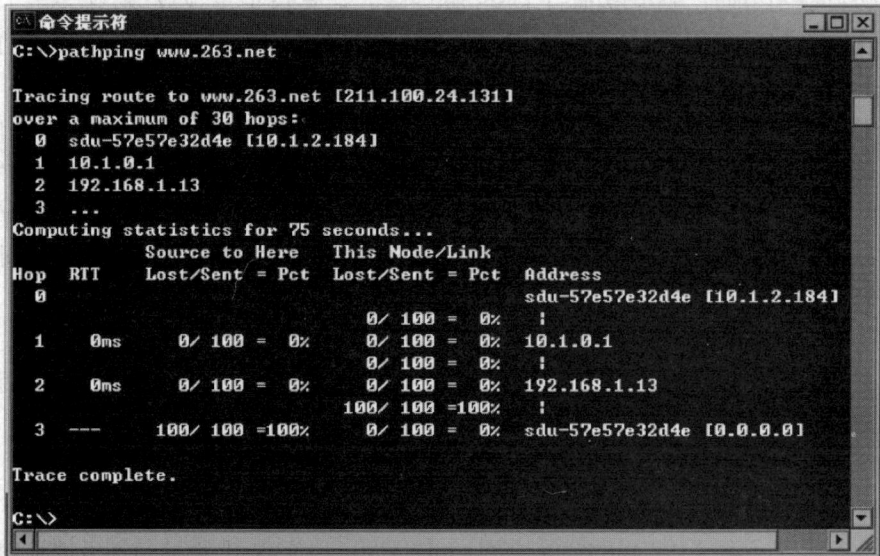

图 4-21　利用 pathping 命令跟踪路由

5）通过 route 命令查看路由表信息

输入 route print 命令显示主机路由表中的当前项目。请仔细观察。

6）通过 nbtstat 显示本地计算机的名称列表和 NetBIOS 名称缓存内容

（1）输入 nbtstat -n 命令，显示本地计算机的名称列表。

（2）输入 nbtstat -c 命令，显示本地计算机的 NetBIOS 名称缓存内容。

7）通过 net view 命令显示计算机名称及其注释列表

使用 net view 命令可以显示计算机名称及其注释列表。要查看由 \\bobby 计算机共享的资源列表，输入 net view bobby，结果将显示 bobby 计算机上可以访问的共享资源，如图 4-22 所示。

```
C:\Documents and Settings\Administrator>net view bobby
在 bobby 的共享资源


共享名        类型    使用为  注释

-------------------------------------------------------------------------------
HPLaserJ     Print          HP LaserJet 6L
HPLaserJ.2   Print          HP LaserJet 1020
招贴设计      Disk
命令成功完成。
```

图 4-22　net view bobby 命令输出

8）通过 net use 命令连接到网络资源

(1) 使用 net use 命令可以连接到网络资源或断开连接，并查看当前到网络资源的连接。

(2) 连接到 bobby 计算机的“招贴设计”共享资源，输入命令“net use \\bobby\招贴设计”，然后输入不带参数的 net use 命令，检查网络连接。仔细观察输出信息。

**4. 实训思考题**

- 当用户使用 ping 命令来 ping 一目标主机时，若收不到该主机的应答，能否说明该主机工作不正常或到该主机的连接不通，为什么？
- ping 命令的返回结果有几种可能，分别代表何种含义？
- 实验输出结果与本节讲述的内容有何不同的地方？分析产生差异的原因。
- 解释 route print 命令显示的主机路由表中各表项的含义。还有什么命令也能够打印输出主机路由表？

## 4.7　习　　题

**一、填空题**

1. IP 地址由________和________组成。

2. 为了保证连接的可靠建立，TCP 使用了________法。

3. 通过测量一系列的________值，TCP 可以估算数据包重发前需要等待的时间。

4. UDP 可以为其用户提供不可靠的、面向________的传输服务。

5. 以太网利用________协议获得目的主机 IP 地址与 MAC 地址的映射关系。

6. ICMP 差错报告包括________报告、________报告、________报告等。

**二、选择题**

1. 如果用户应用程序使用 UDP 进行数据传输，那么(　　)必须承担可靠性方面的全部工作。

　A. 数据链路层程序　　　　B. 互联层程序

　C. 传输层程序　　　　　　D. 用户应用程序

2. 关于 TCP 和 UDP,( )是正确的。

   A. TCP 和 UDP 都是端到端的传输协议

   B. TCP 和 UDP 都不是端到端的传输协议

   C. TCP 是端到端的传输协议,UDP 不是端到端的传输协议

   D. UDP 是端到端的传输协议,TCP 不是端到端的传输协议

3. 下面关于 ARP 的描述中,正确的是( )。

   A. 请求采用单播方式,应答采用广播方式

   B. 请求采用广播方式,应答采用单播方式

   C. 请求和应答都采用广播方式

   D. 请求和应答都采用单播方式

4. 回应请求与应答 ICMP 报文的主要功能是( )。

   A. 获取本网络使用的子网掩码　　　　B. 报告 IP 数据报中的出错参数

   C. 将 IP 数据报进行重新定向　　　　D. 测试目的主机或路由器的可达性

### 三、简答题

1. 通过 ipconfig 命令可以查看哪些信息?

2. ping 命令提供了哪些功能?

3. RARP 主要用在什么地方?

4. ICMP 报文有哪几种类型?

5. 简述 ARP 和 RARP 的工作原理。

6. TCP 的连接管理分为几个阶段? 简述 TCP 连接建立的"三次握手"机制。

7. TCP 和 UDP 有何主要区别? TCP 和 UDP 的数据格式分别包含哪些信息?

8. 举 3 个例子来说明 TCP/IP 实用程序的作用。

# 第2篇

# 步步为营搭建局域网

# 项目 5　组建家庭无线局域网

## 5.1　项　目　导　入

　　Smile 家里原有两台台式计算机，为了方便其移动办公，新购置了一台笔记本电脑。为了方便资源共享和文件的传递及打印，Smile 想组建一个经济实用的家庭办公网络，请读者考虑如何组建该网络。

　　如果再采用传统的有线组网技术组建家庭网络，需要在家中重新布线，不可避免地要进行砸墙和打孔等施工，如此不仅家中的原有装饰会被破坏，而且裸露在外的网线也影响了家庭的美观。笔记本电脑方便移动的优势也得不到充分发挥。

　　Smile 想重新组建家庭网络，而又不想砸墙、打孔，把家里搞得乱七八糟的，应该怎么办呢？

## 5.2　职业能力目标和要求

- 熟练掌握无线网络的基本概念、标准。
- 熟练掌握无线局域网的接入设备应用。
- 掌握无线局域网的配置方式。
- 掌握如何组建 Ad-Hoc 模式无线局域网。
- 掌握如何组建 Infrastructure 模式无线局域网。
- 遵守职业伦理，培养学生树立正确的职业目标、建立正确的职业价值体系。

## 5.3　相　关　知　识

　　无线局域网（wireless local area network，WLAN）是计算机网络与无线通信技术结合的产物。

### 5.3.1　无线局域网基础

　　无线局域网利用电磁波在空气中发送和接收数据，而无须线缆介质。一般情况下，WLAN 是指利用微波扩频通信技术进行联网，是在各主机和设备之间采用无线连接和通信的局域网络。它不受电缆束缚，可移动，能解决因布线困难、电缆接插件松动、短路等带来的问题,省去了一般局域网中布线和变更线路费时、费力的麻烦,大幅度地降低了网络的造价。WLAN既可满足各类便携机的入网要求,也可实现计算机局域联网、远端接入、图文传真、电子邮件等多种功能,为用户提供了方便。

## 5.3.2 无线局域网标准

目前支持无线网络的技术标准主要有 IEEE 802.11x 系列标准、家庭网络技术、蓝牙技术等。

**1. IEEE 802.11x 系列标准**

IEEE 802.11 是第一代无线局域网标准之一。该标准定义了物理层和介质访问控制 MAC 协议规范,物理层定义了数据传输的信号特征和调制方法,定义了两个射频(RF)传输方法和一个红外线传输方法。802.11 标准速率最高只能达到 2Mbps。此后这一标准逐渐完善,形成 IEEE 8.2.11x 系列标准。

IEEE 802.11 标准规定了在物理层上允许三种传输技术:红外线、跳频扩频和直接序列扩频。红外无线数据传输技术主要有三种:定向光束红外传输、全方位红外传输和漫反射红外传输。

目前,最普遍的无线局域网技术是扩展频谱(简称扩频)技术。扩频通信是将数据基带信号频谱扩展几倍到几十倍,以牺牲通信带宽为代价来提高无线通信系统的抗干扰性和安全性。扩频的第一种方法是跳频,第二种方法是直接序列扩频。这两种方法都被无线局域网所采用。

1) 跳频

在跳频方案中,发送信号频率按固定的间隔从一个频谱跳到另一个频谱。接收器与发送器同步跳动,从而正确地接收信息。而那些可能的入侵者只能得到一些无法理解的标记。发送器以固定的间隔一次变换一个发送频率。IEEE 802.11 标准规定每 300ms 的间隔变换一次发送频率。发送频率变换的顺序由一个伪随机码决定,发送器和接收器使用相同变换的顺序序列。数据传输可以选用频移键控(FSK)或二进制相位键控(PSK)方法。

2) 直接序列扩频

在直接序列扩频方案中,输入数据信号进入一个通道编码器(channel encoded)并产生一个接近某中央频谱的较窄带宽的模拟信号。这个信号将用一系列看似随机的数字(伪随机序列)来进行调制,调制的结果大大地拓宽了要传输信号的带宽,因此称为扩频通信。在接收端,使用同样的数字序列来恢复原信号,信号再进入通道解码器来还原传送的数据。

802.11b 即 Wi-Fi(wireless fidelity,无线相容认证),它利用 2.4GHz 的频段。2.4GHz 的 ISM(industrial scientific medical)频段为世界上绝大多数国家通用,因此 802.11b 得到了最为广泛的应用。802.11b 的最大数据传输速率为 11Mbps,无须直线传播。在动态速率转换时,如果无线信号变差,可将数据传输速率降低为 5.5Mbps、2Mbps 和 1Mbps。支持的范围是在室外为 300m,在办公环境中最长为 100m。802.11b 是所有 WLAN 标准演进的基石,未来许多的系统大都需要与 802.11b 向后兼容。

802.11a(Wi-Fi5)标准是 802.11b 标准的后续标准。它工作在 5GHz 频段,传输速率可达 54Mbps。由于 802.11a 工作在 5GHz 频段,因此它与 802.11、802.11b 标准不兼容。

802.11g 是为了提供更高的传输速率而制定的标准,它采用 2.4GHz 频段,使用 CCK(补码键控)技术与 802.11b(Wi-Fi)向后兼容,同时它又通过采用 OFDM(正交频分复用)技术支持高达 54Mbps 的数据流。

　　802.11n 可以将 WLAN 的传输速率由目前 802.11a 及 802.11g 提供的 54Mbps,提高到 300Mbps,甚至高达 600Mbps。得益于将 MIMO(多入多出)与 OFDM 技术相结合而应用 的 MIMO OFDM 技术,提高了无线传输质量,也使传输速率得到极大提升。与以往的 802.11 标准不同,802.11n 协议为双频工作模式(包含 2.4GHz 和 5GHz 两个工作频段),这 样 802.11n 保障了与以往的 802.11b、802.11a、802.11g 标准兼容。

**2. 家庭网络(Home RF)技术**

Home RF(home radio frequency)是一种专门为家庭用户设计的小型无线局域网技术。

Home RF 是 IEEE 802.11 与 Dect(数字无绳电话)标准的结合,旨在降低语音数据成 本。Home RF 在进行数据通信时,采用 IEEE 802.11 标准中的 TCP/IP 传输协议,进行语 音通信时,则采用数字增强型无绳通信标准。

Home RF 的工作频率为 2.4GHz。原来最大数据传输速率为 2Mbps,2000 年 8 月,美 国联邦通信委员会(FCC)批准了 Home RF 的传输速率可以提高到 8~11Mbps。Home RF 可以实现最多 5 个设备之间的互联。

**3. 蓝牙技术**

蓝牙(bluetooth)技术实际上是一种短距离无线数字通信的技术标准,工作在 2.4GHz 频段,最高数据传输速度为 1Mbps(有效传输速度为 721kbps),传输距离为 0.1~10m,通过 增加发射功率可达到 100m。

蓝牙技术主要应用于手机、笔记本电脑等数字终端设备之间的通信和这些设备与 Internet 的连接。

## 5.3.3　无线网络接入设备

**1. 无线网卡**

提供与有线网卡一样丰富的系统接口,包括 PCI、PCMCIA、USB 和 MINI-PCI 和等。 如图 5-1~图 5-4 所示。在有线局域网中,网卡是网络操作系统与网线之间的接口。在无线 局域网中,它们是操作系统与天线之间的接口,用来创建透明的网络连接。

图 5-1　PCI 接口无线网卡(适用于台式计算机)　　图 5-2　PCMCIA 接口无线网卡(适用于笔记本电脑)

图 5-3　USB 接口无线网卡(适用于台式计算机　　　图 5-4　MINI-PCI 接口无线网卡
　　　　和笔记本电脑)　　　　　　　　　　　　　　　　　　(适用于笔记本电脑)

**2. 接入点**

接入点的作用相当于局域网集线器。它在无线局域网和有线网络之间接收、缓冲存储和传输数据,以支持一组无线用户设备。接入点通常是通过标准以太网线连接到有线网络上,并通过天线与无线设备进行通信。在有多个接入点时,用户可以在接入点之间漫游切换。接入点的有效范围是 20~500m。根据技术、配置和使用情况,一个接入点可以支持 15~250 个用户,通过添加更多的接入点,可以比较轻松地扩充无线局域网,从而减少网络拥塞并扩大网络的覆盖范围。

室内无线 AP 如图 5-5 所示,室外无线 AP 如图 5-6 所示。

### 3. 无线路由器

无线路由器(wireless router)集成了无线 AP 和宽带路由器的功能,它不仅具备 AP 的无线接入功能,通常还支持 DHCP、防火墙、WEP 加密等功能,而且包括网络地址转换(NAT)功能,可支持局域网用户的网络连接共享。

绝大多数的无线宽带路由器都拥有 1 个 WAN 口和 4 个 LAN 口,可作为有线宽带路由器使用,如图 5-7 所示。

图 5-5　室内无线 AP　　　图 5-6　室外无线 AP　　　图 5-7　无线路由器

### 4. 天线

在无线网络中,天线可以起到增强无线信号的目的,可以把它理解为无线信号的放大器。天线对空间的不同方向具有不同的辐射或接收能力,根据方向性的不同,可将天线分为全向天线和定向天线两种。

1) 全向天线

全向天线,即在水平方向图上表现为 360°都均匀辐射,也就是平常所说的无方向性。一般情况下波瓣宽度越小,增益越大。全向天线在通信系统中一般应用距离近,覆盖范围大,价格便宜。增益一般在 9dB 以下。图 5-8 所示为全向天线。

2) 定向天线

定向天线(directional antenna)是指在某一个或某几个特定方向上发射及接收电磁波特别强,而在其他的方向上发射及接收电磁波则为零或极小的一种天线。图 5-9 所示为定

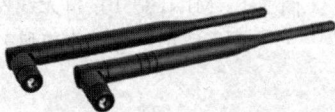

图 5-8　全向天线　　　　　　　　　图 5-9　定向天线

向天线。采用定向发射天线的目的是增加辐射功率的有效利用率,增加保密性,采用定向接收天线的主要目的是增加抗干扰能力。

### 5.3.4 无线局域网的配置方式

**1. Ad-Hoc 模式(无线对等模式)**

Ad-Hoc 模式包含多个无线终端和一个服务器,均配有无线网卡,但不连接到接入点和有线网络,而是通过无线网卡进行相互通信。它主要用来在没有基础设施的地方快速而轻松地建立无线局域网,如图 5-10 所示。

**2. Infrastructure 模式(基础结构模式)**

Infrastructure 模式是目前最常见的一种架构,这种架构包含一个接入点和多个无线终端,接入点通过电缆连线与有线网络连接,通过无线电波与无线终端连接,可以实现无线终端之间的通信,以及无线终端与有线网络之间的通信。通过对这种模式进行复制,可以实现多个接入点相连接的更大的无线网络,如图 5-11 所示。

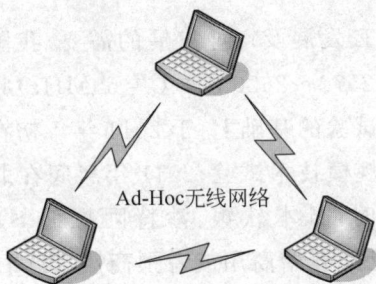

图 5-10　Ad-Hoc 模式无线对等网络 　　　　图 5-11　Infrastructure 模式的 WLAN

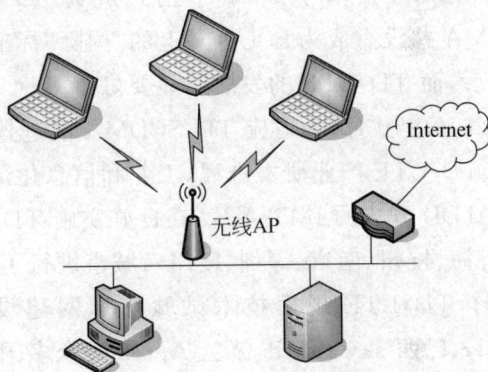

### 5.3.5 4G 技术标准

世界很多组织给 4G 下了不同的定义,而 ITU 代表了传统移动蜂窝运营商对 4G 的看法,认为 4G 是基于 IP 的高速蜂窝移动网,现有的各种无线通信技术从现有 3G 演进,并在 3GLTE 阶段完成标准统一。ITU4G 要求传输速率比现有网络高 1000 倍,达到 100Mbps。

在 2005 年 10 月的 ITU-RWP8F 第 17 次会议上,ITU 给了 4G 技术一个正式的名称 IMT-Advanced。按照 ITU 的定义,当前的 WCDMA、HSDPA 等技术统称为 IMT-2000 技术;未来的新的空中接口技术,叫作 IMT-Advanced 技术。IMT-Advanced 标准继续依赖 3G 标准组织已发展的多项新定标准加以延伸,如 IP 核心网、开放业务架构及 IPv6。同时,其规划又必须满足整体系统架构能够由 3G 系统演进到 4G 架构的需求。

**1. 4G 发展进程**

2012 年 1 月 18 日,国际电信联盟在 2012 年无线电通信全会全体会议上,正式审议通过将 LTE-Advanced 和 WirelessMAN-Advanced(802.16m)技术规范确立为 IMT-Advanced(俗称 4G)国际标准,我国主导制定的 TD-LTE-Advanced 同时成为 IMT-Advanced 国际标准。

从 2009 年年初开始,ITU 在全世界范围内征集 IMT-Advanced 候选技术。2009 年

10月,ITU共计征集到了6种候选技术。这6种技术基本上可以分为两大类,一类是基于3GPP的LTE的技术,我国提交的TD-LTE-Advanced是其中的TDD部分。另一类是基于IEEE 802.16m的技术。

ITU在收到候选技术以后,组织世界各国和国际组织进行了技术评估。在2010年10月,在我国重庆,ITU-R下属的WP5D工作组最终确定了IMT-Advanced的两大关键技术,即LTE-Advanced和IEEE 802.16m。我国提交的候选技术作为LTE-Advanced的一个组成部分也包含在其中。在确定了关键技术以后,WP5D工作组继续完成了电联建议的编写工作,以及各个标准化组织的确认工作。此后WP5D将文件提交上一级机构审核,SG5审核通过以后,再提交给全会讨论通过。

在此次会议上,TD-LTE正式被确定为4G国际标准,也标志着我国在移动通信标准制定领域再次走到了世界前列,为TD-LTE产业的后续发展及国际化提供了重要基础。

TD-LTE-Advanced是我国自主知识产权3G标准TD-SCDMA的发展和演进技术。TD-SCDMA技术于2000年正式成为3G标准之一,但在过去发展的十多年中,TD-SCDMA并没有成为真正意义上的“国际”标准,无论是在产业链发展,国际发展等方面都非常滞后,而TD-LTE的发展明显要好得多。

2010年9月,为适应TD-SCDMA演进技术TD-LTE发展及产业发展的需要,我国加快了TD-LTE产业研发进程,工业和信息化部率先规划2570～2620MHz(共50MHz)频段用于TDD方式的IMT系统,在良好实施TD-LTE技术试验的基础上,于2011年年初在广州、上海、杭州、南京、深圳、厦门六城市进行了TD-LTE规模技术试验;2011年年底在北京启动了TD-LTE规模技术试验演示网建设。与此同时,日本软银、沙特阿拉伯STC、mobily、巴西sky Brazil、波兰Aero2等众多国际运营商已经开始商用或者预商用TD-LTE网络。同时,国际主流的电信设备制造商基本全部支持TD-LTE,而在芯片领域,TD-LTE已吸引17家厂商加入,其中不乏高通等国际芯片市场的领导者。

**2. 4G核心技术**

4G的核心技术,总结起来有以下几种。

(1)正交频分复用(OFDM)技术。OFDM是一种无线环境下的高速传输技术,其主要思想就是在频域内将给定信道分成许多正交子信道,在每个子信道上使用一个子载波进行调制,各子载波并行传输。

(2)软件无线电。软件无线电的基本思想是把尽可能多的无线及个人通信功能通过可编程软件来实现,使其成为一种多工作频段、多工作模式、多信号传输与处理的无线电系统。也可以说,是一种用软件来实现物理层连接的无线通信方式。

(3)智能天线技术。智能天线具有抑制信号干扰、自动跟踪以及数字波束调节等智能功能,是未来移动通信的关键技术。这种技术既能改善信号质量又能增加传输容量。

(4)多输入多输出(MIMO)技术。MIMO技术是指利用多发射、多接收天线进行空间分集的技术,它采用的是分立式多天线,能够有效地将通信链路分解成为许多并行的子信道,从而大大提高容量。

(5)基于IP的核心网。4G移动通信系统的核心网是一个基于全IP的网络,可以实现不同网络间的无缝互联。核心网独立于各种具体的无线接入方案,能提供端到端的 IP 业务,能同已有的核心网和 PSTN 兼容。

# 5.4　项目设计与准备

对于普通家庭用户来说,只需购买无线网卡和无线路由器,安装后,选择合适的工作模式,并对其进行适当配置,使各计算机能够在无线网络中互联互通,家庭无线局域网,既简单又省钱。

**1. 采用何种模式联网**

我们可以组建一个基于 Ad-Hoc 模式的无线局域网,总花费也不过百元。其缺点主要有使用范围小、信号差、功能少、使用不方便等。

使用更为普遍的还是基于 Infrastructure 模式的无线局域网,其信号覆盖范围较大,功能更多、性能更加稳定可靠。

为使家中所有区域都覆盖有无线信号,最好采用以无线路由器(或无线 AP)为中心的接入方式,连接家中所有的计算机。家中所有的计算机,无论处于什么位置,都能有效地接收无线信号,这也是最理想的家庭无线网络模式。

**2. 项目准备**

- 装有 Windows 7 操作系统的 3 台 PC。
- 无线网卡 3 块(USB 接口,TP-LINK TL-WN322G+)。
- 无线路由器 1 台(TP-LINK TL-WR541G+)。
- 直通网线 2 根。

# 5.5　项 目 实 施

## 任务 5-1　组建 Ad-Hoc 模式无线对等网

组建 Ad-Hoc 模式无线对等网的拓扑结构如图 5-12 所示。组建 Ad-Hoc 模式无线对等网的操作步骤如下。

**1. 安装无线网卡及其驱动程序**

(1) 安装无线网卡硬件。把 USB 接口的无线网卡插入 PC1 的 USB 接口中。

(2) 安装无线网卡驱动程序。安装好无线网卡硬件后,Windows 7 操作系统会自动识别到新硬件,提示开始安装驱动程序。安装无线网卡驱动程序的方法和安装有线网卡驱动程序的方法类似,这里不再赘述。

(3) 无线网卡安装成功后,在桌面任务栏上会出现无线网络连接图标。

(4) 同理,在 PC2 上安装无线网卡及其驱动程序。

**2. 配置 PC1 的无线网络**

(1) 在第 1 台计算机上,将原来的无线网络连接 TP-LINK 断开。单击右下角的无线连接图标,在弹出的快捷菜单中单击 TP-LINK,展开该连接,然后单击该连接下的"断开"按钮,如图 5-13 所示。

图 5-12　Ad-Hoc 模式无线对等网的拓扑结构

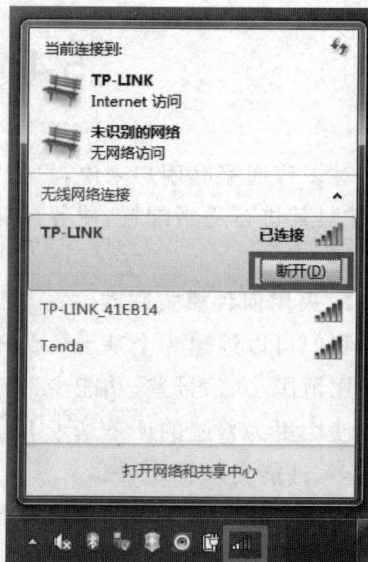

PC1
IP：192.168.0.1
mask：255.255.255.0

PC2
IP：192.168.0.2
mask：255.255.255.0

图 5-13　断开 TP-LINK 连接

(2) 依次选择"开始"→"控制面板"→"网络和 Internet"→"网络和共享中心",打开"网络和共享中心"窗口,如图 5-14 所示。

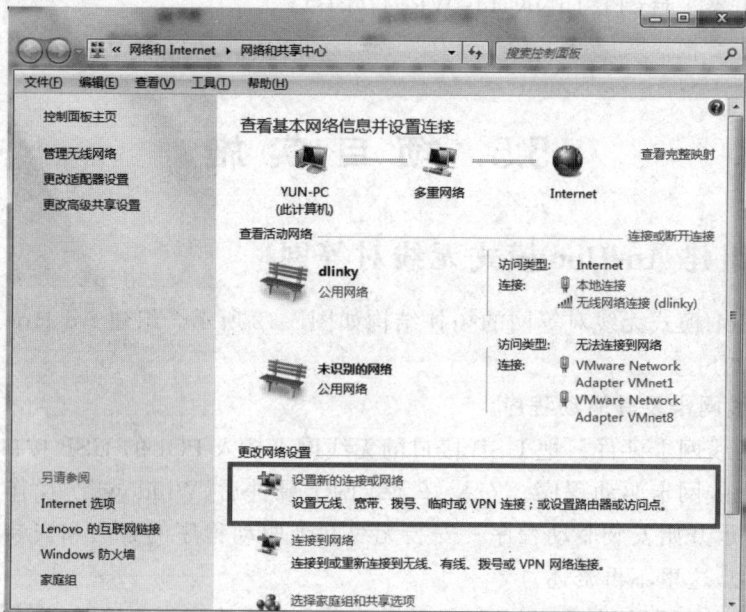

图 5-14　"网络和共享中心"窗口 1

(3) 单击"设置新的连接或网络",打开"设置连接或网络"对话框,如图 5-15 所示。

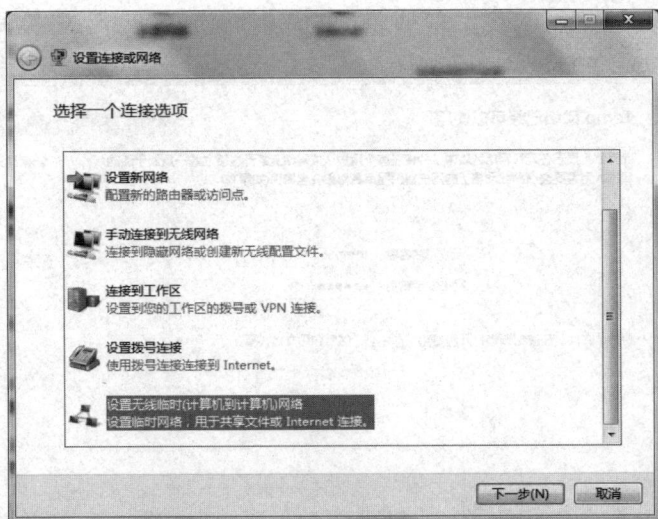

图 5-15　"设置连接或网络"对话框 1

（4）单击"设置无线临时(计算机到计算机)网络"，打开"设置临时网络"对话框，如图 5-16 所示。

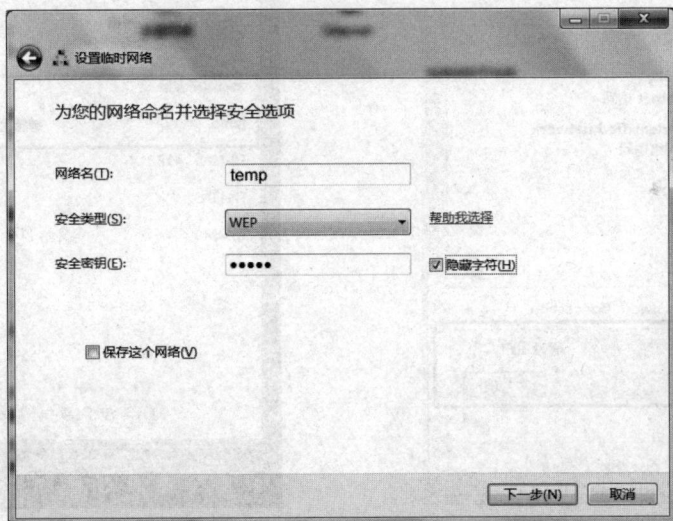

图 5-16　"设置临时网络"对话框

（5）设置完成，单击"下一步"按钮，弹出设置完成对话框，显示设置的无线网络名称和网络安全密钥（不显示），如图 5-17 所示。

（6）单击"关闭"按钮，完成第 1 台计算机的无线临时网络的设置。单击右下角刚刚设置完成的无线连接 temp，会发现该连接处于"断开"状态，如图 5-18 所示。

**3. 配置 PC2 的无线网络**

（1）在第 2 台计算机上，单击右下角的无线连接图标，在弹出的快捷菜单中单击 temp 连接，展开该连接，然后单击该连接下的"连接"按钮，如图 5-19 所示。

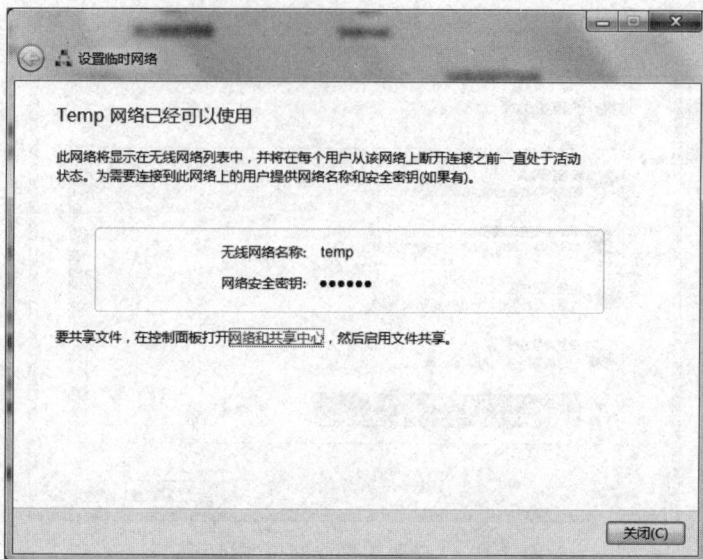

图 5-17　临时网络设置完成

图 5-18　temp 连接等待用户加入

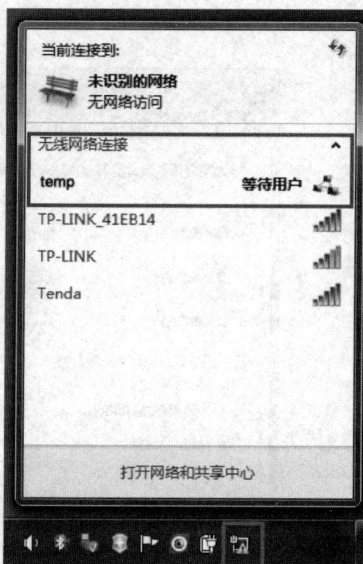

图 5-19　等待连接 temp 网络

（2）显示输入密码对话框,在该对话框中输入在第 1 台计算机上设置的 temp 无线连接的安全密钥,如图 5-20 所示。

（3）单击"确定"按钮,完成 PC1 和 PC2 的无线对等网络的连接。

（4）这时查看 PC2 的无线连接,发现前面的"等待用户"已经变成了"已连接",如图 5-21 所示。

**4. 配置 PC1 和 PC2 的无线网络的 TCP/IP**

（1）在 PC1 的"网络和共享中心",单击"更改适配器设置"按钮,打开"网络连接"对话框,在无线网络适配器 Wireless Network Connection 上右击,如图 5-22 所示。

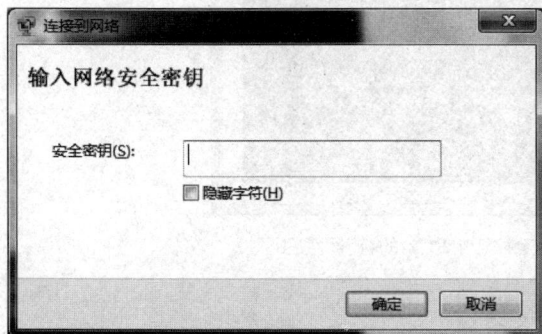

图 5-20　输入 temp 无线连接的安全密钥　　图 5-21　"等待用户"已经变成了"已连接"

图 5-22　"网络连接"对话框

（2）在弹出的快捷菜单中选择"属性"命令，打开"无线网络连接"的属性对话框。在此配置无线网卡的 IP 地址为 192.168.0.1，子网掩码为 255.255.255.0。

（3）同理配置 PC2 上的无线网卡的 IP 地址为 192.168.0.2，子网掩码为 255.255.255.0。

**5. 连通性测试**

（1）测试与 PC2 的连通性。在 PC1 中，运行 ping 192.168.0.2 命令，如图 5-23 所示，表明与 PC2 连通良好。

（2）测试与 PC1 的连通性。在 PC2 中，运行 ping 192.168.0.1 命令，测试与 PC1 的连通性。

至此，无线对等网络配置完成。

**说明：**

① PC2 中的无线网络名（SSID）和网络密钥必须与 PC1 一样。

图 5-23　在 PC1 上测试与 PC2 的连通性

② 如果无线网络连接不通,尝试关闭防火墙。

③ 如果 PC1 通过有线接入互联网,PC2 想通过 PC1 无线共享上网,需设置 PC2 无线网卡的"默认网关"和"首选 DNS 服务器"为 PC1 无线网卡的 IP 地址(192.168.0.1),并在 PC1 的有线网络连接属性的"共享"选项卡中设置已接入互联网的有线网卡为"允许其他网络用户通过此计算机的 Internet 连接来连接"。

## 任务 5-2　组建 Infrastructure 模式无线局域网

组建 Infrastructure 模式无线局域网的拓扑结构。组建 Infrastructure 模式无线局域网的操作步骤如下。

**1. 配置无线路由器**

(1) 把连接外网(如 Internet)的直通网线接入无线路由器的 WAN 端口,把另一条直通网线的一端接入无线路由器的 LAN 端口,另一端口接入 PC1 的有线网卡端口,如图 5-24 所示。

(2) 设置 PC1 有线网卡的 IP 地址为 192.168.1.10,子网掩码为 255.255.255.0,默认网关为 192.168.1.1。再在 IE 地址栏中输入 192.168.1.1,打开无线路由器登录界面,输入用户名为 admin,密码为 admin,如图 5-25 所示。

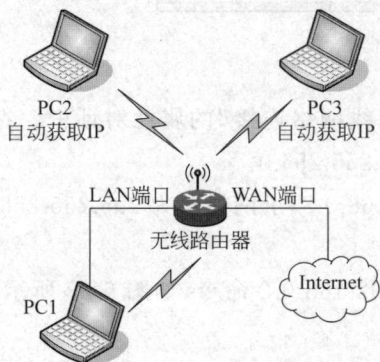

图 5-24　Infrastructure 模式无线局域网的拓扑结构

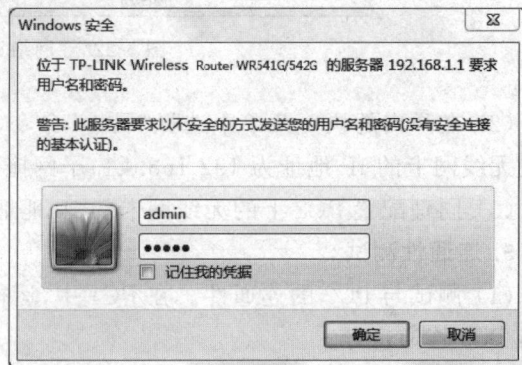

图 5-25　无线路由器登录界面

（3）进入设置界面以后，通常都会弹出一个设置向导的小页面，如图 5-26 所示。对于有一定经验的用户，可选中"下次登录不再自动弹出向导"复选框，以便进行各项参数的细致设置。单击"退出向导"按钮。

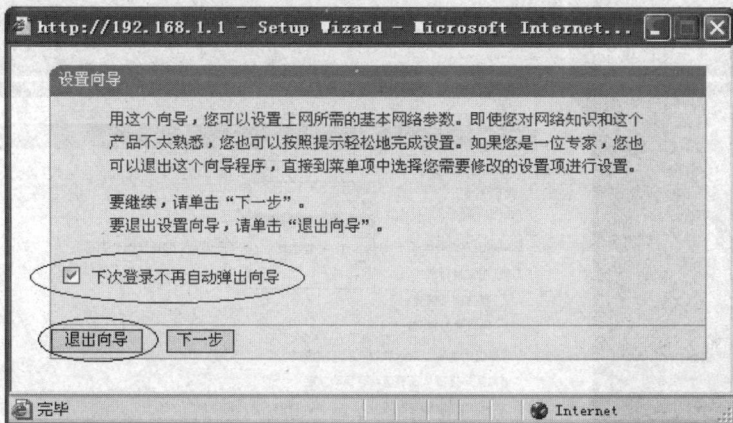

图 5-26　设置向导

（4）在设置界面中，选择左侧向导菜单"网络参数"→"LAN 口设置"命令后，在右侧对话框中可设置 LAN 口的 IP 地址，一般默认为 192.168.1.1，如图 5-27 所示。

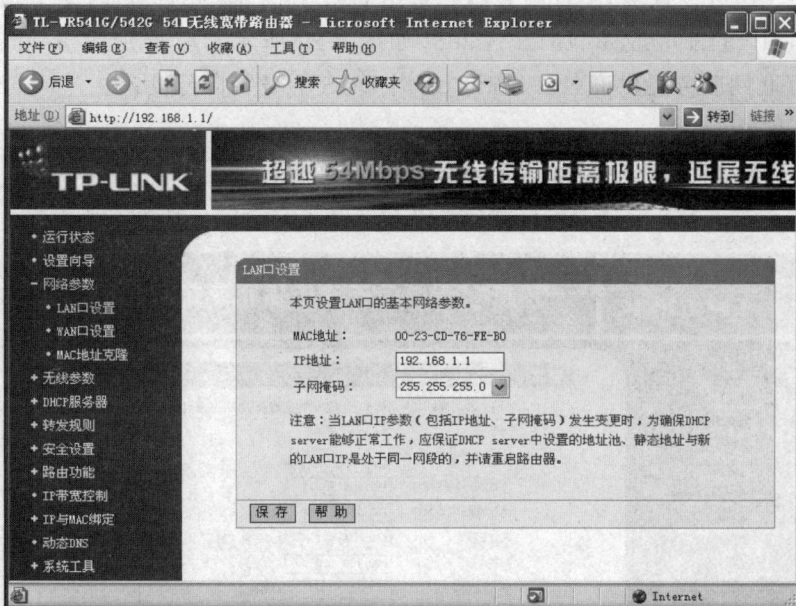

图 5-27　LAN 口设置

（5）设置 WAN 口的连接类型，如图 5-28 所示。对于家庭用户而言，一般是通过 ADSL 拨号接入互联网的，需选择 PPPoE 连接类型。输入服务商提供的上网账号和上网口令（密码），最后单击"保存"按钮。

（6）单击左侧向导菜单中的"DHCP 服务器"→"DHCP 服务"命令，右侧对话框中选中

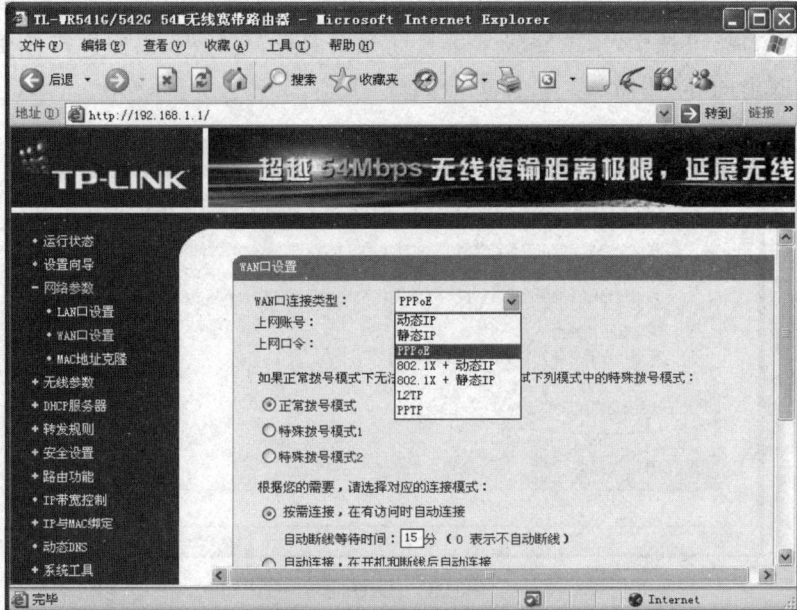

图 5-28　WAN 口设置

"启用"单选按钮,设置 IP 地址池的开始地址为 192.168.1.100,结束地址为 192.168.1.199,网关为 192.168.1.1。还可设置主 DNS 服务器和备用 DNS 服务器的 IP 地址,如中国电信的 DNS 服务器为 60.191.134.196 或 60.191.134.206,如图 5-29 所示。应特别注意,是否设置 DNS 服务器应向互联网服务提供商(ISP)咨询,有时 DNS 不需要自行设置。

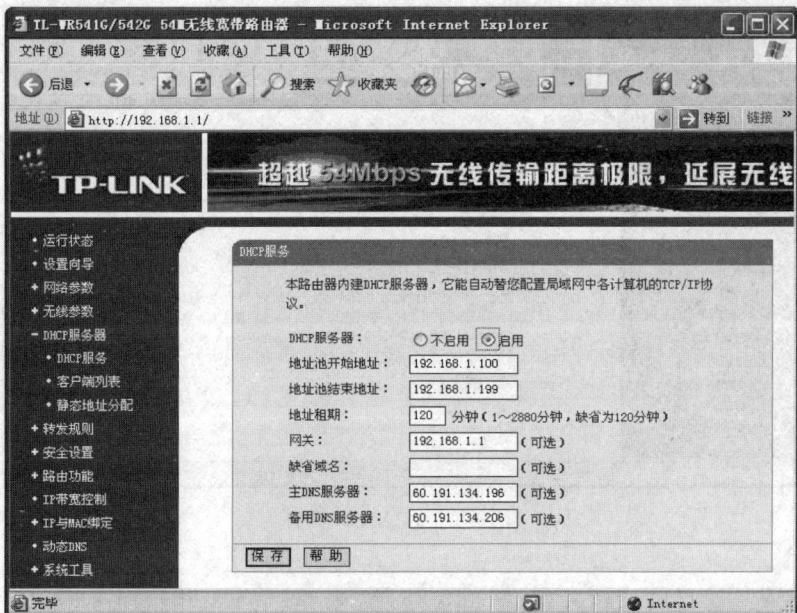

图 5-29　"DHCP 服务"设置

　　(7) 单击左侧向导菜单中的"无线参数"→"基本设置"命令,在右侧对话框中设置无线网络的 SSID 号为 TP_Link、频段为 13、模式为 54Mbps(802.11g)。选中"开启无线功能"
"允许 SSID 广播"和"开启安全设置"复选框,选择安全类型为 WEP,安全选项为"自动选
择",密钥格式选择为"16 进制",密钥 1 的密钥内容为 2013102911,密钥类型为"64 位",如
图 5-30 所示。单击"保存"按钮。

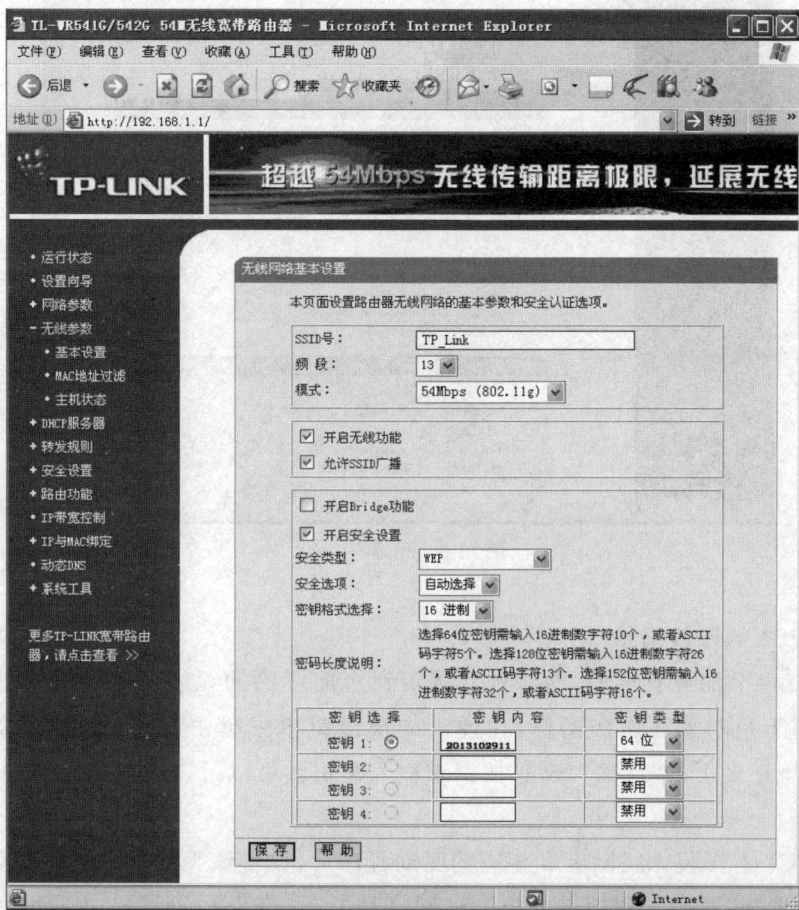

图 5-30　"无线参数"设置

说明:选择密钥类型时,选择 64 位密钥时需输入十六进制字符 10 个,或者 ASCII 字符
5 个。选择 128 位密钥时需输入十六进制字符 26 个,或者 ASCII 码字符 13 个。选择 152 位密
钥时需输入十六进制字符 32 个,或者 ASCII 码字符 16 个。

(8) 单击左侧的向导菜单"运行状态"命令,可查看无线路由器的当前状态(包括版
本信息、LAN 口状态、WAN 口状态、无线状态、WAN 口流量统计等状态信息),如图 5-31
所示。

(9) 至此,无线路由器的设置基本完成,重新启动路由器,使以上设置生效,然后拔除
PC1 到无线路由器之间的直通线。

下面设置 PC1、PC2、PC3 的无线网络。

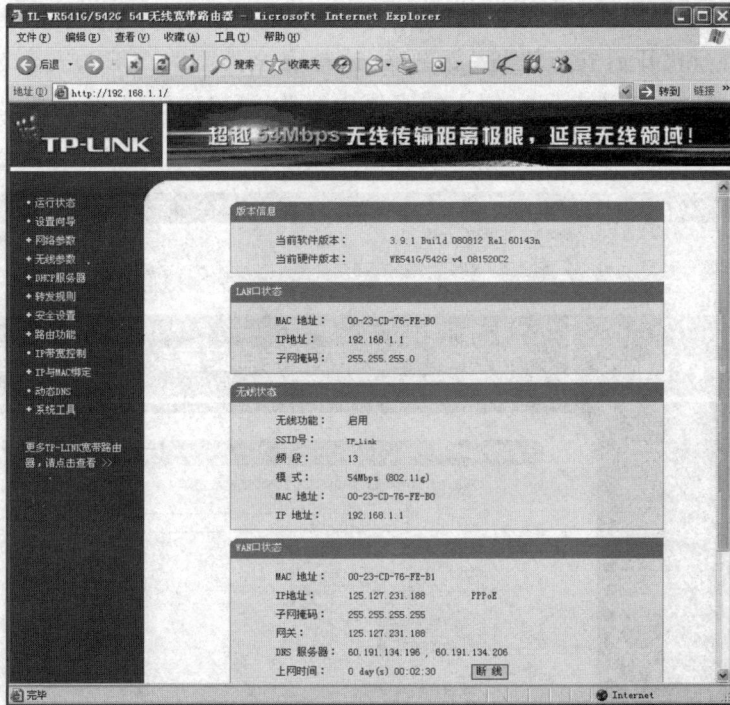

图 5-31　运行状态

### 2. 配置 PC1 的无线网络

在 Windows 7 的计算机中,能够自动搜索到当前可用的无线网络。通常情况下,单击 Windows 7 右下角的无线连接图标,在弹出的快捷菜单中单击 TP-LINK 连接,展开该连接,然后单击该连接下的"连接"按钮,按要求输入密钥就可以了。但对于隐藏的无线连接可采用如下步骤。

(1) 在 PC1 上安装无线网卡和相应的驱动程序后,设置该无线网卡自动获得 IP 地址。

(2) 依次选择"开始"→"控制面板"→"网络和 Internet"→"网络和共享中心",打开"网络和共享中心"窗口,如图 5-32 所示。

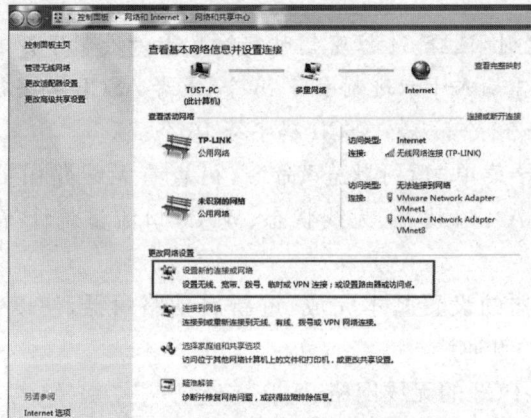

图 5-32　"网络和共享中心"窗口 2

（3）单击"设置新的连接或网络"，打开"设置连接或网络"对话框，如图 5-33 所示。

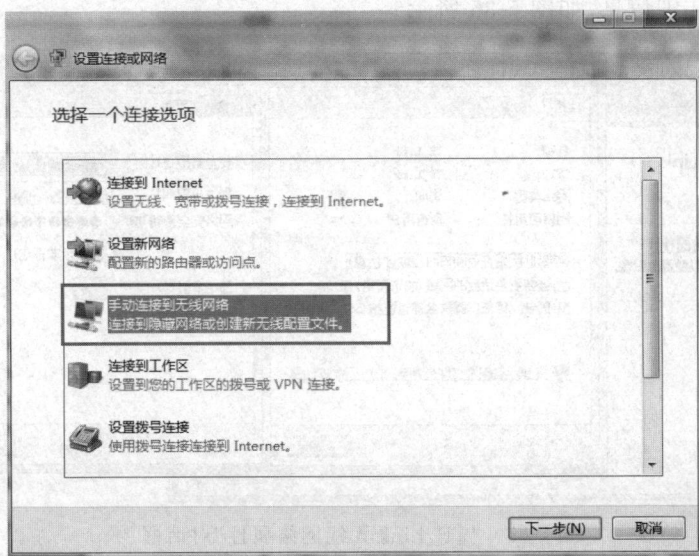

图 5-33　"设置连接或网络"对话框 2

（4）单击"手动连接到无线网络"，打开"手动连接到无线网络"对话框，如图 5-34 所示。设置网络名（SSID）为 TP_Link，并选中"即使网络未进行广播也连接"复选框。选择数据加密类型为 WEP，在"安全密钥"文本框中输入密钥，如 2013102911。

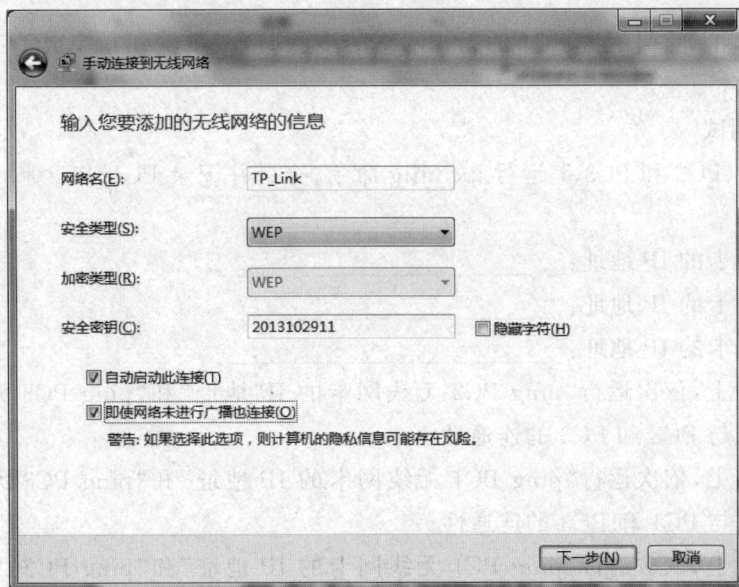

图 5-34　"手动连接到无线网络"对话框

**说明**：网络名和安全密钥的设置必须与无线路由器中的设置一致。

（5）设置完成后，单击"下一步"按钮，弹出设置完成对话框，显示成功添加了 TP_Link。

单击"更改连接设置",打开"TP_Link 无线网络属性"对话框,选择"连接"或"安全"选项卡,可以查看设置的详细信息,如图 5-35 所示。

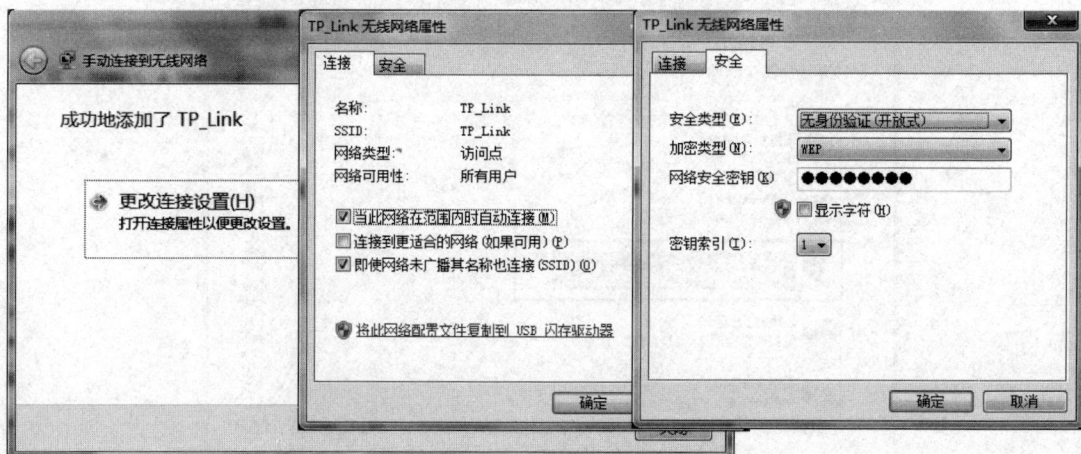

图 5-35 "TP_Link 无线网络属性"对话框

(6) 单击"确定"按钮。等一会儿,桌面任务栏上的无线网络连接图标由 ▰▰▰ 变为 ▰▰▰ ,表示该计算机已接入无线网络。

**3. 配置 PC2、PC3 的无线网络**

(1) 在 PC2 上,重复配置 PC1 的无线网络的步骤(1)～步骤(6),完成 PC2 无线网络的设置。

(2) 在 PC3 上,重复配置 PC1 的无线网络的步骤(1)～步骤(6),完成 PC3 无线网络的设置。

**4. 连通性测试**

(1) 在 PC1、PC2 和 PC3 上运行 ipconfig 命令,查看并记录 PC1、PC2 和 PC3 无线网卡的 IP 地址。

PC1 无线网卡的 IP 地址:＿＿＿＿＿＿＿＿＿＿＿＿＿＿＿。

PC2 无线网卡的 IP 地址:＿＿＿＿＿＿＿＿＿＿＿＿＿＿＿。

PC3 无线网卡的 IP 地址:＿＿＿＿＿＿＿＿＿＿＿＿＿＿＿。

(2) 在 PC1 上,依次运行"ping PC2 无线网卡的 IP 地址"和"ping PC3 无线网卡的 IP 地址"命令,测试与 PC2 和 PC3 的连通性。

(3) 在 PC2 上,依次运行"ping PC1 无线网卡的 IP 地址"和"ping PC3 无线网卡的 IP 地址"命令,测试与 PC1 和 PC3 的连通性。

(4) 在 PC3 上,依次运行"ping PC1 无线网卡的 IP 地址"和"ping PC2 无线网卡的 IP 地址"命令,测试与 PC1 和 PC2 的连通性。

# 5.6　项 目 实 训

## 项目实训 1　组建 Ad-Hoc 模式无线对等网

### 1. 实训目的
- 熟悉无线网卡的安装。
- 组建 Ad-Hoc 模式无线对等网络,熟悉无线网络安装配置过程。

### 2. 实训内容
- 安装无线网卡及其驱动程序。
- 配置 PC1 的无线网络。
- 配置 PC2 的无线网络。
- 配置 PC1 和 PC2 的 TCP/IP。
- 测试连通性。

### 3. 实训要求
网络拓扑结构参考图 5-12 所示。
- 装有 Windows 7 操作系统的 2 台 PC。
- 无线网卡 2 块(USB 接口,TP-LINK TL-WN322G+)。

## 项目实训 2　组建 Infrastructure 模式无线局域网

### 1. 实训目的
- 熟悉无线路由器的设置方法,组建以无线路由器为中心的无线局域网。
- 熟悉以无线路由器为中心的无线网络客户端的设置方法。

### 2. 实训内容
- 配置无线路由器。
- 配置 PC1 的无线网络。
- 配置 PC2、PC3 的无线网络。
- 测试连通性。

### 3. 实训要求
网络拓扑结构参考图 5-24 所示。
- 装有 Windows XP 操作系统的 3 台 PC。
- 无线网卡 3 块(USB 接口,TP-LINK TL-WN322G+)。
- 无线路由器 1 台(TP-LINK TL-WR541G+)。
- 直通网线 2 根。

# 5.7 习 题

## 一、填空题

1. 在无线局域网中,_____是最早发布的基本标准,_____和_____标准的传输速率都达到了 54Mbps,_____和_____标准是工作在免费频段上的。

2. 在无线网络中,除了 WLAN 外,其他的还有_____和_____等几种无线网络技术。

3. 无线局域网是计算机网络与_____结合的产物。

4. 无线局域网 WLAN 的全称是_____。

5. 无线局域网的配置方式有两种:_____和_____。

## 二、选择题

1. IEEE 802.11 标准定义了(    )。
   A. 无线局域网技术规范　　　　　　　　B. 电缆调制解调器技术规范
   C. 光纤局域网技术规范　　　　　　　　D. 宽带网络技术规范

2. IEEE 802.11 使用的传输技术为(    )。
   A. 红外、跳频扩频与蓝牙　　　　　　　B. 跳频扩频、直接序列扩频与蓝牙
   C. 红外、直接序列扩频与蓝牙　　　　　D. 红外、跳频扩频与直接序列扩频

3. IEEE 802.11b 定义了使用跳频扩频技术的无线局域网标准,传输速率为 1Mbps、2Mbps、5.5Mbps 与(    )。
   A. 10Mbps　　　　　　B. 11Mbps　　　　　　C. 20Mbps　　　　　　D. 54Mbps

4. 红外局域网的数据传输有三种基本的技术:定向光束传输、全反射传输与(    )。
   A. 直接序列扩频传输　　　　　　　　　B. 跳频传输
   C. 漫反射传输　　　　　　　　　　　　D. 码分多路复用传输

5. 无线局域网需要实现移动节点的(    )功能。
   A. 物理层和数据链路层　　　　　　　　B. 物理层、数据链路层和网络层
   C. 物理层和网络层　　　　　　　　　　D. 数据链路层和网络层

6. 关于 Ad-Hoc 网络的描述中,错误的是(    )。
   A. 没有固定的路由器　　　　　　　　　B. 需要基站
   C. 具有动态搜索能力　　　　　　　　　D. 适用于紧急救援等场合

7. IEEE 802.11 技术和蓝牙技术可以共同使用的无线通信频点是(    )。
   A. 800Hz　　　　　B. 2.4GHz　　　　　C. 5GHz　　　　　D. 10GHz

8. 下面关于无线局域网的描述中,错误的是(    )。
   A. 采用无线电波作为传输介质　　　　　B. 可以作为传统局域网的补充
   C. 可以支持 1Gbps 的传输速率　　　　D. 协议标准是 IEEE 802.11

9. 无线局域网中使用的 SSID 是(    )。
   A. 无线局域网的设备名称　　　　　　　B. 无线局域网的标识符号
   C. 无线局域网的入网口令　　　　　　　D. 无线局域网的加密符号

### 三、简答题

1. 简述无线局域网的物理层有哪些标准。

2. 无线局域网的网络结构有哪些？

3. 常用的无线局域网有哪些？它们分别有什么功能？

4. 在无线局域网和有线局域网的连接中，无线 AP 提供什么样的功能？

# 项目6  配置交换机与组建虚拟局域网

## 6.1  项 目 导 入

Smile的公司越来越壮大,由原来的租住写字间发展到使用自主产权的写字楼。随着网络节点数的不断增加,网内数据传输日益增大。由于广播风暴等原因,网速变得越来越慢,网络堵塞现象时有发生。

另外,由于公司内部人员流动频繁,经常需要更改办公场所,同一部门的人员可能分布在不同的楼层,不能相对集中办公。由于原局域网中各部门之间的信息可以互通,一些重要部门的敏感信息可能被其他部门访问,网络安全问题日益突出。

为此,公司领导要求信息化处帮助解决以上问题,要求在原有网络的基础上,提高网络传输速度,各部门之间的信息不能相互访问。

作为信息化处的主管技术的工程师,你该如何做呢?本项目将带领读者解决这个问题,并达到既定目标。

## 6.2  职 业 能 力 目 标 和 要 求

- 了解交换式以太网的特点。
- 掌握以太网交换机的工作过程和数据传输方式。
- 掌握以太网交换机的通信过滤、地址学习和生成树协议。
- 掌握VLAN的组网方法和特点。
- 贯彻科学思维,培养学生的网络工匠精神。

## 6.3  相 关 知 识

### 6.3.1  交换式以太网的提出

**1. 共享式以太网存在的主要问题**

- 覆盖的地理范围有限。按照CSMD/CD的有关规定,以太网覆盖的地理范围随网络速度的增加而减小。
- 网络总带宽容量固定。

● 不能支持多种速率。

**2. 交换的提出**

通常,人们利用"分段"的方法解决共享式以太网存在的问题。所谓的"分段",就是将一个大型的以太网分割成两个或多个小型的以太网,每个段(分割后的每个小以太网)使用 CSMD/CD 介质访问控制方法维持段内用户的通信。段与段之间通过一种"交换"设备进行沟通。这种交换设备可以将在一段接收到的信息,经过简单的处理转发给另一段。

在实际应用中,如果通过四个集线器级联部门 1、部门 2 和部门 3 组成大型以太网。尽管部门 1、部门 2 和部门 3 都通过各自的集线器组网,但是,由于使用共享集线器连接 3 个部门的网络,因此,所构成的网络仍然属于一个大的以太网。这样,每台计算机发送的信息将在全网流动,即使访问的是本部门的服务器也是如此。

通常,部门内部计算机之间的相互访问是最频繁的。为了限制部门内部信息在全网流动,可以使每个部门组成一个小的以太网,部门内部仍可使用集线器,但在部门之间通过交换设备相互连接,如图 6-1 所示。通过分段,既可以保证部门内部信息不会流至其他部门,又可以保证部门之间的信息交互。以太网节点的减少使冲突和碰撞的概率更小,网络的效率更高。不仅如此,分段之后,各段可按需要选择自己的网络速率,组成性能价格更高的网络。

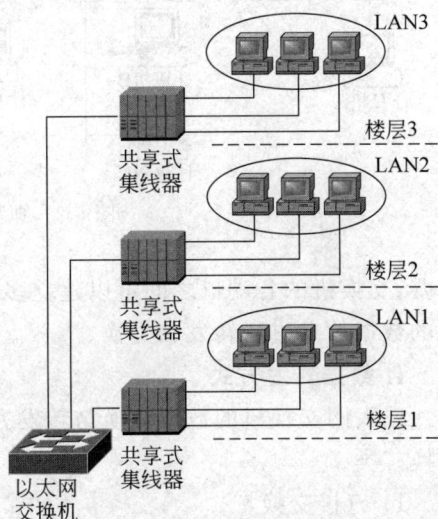

图 6-1　交换机将共享式以太网分段

交换设备有多种类型,局域网交换机、路由器等都可以作为交换设备。交换机工作于数据链路层,用于连接较为相似的网络(如以太网—以太网),而路由器工作于互联层,可以实现异型网络的互联(如以太网—帧中继)。

## 6.3.2　以太网交换机的工作过程

典型的交换机结构与工作过程如图 6-2 所示。图中的交换机有 6 个端口,其中端口 1、端口 5、端口 6 分别连接了节点 A、节点 D 和节点 E。节点 B 和节点 C 通过共享式以太网接入交换机的端口 4。于是,交换机"端口/MAC 地址映射表"就可以根据以上端口与节点 MAC 地址的对应关系建立起来。

当节点 A 需要向节点 D 发送信息时,节点 A 首先将目的 MAC 地址指向节点 D 的帧发往交换机端口 1。交换机接收该帧,并在检测到其目的 MAC 地址后,在交换机的"端口/MAC 地址映射表"中查找节点 D 所连接的端口号。一旦查到节点 D 所连接的端口 5,交换机在端口 1 与端口 5 之间建立连接,将信息转发到端口 5。与此同时,节点 E 需要向节点 B 发送信息。于是,交换机的端口 6 与端口 4 也建立一条连接,并将端口 6 接收到的信息转发至端口 4。

这样,交换机在端口 1～端口 5 和端口 4～端口 6 中建立了两条并发的连接。节点 A 和节点 E 可以同时发送消息,节点 D 和接入交换机端口 4 的以太网可以同时接收信息。根据

113

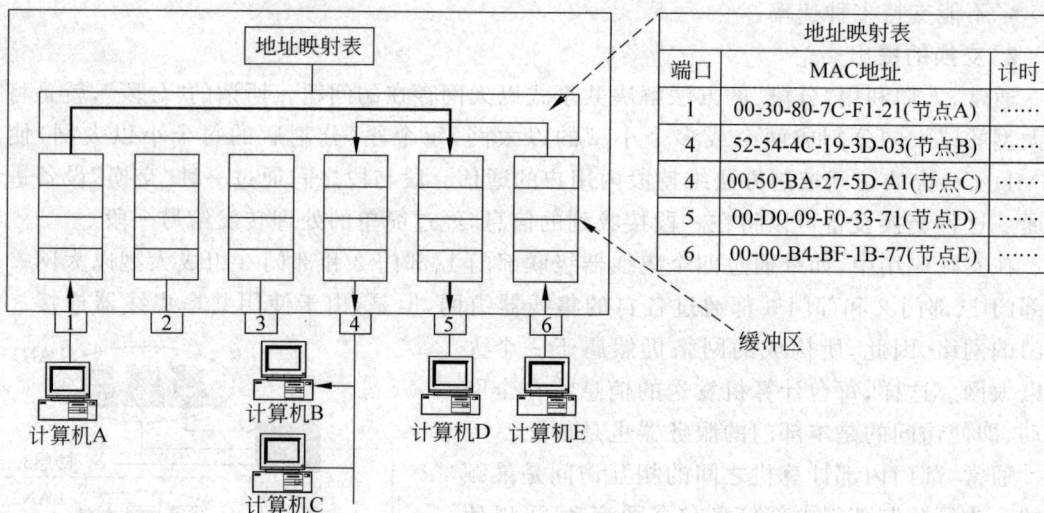

| 地址映射表 | | |
| --- | --- | --- |
| 端口 | MAC地址 | 计时 |
| 1 | 00-30-80-7C-F1-21(节点A) | …… |
| 4 | 52-54-4C-19-3D-03(节点B) | …… |
| 4 | 00-50-BA-27-5D-A1(节点C) | …… |
| 5 | 00-D0-09-F0-33-71(节点D) | …… |
| 6 | 00-00-B4-BF-1B-77(节点E) | …… |

图 6-2 典型的交换机结构与工作过程

需要,交换机的各端口之间可以建立多条并发连接。交换机利用这些并发连接,对通过交换机的数据信息进行转发和交换。

**1. 数据转发方式**

以太网交换机的数据交换与转发方式可以分为直接交换、存储转发交换和改进的直接交换三类。

1) 直接交换

在直接交换方式中,交换机边接收边检测。一旦检测到目的地址字段,就立即将该数据转发出去,而不管数据是否出错,出错检测任务由节点主机完成。这种交换方式的优点是交换延迟时间短;缺点是缺乏差错检测能力,不支持不同输入输出速率的端口之间的数据转发。

2) 存储转发交换

在存储转发方式,交换机首先要完整地接收站点发送的数据,并对数据进行差错检测。如接收数据是正确的,再根据目的地址确定输出端口号,将数据转发出去。这种交换方式的优点是具有差错检测能力,并能支持不同输入输出速率端口之间的数据转发;缺点是交换延迟时间相对较长。

3) 改进的直接交换

改进的直接交换方式将直接交换与存储转发交换结合起来,在接收到数据的前 64 字节之后,判断数据的头部字段是否正确,如果正确则转发出去。这种方法对于短数据来说,交换延迟与直接交换方式比较接近,而对于长数据来说,由于它只对数据前部的主要字段进行差错检测,因此交换延迟将会明显减少。

**2. 地址学习**

以太网交换机利用"端口/MAC 地址映射表"进行信息的交换,因此,端口 MAC 地址映射表的建立和维护显得相当重要。一旦地址映射表出现问题,就可能造成信息转发错误。那么,交换机中的地址映射表是怎样建立和维护的呢?

这里有两个问题需要解决，一是交换机如何知道哪台计算机连接到哪个端口；二是当计算机在交换机的端口之间移动时，交换机如何维护地址映射表。显然，通过人工建立交换机的地址映射表是不切实际的，交换机应该自动建立地址映射表。通常，以太网交换机利用"地址学习"法来动态建立和维护端口/MAC 地址映射表。以太网交换机的地址学习是通过读取帧的源地址并记录帧进入交换机的端口进行的。当得到 MAC，即地址与端口的对应关系后，交换机就将该对应关系添加到地址映射表，如果该表已经存在，交换机将更新该表的项。因此，在以太网交换机中，地址是动态改变的。只要这个节点发送信息，交换机就能捕获到它的 MAC 地址与其所在端口的对应关系。

在每次添加或更新地址映射表的表项时，添加或更改的表项被赋予一个计时器。这是该端口与 MAC 地址的对应关系，该表项将被交换机删除。通过移走过时的表项，交换机维护了一个精确且有用的地址映射表。

**3. 通信过滤**

交换机建立起端口与 MAC 地址映射表之后，它就可以对通过的信息进行过滤了。以太网交换机在地址学习的同时还检查每个帧，并基于帧中的目的地址做出是否转发或转发到何处的决定。

图 6-2 显示了两个以太网和两台计算机通过以太网交换机相互连接的示意图。通过一段时间的地址学习，交换机形成了图 6-3 所示的端口/MAC 地址映射表。

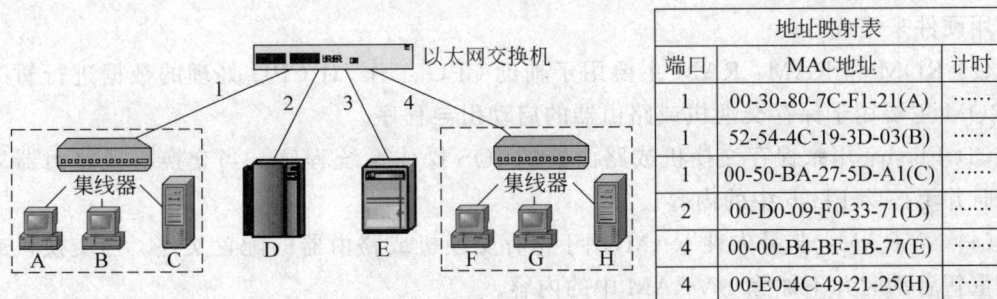

| 地址映射表 | | |
|---|---|---|
| 端口 | MAC地址 | 计时 |
| 1 | 00-30-80-7C-F1-21(A) | …… |
| 1 | 52-54-4C-19-3D-03(B) | …… |
| 1 | 00-50-BA-27-5D-A1(C) | …… |
| 2 | 00-D0-09-F0-33-71(D) | …… |
| 4 | 00-00-B4-BF-1B-77(E) | …… |
| 4 | 00-E0-4C-49-21-25(H) | …… |

图 6-3　交换机的通信过滤

假设站点 A 需要向站点 F 发送数据，因为站点 A 通过集线器连接到交换机的端口 1，所以，交换机从端口 1 读入数据，并通过地址映射表决定将该数据转发到哪个端口。通过搜索地址映射表，交换机发现站点 C 与端口 1 相连，与发送的源站点处于同一端口。遇到这种情况，交换机不再转发，简单地将数据抛弃，数据信息被限制在本地流动。

以太网交换机隔离了本地信息，从而避免了网络上不必要的数据流动。而交换机所连的网段只听到发给它们的信息流，减少了局域网上总的通信负载，因此提供了更多的带宽。

但是，如果站点 A 需要向站点 G 发送信息，交换机在端口 1 读取信息后检索地址映射表，结果发现站点 G 在地址映射表中并不存在。在这种情况下，为了保证信息能够到达正确的目的地，交换机将向除端口 1 之外的所有端口转发信息。当然，一旦站点 G 发送信息，交换机就会捕获到它与端口的连接关系，并将得到的结果存储到地址映射表中。

**4. 生成树协议**

集线器可以按照水平或树形结构进行级联，但是，集线器的级联绝不能出现环路，否则发送的数据将在网中无休止地循环,造成整个网络的瘫痪。那么具有环路的交换机级联网络是否可以正常工作呢?答案是肯定的。

实际上,以太网交换机除了按照上面所描述的转发机制对信息进行转发外,还执行生成树协议(spanning tree protocol,STP)。生成树协议 STP 计算无环路的最佳路径,当发现环路时,可以相互交换信息,并利用这些信息将网络中的某些环路断开,从而维护一个无环路的网络,以保证整个局域网在逻辑上形成一种树形结构,产生一个生成树。交换机按照这种逻辑结构转发信息,保证网络上发送的信息不会绕环旋转。

### 6.3.3　交换机的管理与基本配置

**1. 交换机的硬件组成**

如同 PC 一样,交换机或路由器也由硬件和软件两部分组成。

- 硬件包括 CPU、存储介质、端口等。
- 软件主要是 IOS(internetwork operating system)操作系统。

交换机的端口主要有以太网(Ethernet)端口、快速以太网(fast Ethernet)端口、吉比特以太网(gigabit Ethernet)端口和控制台(Console)端口等。

存储介质主要有 CPU、ROM 和 RAM、Flash 和 NVRAM。

(1) CPU:提供控制和管理交换机功能,包括所有网络通信的运行,通常由称为 ASIC 的专用硬件来完成。

(2) ROM 和 RAM:RAM 主要用于辅助 CPU 工作,对 CPU 处理的数据进行暂时存储;ROM 主要用于保存交换机或路由器的启动引导程序。

(3) Flash:用来保存交换机或路由器的 IOS 操作系统程序。当交换机或路由器重新启动时并不擦除 Flash 中的内容。

(4) NVRAM:非易失性 RAM,用于保存交换机或路由器的配置文件。当交换机或路由器重新启动时并不擦除 NVRAM 中的内容。

**2. 交换机的启动过程**

Cisco 公司将自己的操作系统称为 Cisco IOS,它内置在所有 Cisco 交换机和路由器中。

交换机启动顺序如下。

(1) 交换机开机时,先进行开机自检(POST),POST 检查硬件以验证设备的所有组件目前是可运行的。例如,POST 检查交换机的各种端口。POST 存储在 ROM 中并从 ROM 中运行。

(2) Bootstrap 检查并加载 Cisco IOS 操作系统。Bootstrap 程序也是位于 ROM 中的程序,用于在初始化阶段启动交换机。默认情况下,所有 Cisco 交换机或路由器都从 Flash 加载 IOS 软件。

(3) IOS 软件在 NVRAM 中查找 startup-config 配置文件,只有当管理员将 running-config 文件复制到 NVRAM 中时才产生该文件。

(4) 如果 NVRAM 中有 startup-config 配置文件,交换机将加载并运行此文件;如果 NVRAM 中没有 startup-config 文件,交换机将启动 setup 程序以对话方式来初始化配置过程,此过程也称 setup 模式。

### 3. 交换机的配置模式

有以下四种方式可对交换机进行配置。

（1）通过 Console 端口访问交换机。新交换机在进行第一次配置时必须通过 Console 端口访问交换机。Console 线和交换机连线如图 6-4 所示。

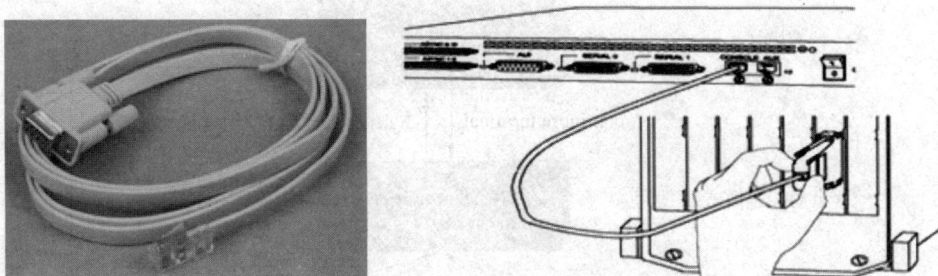

图 6-4　Console 线和交换机连线

（2）通过 Telnet 访问交换机。如果网络管理员离交换机较远，可通过 Telnet 远程访问交换机，前提是预先在交换机上配置 IP 地址和访问密码，并且管理员的计算机与交换机之间是 IP 可到达的。

（3）通过 Web 访问交换机。

（4）通过 SNMP 网管工作站访问交换机。

### 4. 交换机的命令行操作模式

交换机的命令行操作模式主要包括用户模式、特权模式、全局配置模式、各种特定配置模式等。

（1）用户模式：进入交换机后的第一个操作模式，在该模式下可以简单查看交换机的软、硬件版本信息，并进行简单的测试。用户模式提示符为 Switch＞。

（2）特权模式：在用户模式下，输入 enable 命令可进入特权模式，在该模式下可以对交换机的配置文件进行管理，查看交换机的配置信息，进行网络的测试和调试等。特权模式提示符为 Switch＃。

（3）全局配置模式：在特权模式下，输入 configure terminal 命令可进入全局配置模式，在该模式下可以配置交换机的全局性参数（如主机名、登录信息等）。在该模式下可以进入下一级的配置模式，对交换机具体的功能进行配置。全局配置模式提示符为 Switch（config）＃。

（4）各种特定配置模式：在全局配置模式下，输入"interface 接口类型 接口号"命令，如 interface fastethernet0/1，可进入端口模式，在该模式下可以对交换机的端口参数进行配置。端口模式提示符为 Switch(config-if)＃。

交换机的命令行操作模式如图 6-5 所示。

### 5. 交换机的口令基础

IOS 可以配置控制台口令、AUX 口令、Telnet 或 VTY 口令，此外还有 Enable 口令。各种口令关系如图 6-6 所示。

enable 设置命令有两个：enable password 和 enable secret。

- 用 enable password 命令设置的口令没有经过加密，在配置文件中以明文显示。

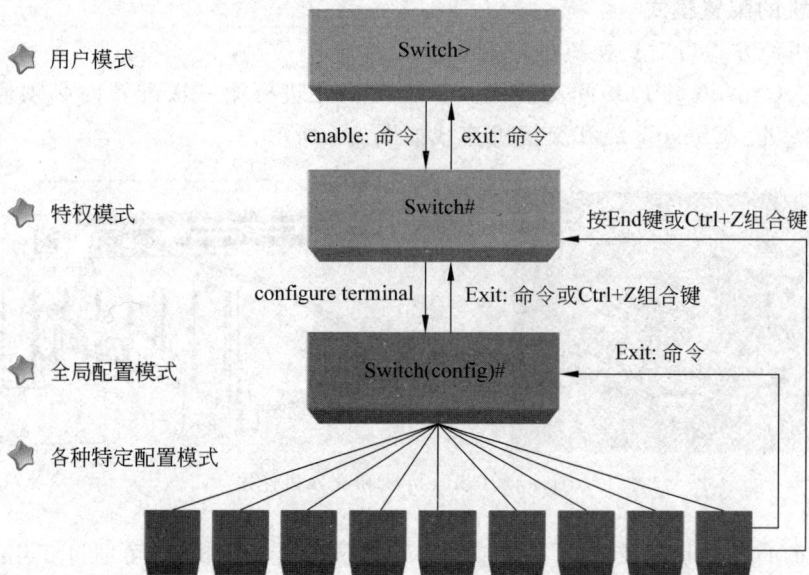

图 6-5　交换机的命令行操作模式

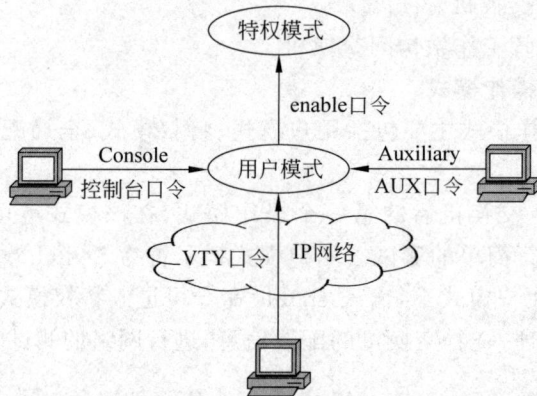

图 6-6　交换机的各种口令

● 用 enable secret 命令设置的口令是经过加密的,在配置文件中以密文显示。

enable password 命令的优先级没有 enable secret 命令高,这意味着,如果用 enable secret 命令设置过口令,则用 enable password 命令设置的口令就会无效。

## 6.3.4　虚拟局域网

在 IEEE 802.1Q 标准中对虚拟局域网(virtual LAN,VLAN)是这样定义的: VLAN 是由一些局域网网段构成的与物理位置无关的逻辑组,而这些网段具有某些共同的需求。每一个 VLAN 的帧都有一个明确的标识符,指明发送这个帧的工作站是属于哪一个 VLAN。

利用以太网交换机可以很方便地实现虚拟局域网 VLAN。这里要指出,虚拟局域网其实只是局域网给用户提供的一种服务,并不是一种新型局域网。

图 6-7 给出的是使用了三个交换机的网络拓扑。

从图 6-7 可看出,每一个 VLAN 的工作站可处在不同的局域网中,也可以不在同一层楼中。

利用交换机可以很方便地将这 9 个工作站划分为 3 个虚拟局域网:VLAN1、VLAN2 和 VLAN3。在虚拟局域网上的每一个站都可以听到同一虚拟局域网上的其他成员所发出的广播,而听不到不同虚拟局域网上的其他成员的广播信息。这样,虚拟局域网限制了接收广播信息的工作站数,使网络不会因传播过多的广播信息(即所谓的"广播风暴")而引起性能恶化。在共享传输媒体的局域网中,网络总带宽的绝大部分都是由广播帧消耗的。

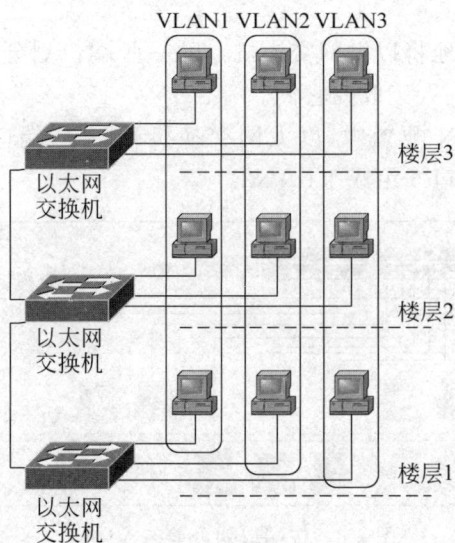

图 6-7　虚拟局域网

### 1. 共享式以太网与 VLAN

在传统的局域网中,通常一个工作组是在同一个网段上,每个网段可以是一个逻辑工作组。多个逻辑工作组之间通过交换机(或路由器)等互联设备交换数据。如果一个逻辑工作组的站点仅仅需要转移到另一个逻辑工作组(如从 LAN1 移动到 LAN3),就需要将该计算机从一个集线器(如 1 楼的集线器)撤出,连接到另一个集线器(如 LAN1 中的站点)。如果仅仅需要物理位置的移动(如从 1 楼移动到 3 楼),那么,为了保证该站点仍然隶属于原来的逻辑工作组 LAN1,它必须连接至 1 楼的集线器,即使它连入 3 楼的集线器更方便。在某些情况下,移动站点的物理位置或逻辑工作组甚至需要重新布线。因此,逻辑工作组的组成受到了站点所在网段物理位置的限制。

虚拟局域网 VLAN 建立在局域网交换机上,它以软件方式实现逻辑工作组的划分与管理。因此,逻辑工作组的站点组成不受物理位置的限制。同一逻辑工作组的成员可以不必连接在同一个物理网段上。只要以太网交换机是互联的,它们既可以连接在同一个局域网交换机上,也可以连接在不同局域网交换机上。当一个站点从一个逻辑工作组转移到另一个逻辑工作组时,只需要通过软件设定,而不需要改变它在网络中的物理位置。当一个站点从一个物理位置移动到另一个物理位置时(例如,3 楼的计算机需要移动到 1 楼)只要将该计算机接入另一台交换机(例如,1 楼的交换机),通过交换机软件设置,这台计算机还可以成为原工作组的一员。同一个逻辑工作组的站点可以分布在不同的物理网段上,但它们之间的通信就像在同一个物理段上一样。

**2. VLAN 的组网方法**

VLAN 的划分可以根据功能、部门或应用而无须考虑用户的物理位置。以太网交换机的每个端口都可以分配给一个 VLAN。分配给同一个 VLAN 的端口共享广播域(一个站点发送希望所有站点接收的广播信息,同一 VLAN 中的所有站点都可以听到),分配给不同 VLAN 的端口不共享广播域,这将全面提高网络的性能。

VLAN 的组网方法包括静态 VLAN 和动态 VLAN 两种。

1) 静态 VLAN

静态 VLAN 就是静态地将以太网交换机上的一些端口划分给一个 VLAN。这些端口一直保持这种配置关系直到人工改变它们。

在图 6-8 所示的 VLAN 配置中,以太网交换机端口 1、端口 2、端口 6 和端口 7 组成 VLAN1,端口 3、端口 4、端口 5 组成 VLAN2。

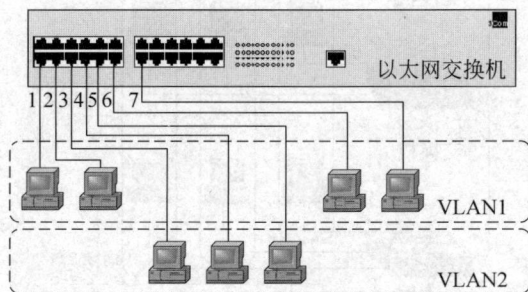

图 6-8　按端口划分静态 VLAN

尽管静态 VLAN 需要网络管理员通过配置交换机软件来改变其成员的隶属关系,但它们有良好的安全性,配置简单应可以直接监控,因此,很受网络管理人员的欢迎。特别是站点设备位置相对稳定时,应用静态 VLAN 是一种最佳选择。

2) 动态 VLAN

动态 VLAN 是指交换机上 VLAN 端口是动态分配的。通常,动态分配的原则以 MAC 地址、逻辑地址或数据包的协议类型为基础,如图 6-9 所示。

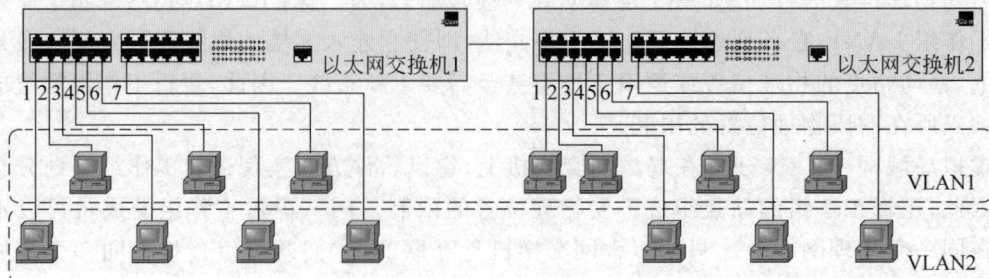

图 6-9　动态 VLAN 可以跨越多台交换机

　　虚拟局域网既可以在单台交换机中实现,也可以跨越多个交换机。在图 6-7 中,VLAN 的配置跨越两台交换机。以太网交换机 1 的端口 2、端口 4、端口 6 和以太网交换机 2 的端口 1、端口 2、端口 4、端口 6 组成 VLAN1,以太网交换机 1 的端口 1、端口 3、端口 5、端口 7 和以太网交换机 2 的端口 3、端口 5、端口 7 组成 VLAN2。

　　如果以 MAC 地址为基础分配 VLAN,网络管理员可以通过指定具有哪些 MAC 地址的计算机属于哪一个 VLAN 进行配置(例如,MAC 地址为 00-03-0D-60-1B-5E 的计算机属于 VLAN1),不管这些计算机连接到哪个交换机的端口。这样,如果计算机从一个位置移动到另一个位置,连接的端口从一个换到另一个,只要计算机的 MAC 地址不变(计算机使用的网卡不变),它仍将属于原 VLAN 的成员,无须重新配置。

**3. VLAN 的优点**

1) 减少网络管理开销

　　在有些情况下,部门重组和人员流动不但需要重新布线,而且需要重新配置网络设备。VLAN 为控制这些改变和减少网络设备的重新配置提供了一个有效的方法。当 VLAN 的站点从一个位置移到另一个位置时,只要它们还在同一个 VLAN 中并且仍可以连接到交换机端口,则这些站点本身就不用改变。位置的改变只要简单地将站点插到另一个交换机端口并对该端口进行配置即可。

2) 控制广播活动

　　广播在每个网络中都存在。广播的频率依赖于网络应用类型、服务器类型、逻辑段数目及网络资源的使用方法。

　　大量的广播可以形成广播风暴,致使整个网络瘫痪,因此,必须采取一些措施来预防广播带来的问题。尽管以太网交换机可以利用端口/MAC 地址映射表来减少网络流量,但却不能控制广播数据包在所有端口的传播。VLAN 的使用在保持了交换机良好性能的同时,也可以保护网络免受潜在广播风暴的危害。

　　一个 VLAN 中的广播流量不会传输到该 VLAN 之外,邻近的端口和 VLAN 也不会收到其他 VLAN 产生的任何广播信息。VLAN 越小,VLAN 中受广播活动影响的用户就越少。这种配置方式大大地减少了广播流量,弥补了局域网受广播风暴影响的弱点。

3) 提供较好的网络安全性

　　传统的共享式以太网非常严重的安全问题是它很容易被穿透,因为网上任一节点都需要侦听共享信道上的所有信息,所以通过插接到集线器的一个活动端口,用户就可以获得该段内所有流动的信息。网络规模越大,安全性就越差。

　　提高安全性的一个经济实惠和易于管理的技术就是利用 VLAN 将局域网分成多个广播域。因为一个 VLAN 上的信息流(不论是单播信息流还是广播信息流)就不会流入另一个 VLAN,从而可以提高网络的安全性。

## 6.3.5　Trunk 技术

　　Trunk 是指主干链路(trunk link),它是在不同交换机之间的一条链路,可以传递不同 VLAN 的信息。Trunk 的用途之一是实现 VLAN 跨越多台交换机进行定义,如图 6-10 所示。

　　Trunk 技术标准如下。

　　(1) IEEE 802.1Q 标准。这种标准在每个数据帧中加入一个特定的标识,用于识别每个

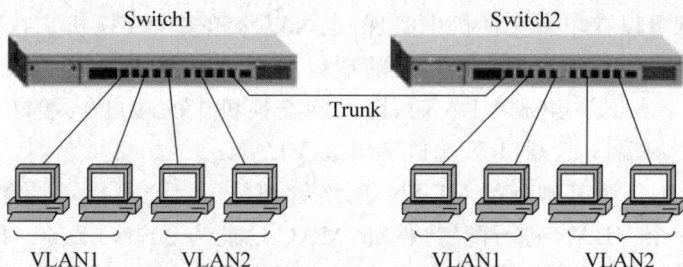

图 6-10 利用 Trunk 技术实现 VLAN 跨越多台交换机

数据帧属于哪个 VLAN。IEEE 802.1Q 属于通用标准,许多厂家的交换机都支持此标准。

(2) ISL 标准。这是 Cisco 自有的标准,它只能用于 Cisco 公司生产的交换机产品,其他厂家的交换机不支持。Cisco 交换机与其他厂商的交换机相连时,不能使用 ISL 标准,只能采用 IEEE 802.1Q 标准。

## 6.3.6 VLAN 中继协议

VLAN 中继协议(VLAN trunking protocol,VTP),也称 VLAN 干线协议,可解决各交换机 VLAN 数据库的同步问题。

使用 VTP 可以减少 VLAN 相关的管理任务,把一台交换机配置成 VTP server,其余交换机配置成 VTP client,这样它们可以自动学习到 VTP server 上的 VLAN 信息。

### 1. VTP 域

VTP 使用"域"来组织管理互联的交换机,并在域内的所有交换机上维护 VLAN 配置信息的一致性。

VTP 域是指一组有相同 VTP 域名并通过 Trunk 端口互联的交换机。每个域都有唯一的名称,一台交换机只能属于一个 VTP 域,同一域中的交换机共享 VTP 消息。VTP 消息是指创建、删除 VLAN 和更改 VLAN 名称等信息,它通过 Trunk 链路进行传播。

### 2. VTP 工作模式

VTP 有三种工作模式:VTP server、VTP client 和 VTP transparent。

(1) VTP server。新交换机出厂时,所有端口均预配置为 VLAN1,VTP 工作模式预配置为 VTP server。

一般情况下,一个 VTP 域内只设一个 VTP server。

VTP server 维护该 VTP 域中所有 VLAN 配置信息,VTP server 可以建立、删除或修改 VLAN。

在一台 VTP server 上配置一个新的 VLAN 时,该 VLAN 的配置信息将自动传播到本域内的所有处于 server 或 client 模式的其他交换机。

(2) VTP client 虽然也维护所有 VLAN 信息列表,但其 VLAN 的配置信息是从 VTP server 学到的,VTP client 不能建立、删除或修改 VLAN。

(3) VTP transparent 相当于是一台独立的交换机,它不参与 VTP 工作,不从 VTP server 学习 VLAN 的配置信息,而只拥有本设备上自己维护的 VLAN 信息。VTP transparent 可以建立、删除和修改本机上的 VLAN 信息,但它可以转发从其他交换机传递来的任何 VTP 消息。

**3. VTP 修剪**

VTP 修剪(VTP pruning)功能可以让 VTP 智能地确定在 Trunk 链路的另一端的指定的 VLAN 上是否有设备与之相连。如果没有,则在 Trunk 链路上修剪不必要的广播信息。

通过修剪,只将广播信息发送到真正需要这个信息的 Trunk 链路上,从而增加可用的网络带宽。

# 6.4　项目设计与准备

在公司原交换式局域网中,所有节点处于同一个广播域中,网络中任一节点的广播会被网络中所有节点接收到。

随着局域网中节点数的不断增加,大量的广播信息占用了网络带宽,用户可用带宽也变得越来越小,从而使网速变慢,甚至出现网络堵塞现象。

有两种方法可提高网速。

- 一是升级主干线路,增加网络总带宽,如把原来的千兆局域网升级到万兆局域网,但这势必要增加大量投资。
- 二是采用虚拟局域网(VLAN)技术,按部门、功能、应用等因素将用户从逻辑上划分为一个个功能相对独立的工作组,这些工作组属于不同的广播域,这样,将整个网络分割成多个不同的广播域,缩小广播域的范围,从而降低广播风暴的影响,提高网络速度。

另外,不同的工作组(VLAN)之间是不能相互访问的,这样可防止一些重要部门的敏感信息泄露。

为此,信息处决定采用 VLAN 技术改善内部网络管理,通过对交换机进行 VLAN 配置,把不同部门划分到不同的 VLAN 中。

由于同一部门可能位于不同的地理位置,连接在不同的交换机上,同一 VLAN 要跨越多个交换机,这些交换机之间需要使用 Trunk 技术进行连接。

为了使全网的 VLAN 信息一致,减少手工配置 VLAN 的麻烦,可采用 VLAN 中继协议(VTP),让不同交换机上的 VLAN 信息保持同步。

在本项目中,需要以下设备。

- 装有 Windows 7 操作系统的 4 台 PC。
- Cisco 2950 交换机 2 台。
- Console 控制线 2 根。
- 直通线 4 根。
- 交叉线 1 根。

# 6.5 项 目 实 施

## 任务 6-1 基本配置交换机 C2950

基本配置交换机 C2950 的网络拓扑结构如图 6-11 所示。

基本配置交换机 C2950 的步骤如下。

**1. 硬件连接**

如图 6-11 所示,将 Console 控制线的一端插入计算机 COM1 串口,另一端插入交换机的 Console 接口。开启交换机的电源。

**2. 通过超级终端连接交换机**

对交换机的了解和基本配置

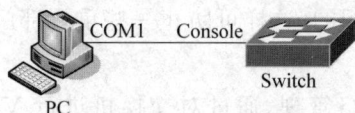

(1) 启动 Windows XP 操作系统,依次选择"开始"→"程序"→"附件"→"通信"→"超级终端"后进入超级终端程序,如图 6-12 和图 6-13 所示。

图 6-11 基本配置交换机 C2950 的网络拓扑结构

图 6-12 新建连接

(2) 选择连接以太网交换机使用的串行口,并将该串行口设置为 9600 波特、8 个数据位、1 个停止位、无奇偶校验和数据流控制,如图 6-14 所示。

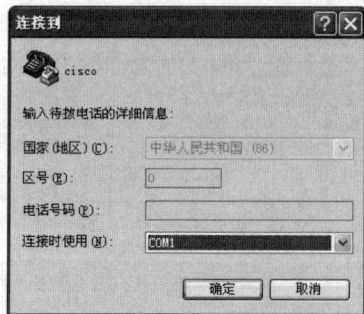

图 6-13 连接到 COM1

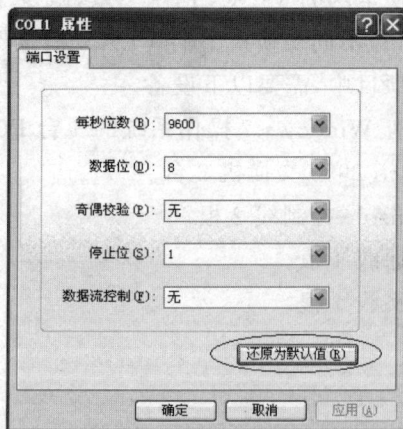

图 6-14 COM1 属性

（3）按 Enter 键，系统将收到以太网交换机的回送信息。

**3. 交换机的命令行使用方法**

（1）在任何模式下输入"？"，可显示相关帮助信息。

```
Switch>?                ;显示当前模式下所有可执行的命令
    disable             Turn off privileged commands
    enable              Turn on privileged commands
    exit                Exit from the EXEC
    help                Description of the interactive help system
    ping                Send echo message
    rcommand            Run command on remote switch
    show                Show running system information
    telnet              Open a telnet connection
    traceroute Trace route to destination
```

（2）在用户模式下，输入 enable 命令，进入特权模式。

```
Switch>enable           ;进入特权模式
Switch#
```

- 用户模式的提示符为"＞"，特权模式的提示符为"♯"，Switch 是交换机的默认名称，可用 hostname 命令修改交换机的名称。
- 输入 disable 命令可从特权模式返回用户模式。输入 logout 命令可从用户模式或特权模式退出控制台操作。

（3）如果忘记某命令的全部拼写，则输入该命令的部分字母后再输入"？"，会显示相关匹配命令。

```
Switch#co?              ;显示当前模式下所有以 co 开头的命令
    configure           Copy
```

（4）输入某命令后，如果忘记后面跟什么参数，可输入"？"，会显示该命令的相关参数。

```
Switch#copy ?           ;显示 copy 命令后可执行的参数
    flash               Copy from flash file system
    running-config      Copy from current system configuration
    startup-config      Copy from startup configuration
    tftp                Copy from tftp file system
    xmodem              Copy from xmodem file system
```

（5）输入某命令的部分字母后，按 Tab 键可自动补齐命令。

```
Switch#conf(Tab 键)     ;按 Tab 键自动补齐 configure 命令
Switch#configure
```

（6）如果输入命令的拼写字母较多，可以使用简写的形式，前提是该简写形式没有歧义。如 config t 是 configure terminal 的简写，输入该命令后，从特权模式进入全局配置模式。

```
Switch#config t                        ;该命令代表 configure terminal,进入全局配置模式
Switch(config)#
```

### 4. 交换机的名称设置

在全局配置模式下,输入 hostname 命令可设置交换机的名称。

```
Switch(config)#hostname SwitchA        ;设置交换机的名称为 SwitchA
SwitchA(config)#
```

### 5. 交换机的口令设置

特权模式是进入交换机的第二个模式,比第一个模式(用户模式)有更大的操作权限,也是进入全局配置模式的必经之路。

在特权模式下,可用 enable password 和 enable secret 命令设置口令。

(1) 输入 enable password ×××命令,可设置交换机的明文口令为×××,即该口令是没有加密的,在配置文件中以明文显示。

```
SwitchA(config)#enable password aaaa   ;设置特权明文口令为 aaaa
SwitchA(config)#
```

(2) 输入 enable secret yyy 命令,可设置交换机的密文口令为 yyy,即该口令是加密的,在配置文件中以密文显示。

```
SwitchA(config)#enable secret bbbb     ;设置特权密文口令为 bbbb
SwitchA(config)#
```

enable password 命令的优先级没有 enable secret 高,这意味着,如果用 enable secret 设置过口令,则用 enable password 设置的口令就会无效。

(3) 设置 console 控制台口令的方法如下。

```
SwitchA(config)#line console 0         ;进入控制台接口
SwitchA(config-line)#login             ;启用口令验证
SwitchA(config-line)#password cisco    ;设置控制台口令为 cisco
SwitchA(config-line)#exit              ;返回上一层设置
SwitchA(config)#
```

由于只有一个控制台接口,所以只能选择线路控制台 0(line console 0)。config-line 是线路配置模式的提示符。exit 命令是返回上一层设置。

(4) 设置 telnet 远程登录交换机的口令的方法如下。

```
SwitchA(config)#line vty 0 4           ;进入虚拟终端
SwitchA(config-line)# login            ;启用口令验证
SwitchA(config-line)# password zzz     ;设置 telnet 登录口令为 zzz
SwitchA(config-line)# exec-timeout 15 0 ;设置超时时间为 15min0s
SwitchA(config-line)# exit             ;返回上一层设置
SwitchA(config)#exit
SwitchA#
```

只有配置了虚拟终端(vty)线路的密码后,才能利用 Telnet 远程登录交换机。

较早版本的 Cisco IOS 支持 vty line 0～4,即同时允许 5 个 Telnet 远程连接。新版本的 Cisco IOS 可支持 vty line 0～15,即同时允许 16 个 Telnet 远程连接。

使用 no login 命令允许建立无口令验证的 Telnet 远程连接。

**6. 交换机的端口设置**

(1) 在全局配置模式下,输入 interface fa0/1 命令,进入端口设置模式(提示符为 config-if),可对交换机的端口 1 进行设置。

```
SwitchA#config terminal                         ;进入全局配置模式
SwitchA(config)#interface fa0/1                 ;进入端口 1
SwitchA(config-if)#
```

(2) 在端口设置模式下,通过 description、speed、duplex 等命令可设置端口的描述、速率、单双工模式等,如下所示。

```
SwitchA(config-if)#description "link to office" ;端口描述(连接至办公室)
SwitchA(config-if)#speed 100                     ;设置端口通信速率为 100Mbps
SwitchA(config-if)#duplex full                   ;设置端口为全双工模式
SwitchA(config-if)#shutdown                      ;禁用端口
SwitchA(config-if)#no shutdown                   ;启用端口
SwitchA(config-if)#end                           ;直接退回到特权模式
SwitchA#
```

**7. 交换机可管理 IP 地址的设置**

交换机的 IP 地址配置实际上是在 VLAN1 的端口上进行配置,默认时交换机的每个端口都是 VLAN1 的成员。

在端口配置模式下使用 ip address 命令可设置交换机的 IP 地址,在全局配置模式下使用 ip default-gateway 命令可设置默认网关。

```
SwitchA#config terminal                              ;进入全局配置模式
SwitchA(config)#interface vlan 1                     ;进入 VLAN 1
SwitchA(config-if)#ip address 192.168.1.100 255.255.255.0  ;设置交换机可管理 IP 地址
SwitchA(config-if)#no shutdown                       ;启用端口
SwitchA(config-if)#exit                              ;返回上一层设置
SwitchA(config)#ip default-gateway 192.168.1.1       ;设置默认网关
SwitchA(config)#exit
SwitchA#
```

**8. 显示交换机信息**

在特权配置模式下,可利用 show 命令显示各种交换机信息。

```
SwitchA#show version                ;查看交换机的版本信息
SwitchA#show int vlan1              ;查看交换机可管理 IP 地址
SwitchA#show vtp status            ;查看 vtp 配置信息
SwitchA#show running-config        ;查看当前配置信息
SwitchA#show startup-config        ;查看保存在 NVRAM 中的启动配置信息
SwitchA#show vlan                  ;查看 vlans 配置信息
SwitchA#show interface             ;查看端口信息
SwitchA#show int fa0/1             ;查看指定端口信息
SwitchA#show mac-address-table     ;查看交换机的 mac 地址表
```

**9. 保存或删除交换机配置信息**

交换机配置完成后,在特权配置模式下,可利用 copy running-config startup-config 命令(当然也可利用简写命令 copy run start)或 write(wr)命令,将配置信息从 DRAM 内存中手工保存到非易失 RAM(NVRAM)中,利用 erase startup-config 命令可删除 NVRAM 中的内容,如下所示。

```
SwitchA#copy running-config startup-config    ;保存配置信息至 NVRAM 中
SwitchA#erase startup-config                  ;删除 NVRAM 中的配置信息
```

# 任务 6-2 单交换机上的 VLAN 划分

单交换机上的 VLAN 划分的网络拓扑结构如图 6-15 所示。

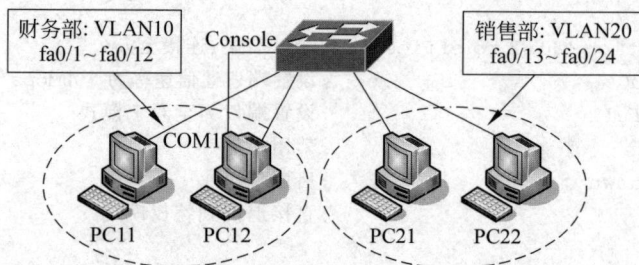

图 6-15 单交换机上的 VLAN 划分的网络拓扑结构

单交换机上的 VLAN 划分

单交换机上的 VLAN 划分的步骤如下。

**1. 硬件连接**

(1) 如图 6-15 所示,将 Console 控制线的一端插入 PC12 的 COM1 串口;另一端插入交换机的 Console 接口。

(2) 用 4 根直通线把 PC11、PC12、PC21、PC22 分别连接到交换机的 fa0/2、fa0/3、fa0/13、fa0/14 端口上。

(3) 开启交换机的电源。

**2. TCP/IP 配置**

(1) 配置 PC11 的 IP 地址为 192.168.1.11,子网掩码为 255.255.255.0。

(2) 配置 PC12 的 IP 地址为 192.168.1.12,子网掩码为 255.255.255.0。

(3) 配置 PC21 的 IP 地址为 192.168.1.21,子网掩码为 255.255.255.0。

(4) 配置 PC22 的 IP 地址为 192.168.1.22,子网掩码为 255.255.255.0。

**3. 连通性测试**

用 ping 命令在 PC11、PC12、PC21、PC22 之间测试连通性,结果填入表 6-1 中。

表 6-1 计算机之间的连通性 1

| 计算机 | PC11 | PC12 | PC21 | PC22 |
| --- | --- | --- | --- | --- |
| PC11 | — | | | |
| PC12 | | — | | |
| PC21 | | | — | |
| PC22 | | | | — |

**4. VLAN 划分**

（1）在 PC12 上打开超级终端，配置交换机的 VLAN，新建 VLAN 的方法如下。

```
Switch>enable
Switch#config t
Switch(config)#vlan 10              ;创建 VLAN10,并取名为 caiwubu(财务部)
Switch(config-vlan)#name caiwubu
Switch(config-vlan)#exit
Switch(config)#vlan 20              ;创建 VLAN20,并取名为 xiaoshoubu(销售部)
Switch(config-vlan)#name xiaoshoubut
Switch(config-vlan)#exit
Switch(config)#exit
Switch#
```

（2）在特权模式下，输入 show vlan 命令，查看新建的 VLAN。

```
Switch#show vlan
VLAN NAME          Status        Ports
1    default       active        Fa0/1,Fa0/2,Fa0/3,Fa0/4
                                 Fa0/5,Fa0/6,Fa0/7,Fa0/8
                                 Fa0/9,Fa0/10,Fa0/11,Fa0/12
                                 Fa0/13,Fa0/14,Fa0/15,Fa0/16
                                 Fa0/17,Fa0/18,Fa0/19,Fa0/20
                                 Fa0/21,Fa0/22,Fa0/23,Fa0/24
10   caiwubu       active
20   xiaoshoubu    active
```

（3）可利用 interface range 命令指定端口范围，利用 switchport access 把端口分配到 VLAN 中。把端口 fa0/1～fa0/12 分配给 VLAN10，把端口 fa0/13～fa0/24 分配给 VLAN20 的方法如下。

```
Switch#config t
Switch(config)#interface range fa0/1-12
Switch(config-if-range)#switchport access vlan 10
Switch(config-if-range)#exit
Switch(config)#interface range fa0/13-24
Switch(config-if-range)#switchport access vlan 20
Switch(config-if-range)#end
Switch#
```

（4）在特权模式下，输入 show vlan 命令，再次查看新建的 VLAN。

```
Switch#show vlan
VLAN  NAME          Status    Ports
1     default       active
10    caiwubu       active    Fa0/1,Fa0/2,Fa0/3,Fa0/4
                              Fa0/5,Fa0/6,Fa0/7,Fa0/8
```

```
                                            Fa0/9,Fa0/10,Fa0/11,Fa0/12
20      xiaoshoubu       active             Fa0/13,Fa0/14,Fa0/15,Fa0/16
                                            Fa0/17,Fa0/18,Fa0/19,Fa0/20
                                            Fa0/21,Fa0/22,Fa0/23,Fa0/24
```

（5）用 ping 命令在 PC11、PC12、PC21、PC22 之间再次测试连通性，结果填入表 6-2 中。

表 6-2　计算机之间的连通性 2

| 计算机 | PC11 | PC12 | PC21 | PC22 |
| --- | --- | --- | --- | --- |
| PC11 | — | | | |
| PC12 | | — | | |
| PC21 | | | — | |
| PC22 | | | | — |

（6）输入 show running-config 命令，查看交换机的运行配置。

```
Switch# show running-config
```

## 任务 6-3　多交换机上的 VLAN 划分

多交换机上的 VLAN 划分的网络拓扑结构如图 6-16 所示。

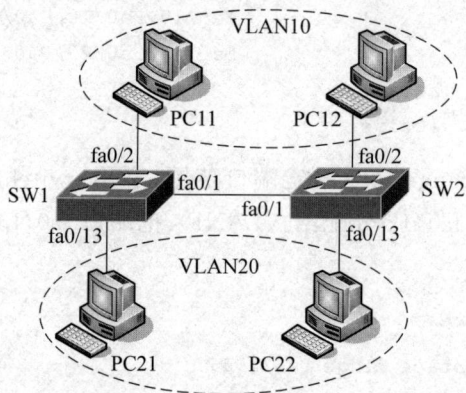

图 6-16　多交换机上的 VLAN 划分的网络拓扑结构

多交换机上的 VLAN 划分的步骤如下。

### 1. 硬件连接

（1）用 2 根直通线把 PC11、PC21 连接到交换机 SW1 的 fa0/2、fa0/13 端口上，再用 2 根直通线把 PC12、PC22 连接到交换机 SW2 的 fa0/2、fa0/13 端口上。

（2）用一根交叉线把 SW1 交换机的 fa0/1 端口和 SW2 交换机的 fa0/1 端口连接起来。

（3）将 Console 控制线的一端插入 PC11 COM1 串口；另一端插入 SW1 交换机的 Console 接口。

（4）将另一根 Console 控制线的一端插入 PC12 COM1 串口；另一端插入 SW2 交换机的 Console 接口。

（5）开启 SW1、SW2 交换机的电源。

## 2. TCP/IP 配置

（1）配置 PC11 的 IP 地址为 192.168.1.11，子网掩码为 255.255.255.0。

（2）配置 PC12 的 IP 地址为 192.168.1.12，子网掩码为 255.255.255.0。

（3）配置 PC21 的 IP 地址为 192.168.1.21，子网掩码为 255.255.255.0。

（4）配置 PC22 的 IP 地址为 192.168.1.22，子网掩码为 255.255.255.0。

## 3. 测试网络连通性

用 ping 命令在 PC11、PC12、PC21、PC22 之间测试连通性，结果填入表 6-3 中。

表 6-3　计算机之间的连通性 3

| 计算机 | PC11 | PC12 | PC21 | PC22 |
|---|---|---|---|---|
| PC11 | — | | | |
| PC12 | | — | | |
| PC21 | | | — | |
| PC22 | | | | — |

## 4. 配置 SW1 交换机

（1）在 PC11 上打开超级终端，配置 SW1 交换机。设置 SW1 交换机为 VTP 服务器模式，方法如下。

```
Switch>enable
Switch#config t
Switch(config)#hostname SW1          ;设置交换机的名称为 SW1
SW1(config)#exit
SW1#vlan database                    ;VLAN 数据库
SW1(vlan)#vtp domain smile           ;设置 VTP 域名为 smile
SW1(vlan)#vtp server                 ;设置 VTP 工作模式为 server(服务器)
SW1(vlan)#exit
SW1#
```

（2）在 SW1 交换机上创建 VLAN10 和 VLAN20，并将 SW1 交换机的 fa0/2～fa0/12 端口划分到 VLAN10，将 fa0/13～fa0/24 划分到 VLAN20，参见任务 6-2。fa0/1 端口默认位于 VLAN1 中。

（3）将 SW1 交换机的 fa0/1 端口设置为干线 trunk，方法如下。

```
SW1#config t
SW1(config)#interface fa0/1
SW1(config-if)#switchport trunk encapsulation dot1q  ;设置封装方式为 dot1q
SW1(config-if)#switchport mode trunk                 ;设置该端口为干线 trunk 端口
SW1(config-if)#switchport trunk allowed vlan all     ;允许所有 VLAN 通过 trunk 端口
SW1(config-if)#no shutdown
SW1(config-if)#end
SW1#
```

**5. 配置 SW2 交换机**

(1) 在 PC12 上打开超级终端,设置 SW2 交换机为 VTP 客户机模式,方法如下。

```
Switch>enable
Switch#config t
Switch(config)#hostname SW2          ;设置交换机的名称为 SW2
SW2(config)#exit
SW2#vlan database                    ;VLAN 数据库
SW2(vlan)#vtp domain smile           ;加入 smile 域
SW2(vlan)#vtp client                 ;设置 VTP 工作模式为 client(客户端)
SW2#
```

SW2 交换机工作在 VTP 客户端模式,它可从 VTP 服务器(SW1)那里获取 VLAN 信息(如 VLAN10、VLAN20 等),因此,在 SW2 交换机上不必也不能新建 VLAN10 和 VLAN20。

(2) 将 SW2 交换机的 fa0/2～fa0/12 端口划分到 VLAN10,将 fa0/13～fa0/24 划分到 VLAN20,具体方法参见"6.5 节任务 6-2"。

(3) 参照上面的"4. 配置 SW1 交换机"中的步骤(3),将 SW2 交换机的 fa0/1 端口设置为干线 Trunk。

(4) 用 ping 命令在 PC11、PC12、PC21、PC22 之间测试连通性,结果填入表 6-4 中。

表 6-4　计算机之间的连通性 4

| 计算机 | PC11 | PC12 | PC21 | PC22 |
|--------|------|------|------|------|
| PC11 | — | | | |
| PC12 | | — | | |
| PC21 | | | — | |
| PC22 | | | | — |

# 6.6　项目实训

## 项目实训 1　交换机的了解与基本配置

**1. 实训目的**

- 熟悉 Cisco Catalyst 2950 交换机的开机界面和软硬件情况。
- 掌握如何对 C2950 交换机进行基本的设置。
- 了解 C2950 交换机的端口及其编号。

**2. 实训内容**

- 通过 Console 口连接到交换机上,观察交换机的启动过程和默认配置。
- 了解交换机启动过程所提供的软硬件信息。

- 对交换机进行一些简单的基本配置。

### 3．网络拓扑结构

网络拓扑结构如图 6-17 所示。

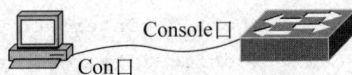

图 6-17　网络拓扑结构 1

### 4．实训步骤

在开始实验之前,建议在删除各交换机的初始配置后再重新启动交换机,这样可以防止由残留的配置所带来的问题。

连接好相关电缆,将 PC 设置好超级终端,经检查硬件连接没有问题之后,接通 C2950 交换机的电源,实验开始。

1) 启动 C2950 交换机

(1) 查看 C2950 交换机的启动信息。

```
C2950 Boot Loader (CALHOUN-HBOOT-M) Version 12.1(0.0.34)EA2, CISCO DEVELOPMENT
TEST VERSION                                                      //Boot 程序版本
Compiled Wed 07-Nov-01 20:59 by antonino
WS-C2950G-24 starting...                                          //硬件平台
⋮
Press RETURN to get started!
```

其中较为重要的内容已经在前面进行了注释。启动过程提供了非常丰富的信息,我们可以利用这些信息对 C2950 交换机的硬件结构和软件加载过程有直观的认识。在产品验货时,有关部件号、序列号、版本号等信息也非常有用。

(2) C2950 交换机的默认配置。

```
switch>enable
switch#
switch#show running-config
Building configuration...
⋮
```

2) C2950 交换机的基本配置

在默认配置下,C2950 交换机就可以进行工作了,但为了方便管理和使用,首先应该对它进行基本的配置。

(1) 首先进行的配置是 enable 口令和主机名。应该指出的是,通常在配置中,enable password 和 enable secret 两者只配置一个即可。

```
switch#conf t
Enter configuration commands,one per line. End with CNTL/Z.
switch(config)#hostname C2950
C2950(config)#enable password cisco1
C2950(config)#enable secret cisco
```

(2) 默认配置下,所有接口处于可用状态,并且都属于 VLAN1。对 VLAN1 接口的配置是基本配置的重点。VLAN1 管理 VLAN(有的书又称它为 native VLAN)。VLAN1 接口属于 VLAN1,是交换机上的管理接口,此接口上的 IP 地址将用于对此交换机的管理,如

Telnet、HTTP、SNMP 等。

```
C2950(config)#interface vlan1
C2950(config-if)#ip address 192.168.1.1 255.255.255.0
C2950(config-if)#no shutdown
```

有时为便于通信和管理,还需要配置默认网关、域名、域名服务器等。

(3) show version 命令可以显示本交换机的硬件、软件、接口、部件号、序列号等信息,这些信息与开机启动时所显示的基本相同。但注意最后的"设置寄存器"的值。

```
Configuration register is 0xF
```

**问题**:设置寄存器有何作用? 此处值 0xF 表示什么意思?

(4) show interface vlan1 可以列出此接口的配置和统计信息。

```
C2950#show int vlan1
```

3) 配置 C2950 交换机的端口属性

C2950 交换机的端口属性默认地支持一般网络环境下的正常工作,在某些情况下需要对其端口属性进行配置,主要配置对象有速率、双工和端口描述等。

(1) 设置端口速率为 100Mbps,全双工,端口描述为 to_PC。

```
C2950#conf t
Enter configration command,one per line. End with Ctrl/Z.
C2950(config)#interface fa0/1
C2950(config-if)#speed ?
10      Force 10Mbps operation
100     Force 100Mbps operation
auto    Enable AUTO speed operation
C2950  (config-if)#speed 100
C2950  (config-if)#duplex ?
auto    Enable AUTO duplex operation
full    Enable full-duplex operation
half    Enable half-duplex operation
C2950  (config-if)#duplex full
C2950  (config-if)#description to_PC
C2950  (config-if)#^Z
```

(2) show interface 命令可以查看到配置的结果。show inteface fa0/1 status 命令以简捷的方式显示了我们通常较为关心的内容,如端口名称、端口状态、所属 VLAN、全双工属性和速率等。其中端口名称处显示的即为端口描述语句所设定的字段。show inteface fa0/1 description 专门显示了端口描述,同时也显示了相应的端口和协议状态信息。

```
C2950#show interface fa0/1 status
```

**提示**:设置寄存器的目的是指定交换机从何处获得启动配置文件。0xF 表明是从 NVRAM 获得。

## 项目实训 2　VLAN Trunking 和 VLAN 配置

**1. 实训目的**

- 进一步了解和掌握 VLAN 的基本概念,掌握按端口划分 VLAN 的配置。
- 掌握通过 VLAN Trunking 配置跨越交换机的 VLAN。
- 掌握配置 VTP 的方法。

**2. 实训内容**

- 将交换机 A 的 VTP 配置成 Server 模式,交换机 B 为 Client 模式,两者用同一 VTP,域名为 Test。
- 在交换机 A 上配置 VLAN。
- 通过实验验证当在两者之间配置 Trunk 后,交换机 B 自动获得了与交换机 A 同样的 VLAN 配置。

**3. 网络拓扑结构**

用交叉网线把 C2950A 交换机的 FastEthernet 0/12 端口和 C2950B 交换机的 FastEthernet 0/12 端口连接起来,如图 6-18 所示。

图 6-18　网络拓扑结构 2

**4. 实训步骤**

1) 配置 C2950A 交换机的 VTP 和 VLAN

（1）电缆连接完成后,在超级终端正常开启的情况下,接通 C2950 交换机的电源,实验开始。

在 C2950 系列交换机上配置 VTP 和 VLAN 的方法有两种,使用 vlan database 命令配置 VTP 和 VLAN。

（2）使用 vlan database 命令进入 VLAN 配置模式,在 VLAN 配置模式下,设置 VTP 的一系列属性,把 C2950A 交换机设置成 VTP Server 模式(默认配置),VTP 域名为 Test。

```
C2950A#vlan database
C2950A(vlan)#vtp server
Setting device to VTP SERVER mode.
C2950A(vlan)#vtp domain test
Changing VTP domain name from exp to test.
```

（3）定义 V10、V20、V30 和 V40 这 4 个 VLAN。

```
C2950A(vlan)#vlan 10 name V10
C2950A(vlan)#vlan 20 name V20
C2950A(vlan)#vlan 30 name V30
C2950A(vlan)#vlan 40 name V40
```

每增加一个 VLAN,交换机便显示增加 VLAN 信息。

（4）show vtp status 命令显示 VTP 相关的配置和状态信息:主要应当关注 VTP 模式、域名、VLAN 数量等信息。

```
C2950A#show vtp status
```

135

（5）show vtp counters 命令列出 VTP 的统计信息：各种 VTP 相关包的收发情况表明，因为 C2950A 交换机与 C2950B 交换机暂时还没有进行 VTP 信息的传输，所以各项数值均为 0。

```
C2950A#show vtp counters
```

（6）把端口分配给相应的 VLAN，并将端口设置为静态 VLAN 访问模式。

在接口配置模式下用 switchport access vlan 和 switchport mode access 命令（只用后一条命令也可以）。

```
C2950A(config)#interface fa0/1
C2950A(config-if)#switchport mode access
C2950A(config-if)#switchport access vlan 10
C2950A(config-if)#int fa0/2
C2950A(config-if)#switchport mode access
C2950A(config-if)#switchport access vlan 20
C2950A(config-if)#int fa0/3
C2950A(config-if)#switchport mode access
C2950A(config-if)#switchport access vlan 30
C2950A(config-if)#int fa0/4
C2950A(config-if)#switchport mode access
C2950A(config-if)#switchport access vlan 40
```

2）配置 C2950B 交换机的 VTP

配置 C2950B 交换机的 VTP 属性，域名设为 Test，模式为 Client。

```
C2950B#vlan database
C2950B(vlan)#vtp domain test
Changing VTP domain name from exp to test.
C2950B(vlan)#vtp client
Setting device to VTP CLIENT mode.
```

3）配置和监测两个交换机之间的 VLAN Trunking

（1）将交换机 A 的 24 口配置成 Trunk 模式。

```
C2950A(config)#interface fa0/24
C2950A(config-if)#switchport mode trunk
```

（2）将交换机 B 的 24 口也配置成 Trunk 模式。

```
C2950B(config)#interface fa0/24
C2950B(config-if)#switchport mode trunk
```

（3）用 show interface fa0/24 switchport 查看 fa0/24 端口上的交换端口属性，我们关心的是几个与 Trunk 相关的信息。它们是：运行方式为 Trunk，封装格式为 IEEE 802.1Q，Trunk 中允许所有 VLAN 传输等。

```
C2950B#sh int fa0/24 switchport
```

```
Name: Fa0/24
Switchport: Enabled
Administrative Mode: trunk
Operational Mode: trunk
Administrative Trunking Encapsulation: dot1q
Operational Trunking Encapsulation: dot1q
Negotiation of Trunking: On
Access Mode VLAN: 1 (default)
Trunking Native Mode VLAN: 1 (default)
Trunking VLANs Enabled: ALL
Pruning VLANs Enabled: 2-1001
Protected: false
Voice VLAN: none (Inactive)
Appliance trust: none
```

4）查看 C2950B 交换机的 VTP 和 VLAN 信息

完成两台交换机之间的 Trunk 配置后，在 C2950B 上发出命令查看 VTP 和 VLAN 信息。

```
C2950B#show vtp status
VTP Version                     : 2
Configuration Revision          : 2
Maximum VLANs supported locally : 250
Number of existing VLANs        : 9
VTP Operating Mode              : Client
VTP Domain Name                 : Test
VTP Pruning Mode                : Disabled
VTP V2 Mode                     : Disabled
VTP Traps Generation            : Disabled
MD5 digest                      : 0x74 0x33 0x77 0x65 0xB1 0x89 0xD3 0xE9
Configuration last modified by 0.0.0.0 at 3-1-93 00:20:23
Local updater ID is 0.0.0.0 (no valid interface found)
C2950B#sh vlan brief
VLAN Name                         Status    Ports
------------------------------------------------------------
1    default                      active    Fa0/1, Fa0/2, Fa0/3, Fa0/4
                                            Fa0/5, Fa0/6, Fa0/7, Fa0/8
                                            Fa0/9, Fa0/10, Fa0/11, Fa0/12
                                            Fa0/13, Fa0/14, Fa0/15, Fa0/16
                                            Fa0/17, Fa0/18, Fa0/19, Fa0/20
                                            Fa0/21, Fa0/22, Fa0/23, Fa0/24
                                            Gi0/1, Gi0/2
10   V10                          active
20   V20                          active
30   V30                          active
40   V40                          active
```

```
1002 fddi-default                        active
1003 token-ring-default                  active
1004 fddinet-default                     active
1005 trnet-default                       active
```

可以看到 C2950B 交换机已经自动获得 C2950A 交换机上的 VLAN 配置。

**注意**：虽然交换机可以通过 VTP 学到 VLAN 配置信息，但交换机端口的划分是学不到的，而且每台交换机上端口的划分方式都不一样，需要分别配置。

若为交换机 C2950A 的 VLAN1 配置好地址，在交换机 C2950B 上对交换机 C2950A 的 VLAN1 接口用 ping 命令验证两台交换机的连通情况，输出结果也将表明 C2950A 和 C2950B 之间在 IP 层是连通的，同时再次验证了 Trunking 的工作是正常的。

**5. 实训思考题**

在配置 VLAN Trunking 前，交换机 C2950B 能否从交换机 C2950A 学到 VLAN 配置。

**提示**：不可以。VLAN 信息的传播必须通过 Trunk 链路，所以只有配置好 Trunk 链路后，VLAN 信息才能从交换机 C2950A 传播到交换机 C2950B。

# 6.7　习　　题

**一、填空题**

1. 以太网交换机的数据转发方式可以分为＿＿＿＿、＿＿＿＿和＿＿＿＿三类。

2. 交换式局域网的核心设备是＿＿＿＿。

3. 局域网交换机首先完整地接收数据帧，并进行差错检测。如果正确，则根据帧目的地址确定输出端口号再转发出去，这种交换方式为＿＿＿＿。

4. 当 Ethernet 交换机采用改进的直接交换方式时，它接收到帧的前＿＿＿＿字节后开始转发。

5. 交换机的互联方式可分为＿＿＿＿和＿＿＿＿。

6. 虚拟局域网建立在交换技术的基础上，以软件方式实现＿＿＿＿工作组的划分与管理。

7. Cisco 交换机的默认 VTP 模式是＿＿＿＿。

8. 根据交换机的工作模式填写表 6-5。

表 6-5　交换机的工作模式

| 工 作 模 式 | 提 示 符 | 启 动 方 式 |
| --- | --- | --- |
| 用户模式 | | |
| 特权模式 | | |
| 全局配置模式 | | |
| 接口配置模式 | | |
| VLAN 模式 | | |
| 线路模式 | | |

**二、选择题**

1. VLAN 在现代组网技术中占有重要地位,同一个 VLAN 中的两台主机( )。

　　A. 必须连接在同一台交换机上　　　　B. 可以跨越多台交换机

　　C. 必须连接在同一台集线器上　　　　D. 可以跨越多台路由器

2. 下面说法错误的是( )。

　　A. 以太网交换机可以对通过的信息进行过滤

　　B. 在交换式以太网中可以划分 VLAN

　　C. 以太网交换机中端口的速率可能不同

　　D. 利用多个以太网交换机组成的局域网不能出现环路

3. Ethernet 交换机实质上是一个多端口的( )。

　　A. 中继器　　　　　B. 集线器　　　　　C. 网桥　　　　　　D. 路由器

4. 交换式局域网增加带宽的方法是在交换机端口节点之间建立( )。

　　A. 并发连接　　　B. 点到点连接　　　C. 物理连接　　　D. 数据连接

5. 虚拟局域网以软件方式来实现逻辑工作组的划分与管理。如果同一逻辑工作组的成员之间希望进行通信,那么它们( )。

　　A. 可以处于不同的物理网段,而且可以使用不同的操作系统

　　B. 可以处于不同的物理网段,但必须使用相同的操作系统

　　C. 必须处于相同的物理网段,但可以使用不同的操作系统

　　D. 必须处于相同的物理网段,而且必须使用相同的操作系统

# 项目 7　互联局域网

## 7.1　项 目 导 入

Smile 的公司越来越壮大，已发展到了 1000 多人，原来的办公场所已容纳不下这么多员工，为此，Smile 在附近新买了一幢办公大楼，新、老办公大楼中都已组建计算机局域网。

为了公司办公网络的高效运行，需要把新、老办公楼中的局域网通过路由器连接起来，组成一个更大的局域网，实现新、老办公大楼中的内部主机相互通信。

作为信息化处的主管技术的工程师，你该如何做呢？本项目将带领读者解决这个问题，并达到既定目标。

## 7.2　职 业 能 力 目 标 和 要 求

- 掌握路由选择的基本原理。
- 掌握路由选择算法。
- 掌握常用的路由选择协议 RIP 和 OSPF。
- 掌握路由器的基本配置。
- 正确认识和理解学习的价值，培养学生树立终身学习的意识。

## 7.3　相 关 知 识

### 7.3.1　路由概述

路由选择是网络层实现分组传递的重要功能。路由是把信息从源穿过网络传递到目的地的行为，在路由过程中，至少会遇到一个有路由功能的中间节点。

**1. 路由动作**

路由动作包括寻径和转发两项基本内容。

1）寻径

寻径即判定到达目的地的最佳路径，由路由选择算法来实现。由于涉及不同的路由选择协议和路由选择算法，要相对复杂一些。为了判定最佳路径，路由选择算法必须启动并维护包含路由信息的路由表。路由表中的路由信息依赖于所用的路由选择算法而不尽相同。

路由选择算法将收集到的不同信息填入路由表中,形成目的网络和下一站的匹配信息,这样路由器拿到 IP 数据报,解析出 IP 首部中的目的 IP 地址后,便可以根据路由表进行路由选择了。不同的路由器可以互通信息来进行路由表的更新,使路由表总是能够正确反映网络的拓扑变化。这就是路由选择协议(routing protocol),例如,路由信息协议(RIP)、开放式最短路径优先协议(OSPF)和边界网关协议(BGP)等。

2) 转发

转发即沿寻径好的最佳路径传送信息分组。路由器首先在路由表中查找,判明是否知道如何将分组发送到下一个站点(路由器或主机),如果路由器不知道如何发送分组,通常将该分组丢弃;否则就根据路由表的相应表项将分组发送到下一个站点,如果目的网络直接与路由器相连,路由器就把分组直接发送给目的主机。这就是路由转发协议(routed protocol)。路由转发协议和路由选择协议是相互配合又相互独立的概念,前者使用后者维护的路由表,同时后者要利用前者提供的功能来发布路由协议数据分组。除非特别说明,否则通常所讲的路由协议,都是指路由选择协议。

**2. 路由选择算法**

路由可分为静态路由、默认路由和动态路由三种。

1) 静态路由

由网络管理员事先设置好的固定路由称为静态路由,一般是在系统安装时就根据网络的配置情况预先设定的,它明确地指定了包到达目的地必须要经过的路径。除非网络管理员干预,否则静态路由不会发生变化。

静态路由不能对网络的改变做出反应,适用于网络规模不大、拓扑结构相对固定的网络。

2) 默认路由

默认路由是一种特殊的静态路由。当路由表中没有指定到达目的网络的路由信息,就可以把数据包转发到默认路由指定的路由器。

默认路由会大大简化路由器的配置,减轻网络管理员的工作负担,提高网络性能。主机中的默认路由通常被称作默认网关。

3) 动态路由

动态路由是路由器根据网络系统的运行情况而自动调整的路由。

路由器根据路由选择协议提供的功能,自动学习和记忆网络运行情况,在需要时自动计算数据传输的最佳路径。

动态路由适合拓扑结构复杂、规模庞大的网络。

## 7.3.2　route 命令

route 命令主要用于手动配置和显示静态路由表。下面给大家看一些常见的带特定参数的 route 命令的执行范例。

(1) 显示路由表的命令:route print。在 MS-DOS 下输入 route print 并按 Enter 键,就可显示本机路由表,如图 7-1 所示。路由表中的各项的信息字段含义如下。

- 网络 ID(network destination):主路由的网络 ID 或网际网络地址。在 IP 路由器上,有从目标 IP 地址决定 IP 网络 ID 的其他子网掩码字段。
- 子网掩码(netmask):4 字节 32 位二进制的数组成,用十进制的数表示。它与 IP 地

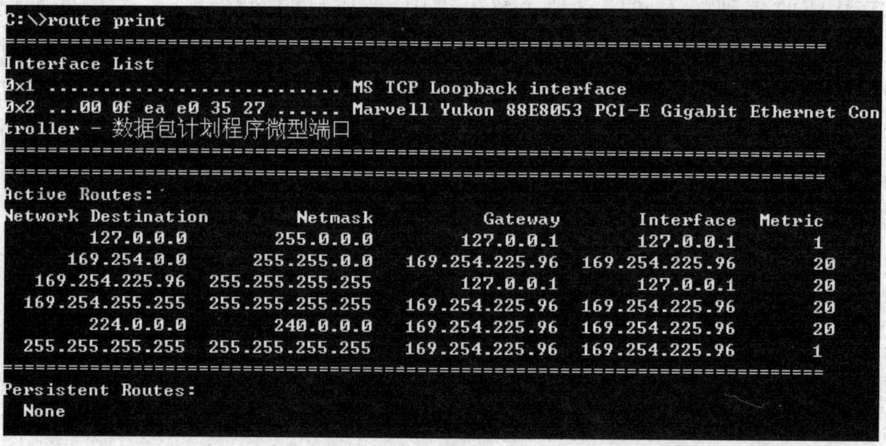

```
C:\>route print
=============================================================================
Interface List
0x1 ........................... MS TCP Loopback interface
0x2 ...00 0f ea e0 35 27 ...... Marvell Yukon 88E8053 PCI-E Gigabit Ethernet Con
troller - 数据包计划程序微型端口
=============================================================================
=============================================================================
Active Routes:
Network Destination        Netmask          Gateway       Interface  Metric
        127.0.0.0        255.0.0.0        127.0.0.1       127.0.0.1       1
      169.254.0.0      255.255.0.0   169.254.225.96  169.254.225.96      20
   169.254.225.96  255.255.255.255        127.0.0.1       127.0.0.1      20
  169.254.255.255  255.255.255.255   169.254.225.96  169.254.225.96      20
        224.0.0.0        240.0.0.0   169.254.225.96  169.254.225.96      20
  255.255.255.255  255.255.255.255   169.254.225.96  169.254.225.96       1
=============================================================================
Persistent Routes:
  None
```

图 7-1　路由表信息

址相对应,用于表示 IP 地址哪些位是网络号哪些位是主机号。子网掩码相应位为 1 对应 IP 地址相应位为网络地址;子网掩码相应位为 0 对应 IP 地址相应位为主机地址。

- 网关(gateway):网关又名转发地址,数据包转发的地址。网关是硬件地址或网际网络地址。对于主机或路由器直接连接的网络,网关字段可能是连接到网络的接口地址。

- 接口(interface):当将数据包转发到网络 ID 时所使用的网络接口。这是一个端口号或其他类型的逻辑标识符。

- 跃点数(metric):路由首选项的度量。通常,最小的跃点数是首选路由。如果多个路由存在于给定的目标网络,则使用最低跃点数的路由。某些路由选择算法只将到任意网络 ID 的单个路由存储在路由表中,即使存在多个路由。在此情况下,路由器使用跃点数来决定存储在路由表中的路由。

(2)要显示 IP 路由表中以 192 开始的路由,应输入:

Route print 192.*

(3)要添加默认网关地址为 192.168.12.1 的默认路由,应输入:

route add 0.0.0.0 mask 0.0.0.0 192.168.12.1

(4)要添加目标为 10.41.0.0,子网掩码为 255.255.0.0,下一个跃点地址为 10.27.0.1 的路由,应输入:

route add 10.41.0.0 mask 255.255.0.0 10.27.0.1

(5)要添加目标为 192.168.1.0,子网掩码为 255.255.255.0,下一个跃点地址为 192.168.1.1 的永久路由,应输入:

Route -p add 192.168.1.0 mask 255.255.255.0 192.168.1.1

(6)在路由表中删除一条路由的命令如下:

```
route delete 157.0.0.0
```

### 7.3.3　距离向量算法与路由信息协议(RIP)

**1. 距离向量路由选择算法(DV)**

距离向量路由选择算法又称 Bellman-Ford 算法。其基本思想是同一自治系统中的路由器定期向直接相邻的路由器传送它们的路由选择表副本,每个接收者将一个距离向量加到本地路由选择表中(即修改和刷新自己的路由表),并将刷新后的路由表转发给它的相邻路由器。这个过程在直接相邻的路由器之间以广播的方式进行,这一步步的过程可使每台路由器都能了解其他路由器的情况,并且形成了关于网络"距离"(通常用"跳数"表示)的累积透视图。然后利用这个累积图更新每个路由器的路由选择表。完成之后,每个路由器都大概了解了关于到某个网络资源的"距离"。但它并没有了解其他路由器任何专门的信息或网络的真正拓扑。

图 7-2 描述了距离向量路由算法的基本思想。图中路由器 R1 向相邻的路由器(例如R3)广播自己的路由信息,通知 R3 自己可以到达 e1、e2、e3 和 e4。由于 R1 发送的路由信息中包含三条 R3 不知的路由(即到达 e1、e2 和 e4),于是 R3 将 e1、e2 和 e4 加入自己的路由表,并将下一路由器指向 R1。也就是说,如果路由器 R3 收到的 IP 数据报是到达网络 e1、e2 和 e4 时,它将转发数据报给路由器 R1,由 R1 进行再次传送。由于 R1 到达网络 e1、e2 和 e4 的距离分别为 0、0 和 1,因此,R3 通过 R1 到达这三个网络的距离分别为 1、1 和2(即加 1)。

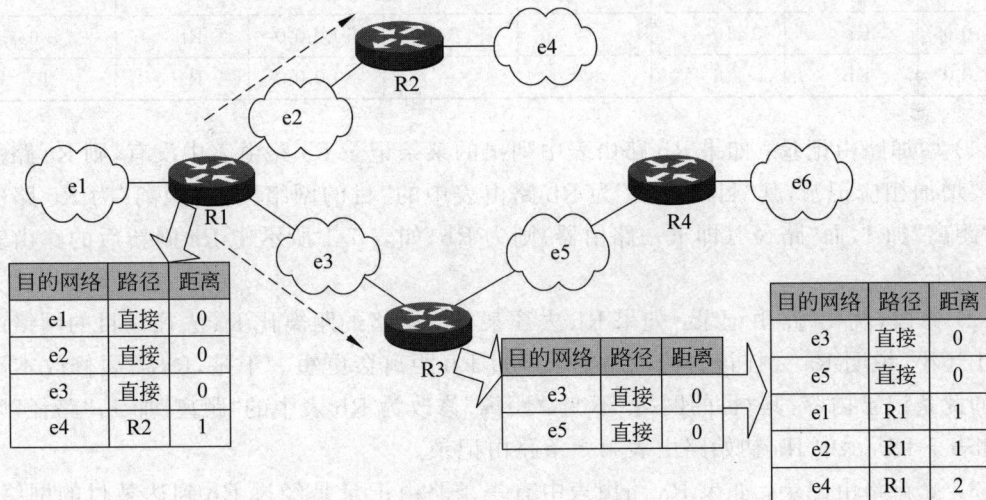

| 目的网络 | 路径 | 距离 |
|---|---|---|
| e1 | 直接 | 0 |
| e2 | 直接 | 0 |
| e3 | 直接 | 0 |
| e4 | R2 | 1 |

| 目的网络 | 路径 | 距离 |
|---|---|---|
| e3 | 直接 | 0 |
| e5 | 直接 | 0 |

| 目的网络 | 路径 | 距离 |
|---|---|---|
| e3 | 直接 | 0 |
| e5 | 直接 | 0 |
| e1 | R1 | 1 |
| e2 | R1 | 1 |
| e4 | R1 | 2 |

图 7-2　距离向量路由算法的基本思想

下面介绍距离向量算法的具体步骤。

首先,路由器启动时对路由表进行初始化,该初始路由表中包含所有去往与本路由器直接相连的网络路径。因为去往直接相连网络不需要经过中间路由器,所以初始化的路由表中各路径的距离均为 0,图 7-3 给出了路由器 R1 的局部网络拓扑结构和其初始路由表。

其次,各路由器周期性地向其相邻的路由器广播自己的路由表信息,与该路由器直接相

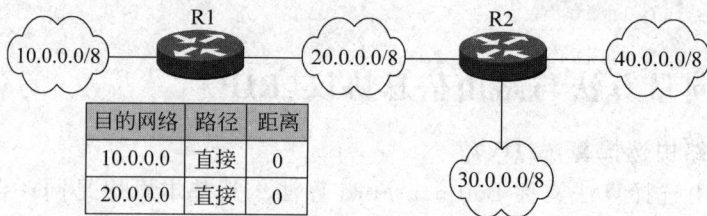

图 7-3　路由器启动时初始化路由表

连(位于同一物理网络)的路由器接收到该路由表信息通知报文后,根据此对本地路由表进行刷新。刷新时,路由器逐项检查来自相邻路由器的路由信息通知报文,当遇到以下情况时,需要修改本地的路由表(假设路由器 Ra 收到路由器 Rb 的路由信息通知报文,表 7-1 给出了相邻路由器 Ra 和 Rb 实现距离向量路由选择算法的直观说明)。

表 7-1　采用距离向量路由选择算法刷新路由表

| Ra 初始路由表 | | | Rb 广播的路由信息 | | Ra 刷新后的路由表 | | |
|---|---|---|---|---|---|---|---|
| 目的网络 | 路径 | 距离 | 目的网络 | 距离 | 目的网络 | 路径 | 距离 |
| 10.0.0.0 | 直接 | 0 | 10.0.0.0 | 4 | 10.0.0.0 | 直接 | 0 |
| 20.0.0.0 | Rx | 7 | 20.0.0.0 | 4 | 20.0.0.0 | Rb | 5 |
| 30.0.0.0 | Rb | 3 | 30.0.0.0 | 2 | 30.0.0.0 | Rb | 3 |
| 40.0.0.0 | Ry | 4 | 80.0.0.0 | 3 | 80.0.0.0 | Rb | 4 |
| 50.0.0.0 | Rb | 5 | 50.0.0.0 | 5 | 40.0.0.0 | Ry | 4 |
| 60.0.0.0 | Rz | 10 | | | 50.0.0.0 | Rb | 6 |
| 70.0.0.0 | Rb | 6 | | | 60.0.0.0 | Rz | 10 |

(1) 增加路由记录:如果 Rb 路由表中列出的某条记录 Ra 路由表中没有,则 Ra 路由表中需要增加相应记录,其"目的网络"为 Rb 路由表中的"目的网络",其"距离"为 Rb 路由表中的"距离"加 1,而"路径"(即下一路由器)则为 Rb,如表 7-1 所示中 Ra 刷新后的路由表第 4 条路由记录。

(2) 修改(优化)路由记录:如果 Rb 去往某目的网络的距离比 Ra 去往该目的网络的距离减 1 还小,说明 Ra 去往该目的网络如果经过 Rb 距离会更短。于是,Ra 需要修改本路由表中的此条记录内容,其"目的网络"不变,"距离"修改为 Rb 表中的"距离"加 1,"路径"则为 Rb,如表 7-1 所示中 Ra 初始路由表第 2 条路由记录。

(3) 更新路由记录:如果 Ra 路由表中有一条路由记录是经过 Rb 到达某目的网络,而 Rb 去往该目的网络的路径发生了变化,则需要更新路由记录。一种情况是,如果 Rb 不再包含去往该目的网络的路径(例如可能是由于故障导致的),则 Ra 路由表中也应将此路径删除,如表 7-1 所示中 Ra 初始路由表第 7 条路由记录;另一种情况是,如果 Rb 去往该目的网络的距离发生了变化,则 Ra 路由表中相应"距离"应更新为 Rb 中新的"距离"加 1,如表 7-1 所示中 Ra 初始路由表第 3 条路由记录。

距离向量路由选择算法的最大优点是算法简单、易于实现。但由于路由器的路径变化从相邻路由器传播出去的过程是缓慢的,有可能造成慢收敛(关于慢收敛请参考相关资料或课程网站)等问题,因此它不适用于路由剧烈变化的或大型的互联网网络环境。另外,距离向量路由选择算法要求网络中的每个路由器都参与路由信息的交换和计算,而且要交换的路由信息通知报文与自己的路由表大小几乎一样,使需要交换的信息量庞大。

**2. RIP**

RIP 是距离向量路由选择算法在局域网上的直接实现,它用于小型自治系统中。RIP 规定了路由器之间交换路由信息的时间、交换信息的格式、错误的处理等内容。RIP 还规定了两种报文类型,所有运行 RIP 的设备都可以发送这些报文。

(1)请求报文:发送请求报文是用于查询相邻的 RIP 设备,以获得它们相邻路由器的距离向量表。这个请求表明,相邻设备要么返回整个路由表,要么返回路由表的一个特定子集。

(2)响应报文:响应报文是由一个设备发出的,用于通知在它的本地路由表中维护的信息。在下述几种情况,响应报文的被发送:一是 RIP 规定的每隔 30s 相邻路由器间交换一次路由信息;二是当前路由器对另一路由器产生的请求报文的响应;三是在支持触发更新的情况下,发送发生变化的本地路由表。

RIP 除严格遵守距离向量路由选择算法进行路由广播与刷新外,在具体实现过程中还做了某些改进。例如:

第一,对距离相等的路由的处理。在具体应用中,到达某一目的网络可能会出现若干条距离相等的路径。对于这种情况,通常按照先入为主的原则解决,即先收到哪个路由器的路由信息通知报文,就将路径定为哪个路由器,直到该路径失效或被新的更短路径代替。

第二,对过时路由的处理。根据距离向量路由选择算法的基本思想,路由表中的一条路径被修改刷新是因为出现了一条距离更短的路径,否则该路径会在路由表中保持下去。按照这种思想,一旦某条路径发生故障,过时的路由表记录会在互联网上长期存在下去。为了解决这个问题,RIP 规定,参与 RIP 选路的所有设备要为其路由表的每条路由记录增加一个定时器,在收到相邻路由器发送的路由刷新报文中如果包含关于此路径的记录,则将定时器清零,重新开始计时。如果在设定的定时器时间内一直没有再收到关于该路径的刷新信息,这时定时器溢出,说明该路径已经崩溃,需要将该路径记录从路由表中删除。RIP 规定路径的定时器时间为 6 个 RIP 刷新周期,即 180s。

### 7.3.4  OSPF 协议与链路状态算法

在互联网中,OSPF 协议是另一种经常被使用的路由选择协议。OSPF 协议采用链路状态(LS)路由选择算法,可以在大规模的互联网环境下使用。与 RIP 相比,OSPF 协议要复杂得多,这里仅作简单介绍。

链路状态路由选择算法又称最短路径优先(shortest path first,SPF)算法。其基本思想是互联网上的每个路由器周期性地向其他路由器广播自己与相邻路由器的连接关系,以使各个路由器都可以画出一张网络拓扑结构,利用这张图和最短路径优先算法,路由器就可以计算出自己到达各个网络的最短路径。

如图 7-4 所示,路由器 R1、R2 和 R3 首先向互联网上的其他路由器(即 R1 向 R2 和 R3,R2 向 R1 和 R3,R3 向 R1 和 R2)广播报文,通知其他路由器自己与相邻路由器的关系(例如,R2 向 R1 和 R3 广播自己与 e4 相连且通过 e2 与 R1 相连)。利用其他路由器广播的信息,互联网上的每个路由器都可以形成一张由点和线相互连接而成的抽象网络拓扑结构(图 7-5 给出了路由器 R1 形成的抽象网络拓扑结构)。一旦得到这张网络拓扑结构,路由器就可以按照最短路径优先算法计算出以本路由器为根的 SPF 树(图 7-5 显示了以 R1 为根的 SPF 树)。这棵树描述了该路由器(例如 R1)到达每个网络(例如 e1、e2、e3 和 e4)的路径和距离。通过这棵 SPF 树,路由器就可以生成自己的路由表(图 7-5 显示了路由器 R1 按照 SPF 树生成的路由表)。

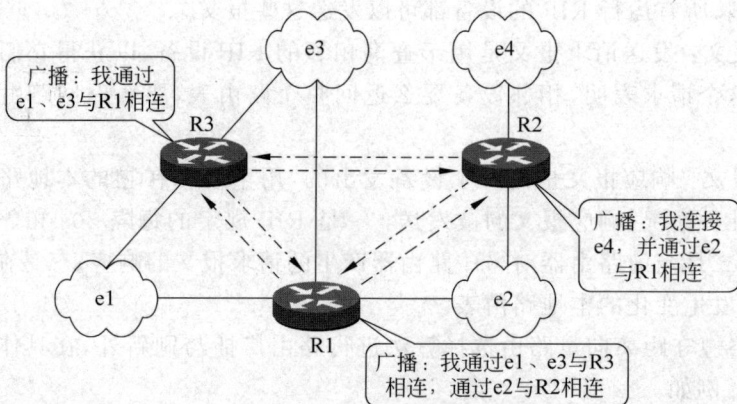

图 7-4 建立路由器的邻接关系

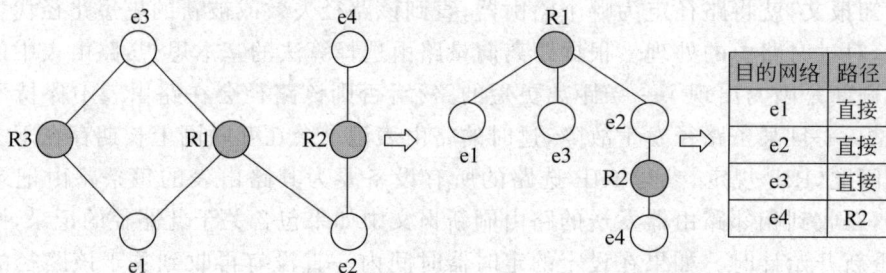

图 7-5 路由器 R1 利用网络拓扑结构计算路由

从以上介绍可以看到,链路状态路由选择算法不同于距离向量路由选择算法。距离向量路由选择算法并不需要路由器了解整个互联网的拓扑结构(是一个局部拓扑结构),它通过相邻的路由器了解到达每个网络的可能路径,而链路状态路由选择算法则依赖于整个互联网的拓扑结构(是一个全局网络拓扑结构),利用该网络拓扑结构得到 SPF 树,并由 SPF 树生成路由表。

以链路状态路由选择算法为基础的开放最短路径优先 OSPF 协议具有收敛速度快、支持服务类型选路、提供负载均衡和身份认证的特点,适用于大规模的、环境复杂的互联网环境。

## 7.3.5 路由器概述

路由通常与桥接(或称交换)来对比,在项目 5 中已对交换机(网桥)进行了简单的介绍。路由器和交换机工作在不同的层次(路由器是网络层设备,而交换机是数据链路层设备),工作在网络层的路由器可以识别 IP 地址,而交换机则不可以,因此路由器功能更强大,可以在广域网内发挥路由的功能。

**1. 路由器端口**

路由器是互联网的主要节点设备。

路由器的一个作用是连通不同的网络;另一个作用是选择信息传送的线路。

一般来说,异种网络互联与多个子网互联都应采用路由器来完成。

(1) Console 端口。

(2) AUX 端口。AUX 端口为辅助端口,主要用于远程配置,也可用于拨号连接,还可通过收发器与 MODEM 进行连接。路由器各端口如图 7-6 所示。

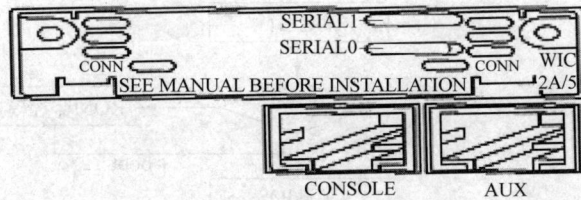

图 7-6  路由器各端口示意图 1

(3) RJ-45 端口。RJ-45 端口是常见的双绞线以太网端口。RJ-45 端口大多为 10/100Mbps 自适应的,如图 7-7 所示。

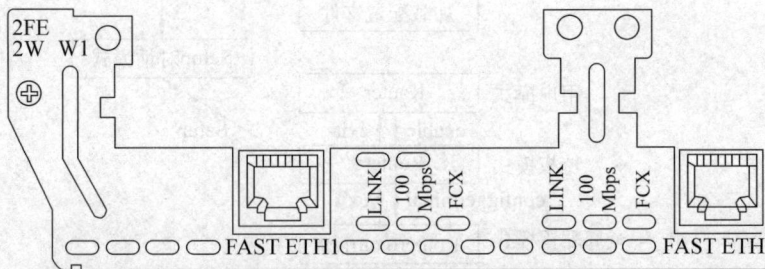

图 7-7  路由器各端口示意图 2

(4) SC 端口。SC 端口即光纤端口,它是用于与光纤的连接。

(5) 串行端口。串行(serial)端口常用于广域网接入,如帧中继、DDN 专线等,也可通过 V.35 线缆进行路由器之间的连接,如图 7-8 所示。

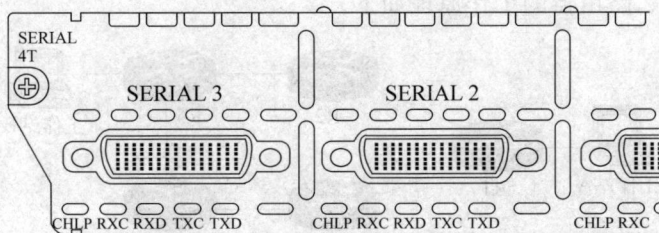

图 7-8  路由器各端口示意图 3

（6）BRI 端口。BRI 端口是 ISDN 的基本速率端口,用于 ISDN 广域网接入,采用 RJ-45 标准。

**2. 路由器软件**

如同 PC 一样,路由器也需要操作系统才能运行。在 Cisco 路由器中,有一个称为 IOS 的操作系统,它提供路由器所有的核心功能。

可以通过路由器的 Console 控制端口,或通过 Modem 从 AUX 辅助端口,也可以通过 Telnet 来访问 Cisco IOS。

**3. 路由器的启动过程和操作模式**

路由器的启动过程和操作模式如图 7-9 所示。

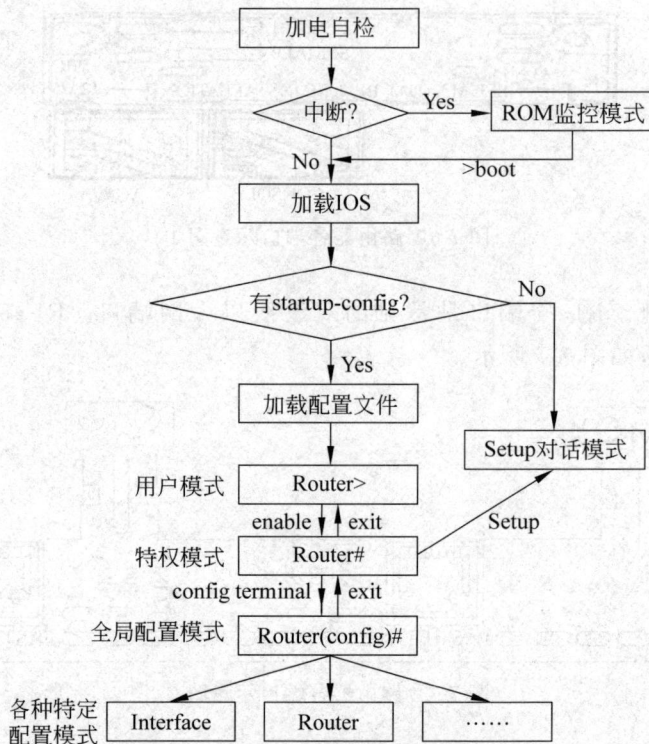

图 7-9 路由器的启动过程和操作模式

**4. 路由器的工作原理**

如图 7-10 所示,路由器的工作原理如下。

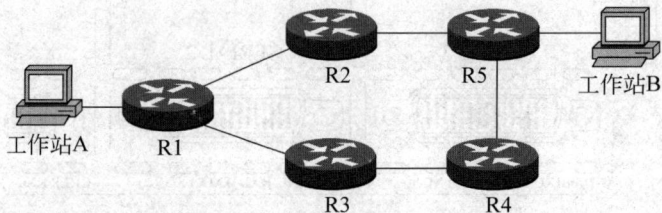

图 7-10 路由器的工作原理

（1）工作站 A 将工作站 B 的 IP 地址 12.0.0.5 连同数据信息以数据帧的形式发送给路由器 R1。

（2）路由器 R1 收到工作站 A 的数据帧后，先从包头中取出地址 12.0.0.5，根据路由表计算出发往工作站 B 的最佳路径：R1→R2→R5→工作站 B，并将数据帧发往路由器 R2。

（3）路由器 R2 重复路由器 R1 的工作，并将数据帧转发给路由器 R5。

（4）路由器 R5 同样取出目的地址，发现 12.0.0.5 就在该路由器所连接的网段上，于是将该数据帧直接交给工作站 B。

（5）工作站 B 收到工作站 A 的数据帧，一次通信过程宣告结束。

## 7.3.6　路由器命令的使用

路由器的命令使用对于路由器的配置、管理至关重要。案例通过路由器的端口的识别和常见路由器命令行的使用说明，使学生掌握路由器的连接、配置和使用方法。

**1. 路由器的连接方式**

路由器的连接方式主要端口的连接及用途描述如下。

- Console 端口接终端或运行终端仿真软件的计算机。
- AUX 端口接 Modem，通过电话线与远程的终端或运行终端仿真软件的计算机相连。
- Serial Ports 用于路由器间的 DCE 和 DTE 连接。
- Fast Ethernet。端口根据网络拓扑可以接广域网络设备或局域网络设备。

路由器的管理和访问可以通过以下方法实现。

- 通过 Console 端口。
- 通过 AUX 端口。
- 通过 Ethernet 上的 TFTP 服务器。
- 通过 Ethernet 上的 Telnet 程序。
- 通过 Ethernet 上的 SNMP 网络管理工作站。

路由器的第一次设置必须通过 Console 端口进行，通过"开始"→"程序"→"附件"→"通信"→"超级终端"命令，启动超级终端软件。

**2. 路由器的命令行界面**

路由器的命令模式有用户模式、特权模式、全局配置模式、接口配置模式、线路配置模式和路由配置模式等。

（1）router＞用户模式。路由器处于用户模式时，用户可以查看路由器的连接状态，访问其他网络和主机，但不能查看和更改路由器的设置内容。

（2）router＃特权模式。当用户在 router＞提示符下输入 enable，路由器就进入特权模式状态 router＃，这时不但可以执行所有的用户命令，还可以查看和更改路由器的设置内容。在特权模式下输入 exit，则退回到用户模式。在特权模式下仍然不能进行配置，需要输入 configure terminal 命令进入全局配置模式才能实现对路由器的配置。

（3）router(config)＃全局配置模式。在 router＃提示符下输入 configure terminal，路由器进入全局配置模式 router(config)＃，这时可以设置路由器的全局参数。

（4）router(config-if)＃接口配置模式。路由器处于全局配置模式时，可以对路由器的每个接口进行具体配置，这时需要进入接口配置模式。例如，配置某一以太网接口需要在 router(config)＃提示符下输入 interface Ethernet 0，进入接口配置模式 router(config-if)＃。

（5）router(config-line)♯线路配置模式。路由器处于全局配置模式时,可以对路由器的访问线路进行配置以实现线路控制,这时需要进入线路配置模式。例如,配置远程 Telnet 访问线路,需要在 router(config)♯提示符下输入 line vty 04 进入线路配置模式 router(config-line)♯。

（6）router(config-router)♯路由配置模式。路由器处于全局配置模式时,可以对路由协议参数进行配置以实现路由,这时需要进入路由配置模式。例如,配置动态路由协议 RIP 时,需要在 router(config)♯提示符下输入 router rip 进入路由配置模式 router(config-router)♯。

### 3. 常见路由器命令

（1）基本路由器的查看命令。

```
Show version               //查看版本及引导信息
Show iproute               //查看路由信息
Show startup-config        //查看路由器备份配置(开机设置)
Show running-config        //查看路由器当前配置(运行设置)
Show interface             //查看路由器接口状态
Show flash                 //查看路由器 IOS 文件
```

（2）基本路由配置命令。

```
Configure terminal                        //进入全局配置模式
Hostname 标识名                            //标识路由器
Interface 接口号                           //进入接口配置模式
line con 0 或 line vty 0 4 或 line aux 0   //进入线路配置模式
enable password 或 enable secret 口令      //配置口令
no shutdown                               //启动端口
ip address                                //网络地址掩码配置 IP 地址
```

（3）IP 路由。

① 静态路由。

```
ip routing        //查看静态路由
ip route          //目标网络号掩码端口号配置静态路由
```

② 默认路由。

```
ip default-network 网络号        //配置默认路由
```

③ RIP 配置。

```
Router rip           //设置路由协议为 RIP
network 网络号        //配置所连接的网络
show ip route        //查看路由记录
show ip protocol     //查看路由协议
```

# 7.4　项目设计与准备

由于新、老办公大楼中均已有独立的计算机局域网,为了把这两个局域网互联起来,可用两台路由器通过 s0/0 端口相连接。分别对两台路由器的端口分配 IP 地址,配置静态路由,并对新、老办公大楼中的主机设置 IP 地址及网关,使其可以相互通信。

使用路由器连接两个局域网,还可使原局域网的广播域不扩大,因为广播域不能跨越路由器,从而使原局域网的交换性能保持不变,而局域网间的主机可相互通信。

在本项目中,需要如下设备。

- 装有 Windows 7 操作系统的 4 台 PC。
- Cisco 2950 交换机 2 台。
- Cisco 2811 路由器 2 台。
- V.35 线缆 1 根。
- Console 控制线 2 根。
- 直通线 4 根。

# 7.5　项目实施

## 任务 7-1　基本配置路由器

基本配置路由器的网络拓扑结构如图 7-11 所示。

基本配置路由器的步骤如下。

**1. 硬件连接**

(1) 如图 7-11 所示,将 Console 控制线的一端插入计算机 COM1 串口,另一端插入路由器的 Console 接口。

(2) 开启路由器的电源。

**2. 通过超级终端连接路由器**

(1) 启动 Windows 7 操作系统,通过"开始"→"程序"→"附件"→"通信"→"超级终端"命令进入超级终端程序,如图 7-12 和图 7-13 所示。

静态路由与默认路由配置

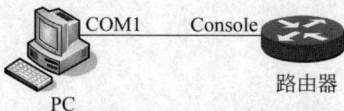

图 7-11　基本配置路由器的网络拓扑结构

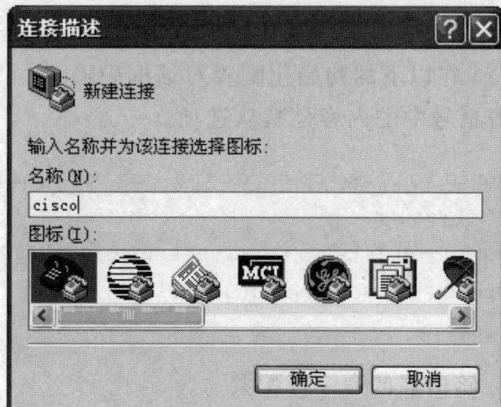

图 7-12　新建连接

(2) 选择连接路由器使用的串行口,并将该串行口设置为 9600 波特、8 个数据位、1 个停止位、无奇偶校验和数据流控制,如图 7-14 所示。

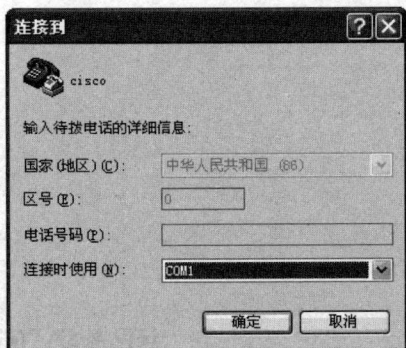

图 7-13　连接到 COM1

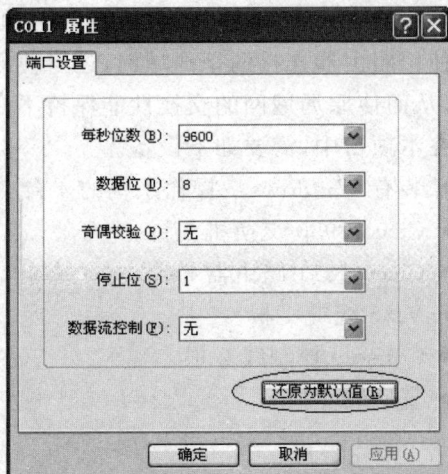

图 7-14　COM1 属性

（3）按 Enter 键，系统将收到路由器的回送信息。

**3. 路由器的开机过程**

（1）关闭路由器电源，稍后重新打开电源，观察路由器的开机过程及相关显示内容，部分屏幕显示信息如下所示。

```
System Bootstrap,Version 12.4(1r) RELEASE SOFTWARE (fc1)     ;显示 boot ROM 的版本
Copyright © 2005 by CISCO Systems,Inc.
Initializing memory for ECC
c2821 processor with 262144 Kbytes of main memory           ;显示内存大小
Main memory is configured to 64 bit mode with ECC enabled
Readonly ROMMON initialized
program load complete,entry point:0x8000f000,size:0x274bf4c
Self decompressing the image:
###############################[OK]                         ;IOS 解压过程
```

（2）在以下的初始化配置对话框中输入 n(No)并按 Enter 键，再按 Enter 键进入用户模式。方括号中的内容是默认选项。

```
Would you like to enter the initial configuration dialog?
    [yes]:n
Would you like to terminate autoinstall?[yes]:[Enter]
Press RETURN to get started!
Router>
```

**4. 路由器的命令行配置**

路由器的命令行配置方法与交换机基本相同，如下是路由器的一些基本配置。

```
Router>enable
Router#configure terminal
Router(config)#hostname routerA
```

```
routerA(config)#banner motd $                    ;配置终端登录到路由器时的提示信息
you are welcome!

routerA(config)#int f0/1                          ;进入端口 1
routerA(config-if)#ip address 192.168.1.1 255.255.255.0
                                                  ;设置端口 1 的 IP 地址和子网掩码
routerA(config-if)#description connecting the company's intranet!    ;端口描述
routerA(config-if)#no shutdown                    ;激活端口
routerA(config-if)#exit
routerA(config)#interface serial 0/0              ;进入串行端口 0
routerA(config-if)#clock rate 64000               ;设置时钟速率为 64000bps
routerA(config-if)#bandwidth 64                   ;设置提供带宽为 64kbps
routerA(config-if)#ip address 192.168.10.1 255.255.255.0  ;设置 IP 地址和子网掩码
routerA(config-if)#no shutdown                    ;激活端口
routerA(config-if)#exit
routerA(config)#exit
routerA#
```

**5. 路由器的显示命令**

通过 show 命令,可查看路由器的 IOS 版本、运行状态、端口配置等信息,如下所示。

```
routerA#show version                ;显示 IOS 的版本信息
routerA#show running-config         ;显示 RAM 中正在运行的配置文件
routerA#show startup-config         ;显示 NVRAM 中的配置文件
routerA#show interface s0/0         ;显示 s0/0 接口信息
routerA#show flash                  ;显示 flash 信息
routerA#show ip arp                 ;显示路由器缓存中的 ARP 表
```

## 任务 7-2　配置局域网间的路由

配置局域网间的路由的网络拓扑结构如图 7-15 所示。

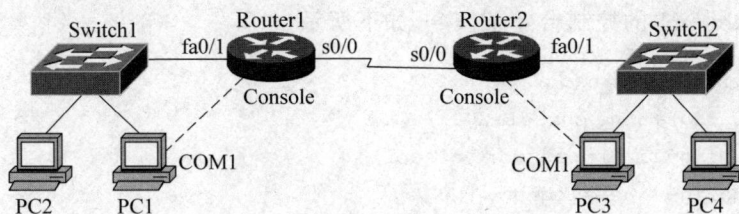

图 7-15　配置局域网间的路由的网络拓扑结构

配置局域网间的路由的步骤如下。

**1. 硬件连接**

(1) 用 V.35 线缆将 Router1 的 s0/0 接口与 Router2 的 s0/0 接口连接起来。

(2) 用直通线将 Switch1 的 fa0/1 接口与 Router1 的 fa0/1 接口连接起来。

(3) 用直通线将 Switch2 的 fa0/1 接口与 Router2 的 fa0/1 接口连接起来。

（4）用直通线将 PC1、PC2 连接到 Switch1 的 fa0/2、fa0/3 接口上。

（5）用直通线将 PC3、PC4 连接到 Switch2 的 fa0/2、fa0/3 接口上。

（6）用 Console 控制线将 PC1 的 COM1 串口连接到 Router1 的 Console 接口上。

（7）用 Console 控制线将 PC3 的 COM1 串口连接到 Router2 的 Console 接口上。

**2. IP 地址规划**

各 PC 和路由器的接口的 IP 地址、子网掩码、默认网关等的设置如表 7-2 所示。

表 7-2　各 PC 和路由器的接口的 IP 地址、子网掩码、默认网关等的设置

| 设备/接口 | | IP 地址 | 子网掩码 | 默认网关 |
| --- | --- | --- | --- | --- |
| PC1 | | 192.168.1.10 | 255.255.255.0 | 192.168.1.1 |
| PC2 | | 192.168.1.20 | 255.255.255.0 | 192.168.1.1 |
| PC3 | | 192.168.2.10 | 255.255.255.0 | 192.168.2.1 |
| PC4 | | 192.168.2.20 | 255.255.255.0 | 192.168.2.1 |
| Router1 | s0/0 | 192.168.10.1 | 255.255.255.0 | |
| | fa0/1 | 192.168.1.1 | 255.255.255.0 | |
| Router2 | s0/0 | 192.168.10.2 | 255.255.255.0 | |
| | fa0/1 | 192.168.2.1 | 255.255.255.0 | |

**3. 各 PC 的 IP 地址设置**

按表 7-2 所示，设置各 PC 的 IP 地址、子网掩码、默认网关。

**4. Router1 的设置**

在 PC1 上通过超级终端登录到 Router1 上，进行如下设置。

（1）设置 Router1 的名称，如下所示。

```
Router>enable
Router#config terminal
Router(config)#hostname Router1
Router1(config)#exit
Router1#
```

（2）设置 Router1 的控制台登录口令，如下所示。

```
Router1#config terminal
Router1(config)#line console 0
Router1(config-line)#password cisco1
Router1(config-line)#login
Router1(config-line)#end
Router1#
```

（3）设置 Router1 的特权模式口令，如下所示。

```
Router1#config terminal
Router1(config)#enable password cisco2
Router1(config)#enable secret cisco3
Router1(config)#exit
```

```
Router1#
```

（4）设置 Router1 的 Telnet 登录口令，如下所示。

```
Router1#config terminal
Router1(config)#line vty 0 4
Router1(config-line)#password cisco4
Router1(config-line)#login
Router1(config-line)#end
Router1#
```

（5）设置 Router1 的 s0/0、fa0/1 接口的 IP 地址，如下所示。

```
Router1#config terminal
Router1(config)#interface s0/0
Router1(config-if)#ip address 192.168.10.1 255.255.255.0
Router1(config-if)#clock rate 64000
Router1(config-if)#no shutdown
Router1(config-if)#exit
Router1(config)#interface fa0/1
Router1(config-if) #ip address 192.168.1.1 255.255.255.0
Router1(config-if)#no shutdown
Router1(config-if)#end
Router1#
```

（6）设置 Router1 的静态路由，如下所示。

```
Router1#config terminal
Router1(config)#ip route 192.168.2.0 255.255.255.0 192.168.10.2
Router1(config)#exit
Router1#copy run start 或 write
Router1#
```

（7）查看 Router1 的运行配置和路由表，如下所示。

在特权模式下，可用 erase startup-config 命令删除启动配置文件，可用 reload 命令重启路由器。

```
Router1#show running-config
Router1#show startup-config
Router1#show ip route
```

**5. Router2 的设置**

在 PC3 上通过超级终端登录到 Router2 上，参考表 7-2 中的有关数据设置 Router2，具体设置方法参考上面的 Router1 的设置。

**6. 连通性测试**

用 ping 命令在 PC1、PC2、PC3、PC4 之间测试连通性，测试结果填入表 7-3 中。

表 7-3　计算机之间的连通性

| 计算机 | PC1 | PC2 | PC3 | PC4 |
|---|---|---|---|---|
| PC1 | — | | | |
| PC2 | | — | | |
| PC3 | | | — | |
| PC4 | | | | — |

# 7.6　项 目 实 训

## 项目实训 1　路由器的启动和初始化配置

### 1. 实训目的

- 熟悉 Cisco 2600 系列路由器基本组成和功能,了解 Console 口和其他基本端口。
- 了解路由器的启动过程。
- 掌握通过 Console 口或用 Telnet 的方式登录到路由器。
- 掌握 Cisco 2600 系列路由器的初始化配置。
- 熟悉 CLI 的各种编辑命令和帮助命令的使用方法。

### 2. 实训内容

- 了解 Cisco 2600 系列路由器的基本组成和功能。
- 使用超级终端通过 Console 口登录到路由器。
- 观察路由器的启动过程。
- 对路由器进行初始化配置。

### 3. 实训要求

可考虑分组进行,每组需要 Cisco 2600 系列路由器一台,Hub 一台,PC 一台(Windows 2000/XP 操作系统,需安装超级终端),RJ-45 双绞线两条,Console 控制线一条,并配有适合于 PC 串口的接口转换器。

### 4. 网络拓扑结构

网络拓扑结构如图 7-16 所示。

实训中分配的 IP 地址,PC 为 192.168.1.1,路由器 E0 口为 192.168.1.2,子网掩码为 255.255.255.0。

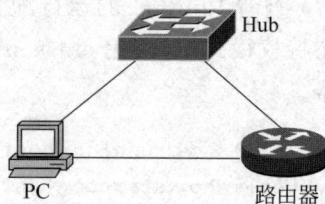

图 7-16　"路由器初始配置"网络拓扑结构

### 5. 实训步骤

(1) 观察 Cisco 2600 系列路由器的组成,了解各个端口的基本功能。

(2) 根据实验要求连接好线缆后,进入实验配置阶段。

① 启动 PC,设备 IP 地址为 192.168.1.1。

② 选择"开始"→"程序"→"附件"→"通信"→"超级终端",然后双击超级终端可执行文件图标,设置新连接名称为 LAB,在"连接时使用"列表框中,选择 COM1。

③ 对端口进行设置：数据传输速率设置为 9600bps,其他为默认。

（3）打开路由器电源,启动路由器进行初始化配置。

① 在"Would you like to enter the initial configuration dialog?"提示符下,输入 yes;在"Would you like to enter basic mangement setup?"提示符下,输入 no。

② 设置路由器名称为 Cisco 2600,特权密码为 Cisco 2600,控制台登录密码为 Cisco,虚拟终端连接密码为 Vpassword。

③ 在"Configure SNMP Network Management?""Configure LAT ?""Configure Apple Talk ?""Configure DECnet?"提示符下输入 no,在"Configure IP?"提示符下输入 yes。

④ 在 Ethemet 0/0 端口设置路由器的 IP 地址为 192.168.1.2。

⑤ 保存配置并退出。

⑥ 用 Reload 命令重新启动路由器,并观察路由器的启动过程。

⑦ 使用 Telnet 命令通过虚拟终端登录到路由器。

⑧ 最初处于终端服务器的用户 EXEC 模式下,若没有看到提示符,按几次 Enter 键,然后输入 enable 命令,并按 Enter 键,进入特权 EXEC 模式。

**6. 实训思考题**

- 观察路由器的基本结构,描述路由器的各种接口及其表示方法。
- 简述路由器的软件及内存体系结构。
- 简述路由器的主要功能和几种基本配置方式。

# 项目实训 2　静态路由与默认路由配置

**1. 实训目的**

- 理解 IP 路由寻址过程。
- 掌握创建和验证静态路由、默认路由的方法。

**2. 实训内容**

- 创建静态路由。
- 创建默认路由。
- 验证路由。

RIP 配置与调试

**3. 实训要求**

某公司在济南、青岛、北京各有一分公司,为了使各分公司的网络能够通信,公司在三地分别购买了路由器,为 R1、R2、R3,同时申请了 DDN 线路。现要用静态路由配置各路由器使三地的网络能够通信。

为此需要 Cisco 2600 系列路由器四台,D-Link 交换机（或集线器）3 台,PC 若干台（Windows 操作系统,其中一台需安装超级终端）,RJ-45 直通型、交叉型双绞线若干条,Console 控制线一条。

**4. 网络拓扑结构**

网络拓扑结构如图 7-17 所示。

**5. 实训步骤**

（1）在 R1 路由器上配置 IP 地址和 IP 路由。

172.16.1.0/24　　172.16.2.0/24　　172.16.3.0/24　　172.16.4.0/24

192.168.1.254　　.1　　.2　　.1　　.2　　.254

f0/0　　s0/0　　s0/0　　s0/1　　s0/0　　f0/0

R1　　R2　　R3

DTE　　DCE　　DTE

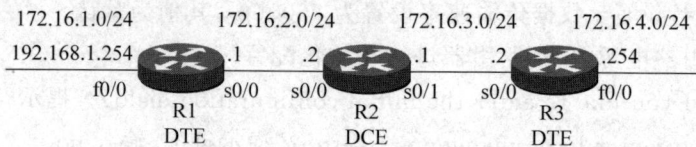

图 7-17　网络拓扑结构

```
R1#conf t
R1(config)#interface f0/0
R1(config-if)#ip address 172.16.1.254 255.255.255.0
R1(config-if)#no shutdown
R1(config-if)#interface s0/0
R1(config-if)#ip address 172.16.2.1 255.255.255.0
R1(config-if)#no shutdown
R1(config-if)#exit
R1(config)#ip route 172.16.3.0 255.255.255.0 172.16.2.2
R1(config)#ip route 172.16.4.0 255.255.255.0 172.16.2.2
```

（2）在 R2 路由器上配置 IP 地址和 IP 路由。

```
R2#conf t
R2(config)#interface s0/0
R2(config-if)#ip address 172.16.2.2 255.255.255.0
R2(config-if)#clock rate 64000
R2(config-if)#no shutdown
R2(config-if)#interface s0/1
R2(config-if)#ip address 172.16.3.1 255.255.255.0
R2(config-if)#clock rate 64000
R2(config-if)#no shutdown
R2(config-if)#exit
R2(config)#ip route 172.16.1.0 255.255.255.0 172.16.2.1
R2(config)#ip route 172.16.4.0 255.255.255.0 172.16.3.2
```

（3）在 R3 路由器上配置 IP 地址和 IP 路由。

```
R3#conf t
R3(config)#interface f0/0
R3(config-if)#ip address 172.16.4.254 255.255.255.0
R3(config-if)#no shutdown
R3(config-if)#interface s0/0
R3(config-if)#ip address 172.16.3.2 255.255.255.0
R3(config-if)#no shutdown
R3(config-if)#exit
R3(config)#ip route 172.16.1.0 255.255.255.0 172.16.3.1
R3(config)#ip route 172.16.2.0 255.255.255.0 172.16.3.1
```

（4）在 R1、R2、R3 路由器上检查接口、路由情况。

```
R1#show ip route
```

```
R1#show ip interfaces
R1#show interface
R2#show ip route
R2#show ip interfaces
R2#show interface
R3#show ip route
R3#show ip interfaces
R3#show interface
```

（5）在各路由器上用 ping 命令测试到各网络的连通性。

（6）在 R1、R3 上取消已配置的静态路由，R2 保持不变。

```
R1:
R1(config)#no ip route 172.16.3.0 255.255.255.0 172.16.2.2
R1(config)#no ip route 172.16.4.0 255.255.255.0 172.16.2.2
R1(config)#exit
R1#show ip route
R3:
R3(config)#no ip route 172.16.1.0 255.255.255.0 172.16.3.1
R3(config)#no ip route 172.16.2.0 255.255.255.0 172.16.3.1
R3(config)#exit
R3#show ip route
```

（7）在 R1、R3 上配置默认路由。

```
R1:
R1(config)#ip route 0.0.0.0 0.0.0.0 172.16.2.2
R1(config)#ip classless
R3:
R3(config)#ip route 0.0.0.0 0.0.0.0 172.16.3.1
R3(config)#ip classless
```

**问题**：在配置默认路由时，为什么要在 R3 上配置 ip classless？

**提示**：默认时是可以不配置的，显式配置是防止有人执行了 no ip classless、ip classless，使路由器对于查找不到路由的数据包会用默认路由来转发。

（8）在各路由器上用 ping 命令测试到各网络的连通性。

**6. 实训思考题**

（1）默认路由用在什么场合较好？

（2）什么是路由？什么是路由协议？

（3）什么是静态路由、默认路由、动态路由？路由选择的基本原则是什么？

（4）试述 RIP 的缺点。

# 7.7 习 题

## 一、填空题

1. 路由器的基本功能是_____。

2. 路由动作包括两项基本内容:_____、_____。

3. 在 IP 互联网中,路由通常可以分为_____路由和_____路由。

4. RIP 使用_____算法,OSPF 协议使用_____算法。

5. 确定分组从源端到目的端的"路由选择",属于 ISO/OSI RM 中_____层的功能。

## 二、选择题

1. 在网络地址 178.15.0.0 中划分出 10 个大小相同的子网,每个子网最多有(　　)个可用的主机地址。

    A. 2046　　　　　　B. 2048　　　　　　C. 4094　　　　　　D. 4096

2. 在路由器上可以应用接口配置模式的是(　　)。

    A. 用户模式　　　　B. 特权模式　　　　C. 全局配置模式　　D. 接口配置模式

3. 在通常情况下,下列说法错误的是(　　)。

    A. 高速缓存区中的 ARP 表是由人工建立的

    B. 高速缓存区中的 ARP 表是由主机自动建立的

    C. 高速缓存区中的 ARP 表是动态的

    D. 高速缓存区中的 ARP 表保存了主机 IP 地址与物理地址的映射关系

4. 下列不属于路由选择协议的是(　　)。

    A. RIP　　　　　　B. ICMP　　　　　　C. BGP　　　　　　D. OSPF

5. 在计算机网络中,能将异种网络互联起来,实现不同网络协议相互转换的网络互联的设备是(　　)。

    A. 集线器　　　　　B. 路由器　　　　　C. 网关　　　　　　D. 网桥

6. 路由器要根据报文分组的(　　)转发分组。

    A. 端口号　　　　　B. MAC 地址　　　　C. IP 地址　　　　　D. 域名

7. 下面关于 RIP 的描述中,正确的是(　　)。

    A. 采用链路状态算法　　　　　　　　B. 距离通常用带宽表示

    C. 向相邻路由器广播路由信息　　　　D. 适合于特大型互联网使用

8. 下面关于 RIP 与 OSPF 协议的描述中,正确的是(　　)。

    A. RIP 和 OSPF 都采用向量距离算法

    B. RIP 和 OSPF 都采用链路状态算法

    C. RIP 采用向量距离算法,OSPF 采用链路状态算法

    D. RIP 采用链路状态算法,OSPF 采用向量距离算法

9. 下面关于 OSPF 和 RIP 中路由信息广播方式的叙述中,正确的是(　　)。

    A. OSPF 向全网广播,RIP 仅向相邻路由器广播

    B. RIP 向全网广播,OSPF 仅向相邻路由器广播

C. OSPF 和 RIP 都向全网广播

D. OSPF 和 RIP 都仅向相邻路由器广播

### 三、简答题

1. 常见的路由器端口主要有哪些？

2. 简述路由器的工作原理。

3. 简述路由器与交换机的区别。

4. 路由器的主要作用是什么？

5. 静态路由和默认路由有何区别？两者中哪一个执行速度更快？

6. 常用的路由选择算法有哪些？

# 第3篇

# 运筹帷幄组建Windows Server 2019网络

项目8　安装与规划Windows Server 2019

项目9　部署与管理Active Directory域服务

项目10　配置与管理Web服务器

# 项目 8  安装与规划 Windows Server 2019

## 8.1  项目导入

某高校组建了学校的校园网,需要架设一台具有 Web、FTP、DNS、DHCP 等功能的服务器来为校园网用户提供服务,现需要选择一种既安全又易于管理的网络操作系统。

在完成该项目之前,首先应当选定网络中计算机的组织方式;其次根据 Microsoft 系统的要求确定每台计算机应当安装的版本;此后还要对安装方式、安装磁盘的文件系统格式、安装启动方式等进行选择;最终才能开始系统的安装过程。

## 8.2  职业能力目标和要求

- 了解不同版本的 Windows Server 2019 系统的安装要求。
- 了解并掌握安装 Windows Server 2019 的方法。
- 掌握配置 Windows Server 2019 的方法。
- 掌握添加与管理角色的方法。
- 贯彻科学思维,培养学生的网络工匠精神。

## 8.3  相关知识

Windows Server 2019 是微软公司于 2018 年 10 月 2 日正式发布的服务器操作系统。它在整体的设计风格与功能上更加接近 Windows 10 操作系统。

### 8.3.1  Windows Server 2019 的最低安装需求

Windows Server 2019 有 4 个版本,即 Windows Server 2019 Standard、Windows Server 2019 Standard（桌面体验）、Windows Server 2019 Datacenter 和 Windows Server 2019 Datacenter（桌面体验）。

Windows Server 2019 在 Windows Server 2016 的坚实基础上构建,围绕混合云、安全

性、应用程序平台、超融合基础设施(HCI)4 个关键主题实现了很多创新。

Windows Server 2019 的最低配置要求如下。

(1) 中央处理器(central processing unit,CPU)：最少 1.4GHz 的 64 位处理器；支持 NX 或 DEP；支持 CMPXCHG16B、LAHF/SAHF 与 PrefetchW；支持 SLAT(EPT 或 NPT)。

(2) RAM：包含桌面体验的服务器最少需 2GB 内存。

(3) 硬盘：最少需 32GB 硬盘空间，不支持已经淘汰的 IDE 硬盘(PATA 硬盘)。

### 8.3.2 安装选项

Windows Server 2019 提供以下 3 种安装选项。

(1) 包含桌面体验的服务器。它会安装标准的图形用户界面，并支持所有的服务与工具。由于包含图形用户界面，因此用户可以通过友好的图形化接口与管理工具来管理服务器。这是我们通常选择的选项。

(2) Server Core。安装完成后的环境没有窗口管理接口，因此只能使用命令提示符(command prompt)、Windows PowerShell 或通过远程计算机来管理此台服务器。有些服务在 Server Core 模式下并不被支持。除非有图形化接口或特殊服务的使用需求，否则这是微软建议的安装选项。

认识 Windows Server 2019

(3) Nano Server。类似于 Server Core,但明显较小,只支持 64 位应用程序与工具。它没有本地登录功能,只能通过远程管理来访问此服务器,已针对私有云和数据中心进行了优化。比起其他选项,它占用的磁盘空间更小,配置速度更快,而且所需的更新和重新启动次数更少。

### 8.3.3 Windows Server 2019 的安装方式

Windows Server 2019 有多种安装方式,分别适用于不同的环境,选择合适的安装方式可以提高工作效率。除了全新安装外,还有升级安装、远程安装及服务器核心安装。

Windows Server 2019 的安装方式

## 8.4 项目设计与准备

**1. 项目设计**

在为学校选择网络操作系统时,首先推荐 Windows Server 2019 网络操作系统。而在安装 Windows Server 2019 网络操作系统时,根据教学环境的不同,可为"教"与"学"分别设计不同的安装方式。

1) 在 VMware 中安装 Windows Server 2019

(1) 物理主机安装了 Windows 10 操作系统,计算机名为 Host。

(2) Windows Server 2019 的 DVD-ROM 或映像已准备好。

(3) 硬盘大小为 60GB。要求 Windows Server 2019 的安装分区大小为 55GB,文件系

统格式为 NTFS,计算机名为 Server1,管理员密码为 P@ssw0rd1,服务器的 IP 地址为 192. 168.10.1,子网掩码为 255.255.255.0,DNS 服务器的 IP 地址为 192.168.10.1,默认网关的 IP 地址为 192.168.10.254,属于工作组 COMP。

（4）要求配置桌面环境,关闭防火墙,放行 ping 命令。

（5）该网络拓扑结构如图 8-1 所示。

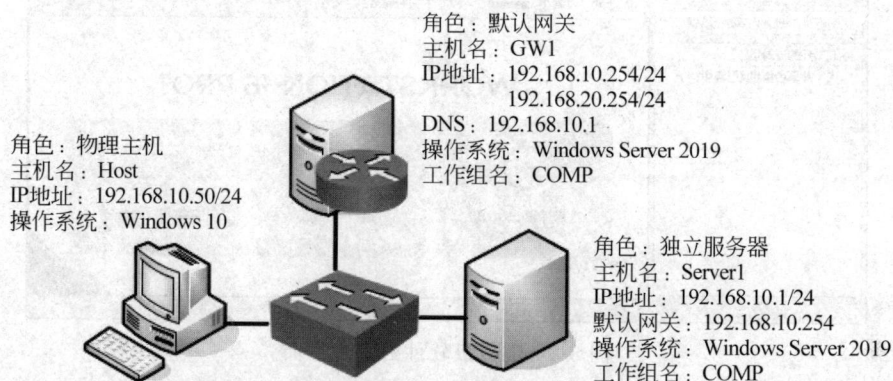

图 8-1   安装 Windows Server 2019 网络拓扑结构

2）使用 Hyper-V 安装 Windows Server 2019

限于篇幅,有关 Hyper-V 的内容请读者查阅作者共享的电子资料。

**2. 项目准备**

（1）满足硬件要求的计算机 1 台。

（2）Windows Server 2019 相应版本的安装光盘或映像文件。

（3）用纸张记录安装文件的产品密钥（安装序列号）,并规划启动盘的大小。

（4）在可能的情况下,在运行安装程序前用磁盘扫描程序扫描所有硬盘,检查硬盘错误并进行修复,否则安装程序运行时检查到有硬盘错误会很麻烦。

（5）如果想在安装过程中格式化 C 盘或 D 盘（建议安装过程中格式化用于安装 Windows Server 2019 系统的分区）,需要备份 C 盘或 D 盘中有用的数据。

（6）导出电子邮件账户和通信簿：将 C:\Documents and Settings\Administrator（或自己的用户名）中的“收藏夹”目录复制到其他盘,以备份收藏夹。

提示：全新安装不存在（5）、（6）这两条。

# 8.5   项 目 实 施

Windows Server 2019 网络操作系统有多种安装方式。下面讲解如何安装与配置 Windows Server 2019。

为了方便教学,下面的安装操作使用 VMware 来完成。

## 任务 8-1　安装配置 VMware

（1）成功安装 VMware Workstation 16 Pro 后的界面如图 8-2 所示。

图 8-2　虚拟机软件的管理界面

（2）在图 8-2 中，单击"创建新的虚拟机"按钮，并在弹出的"新建虚拟机向导"对话框中选中"典型"单选按钮，如图 8-3 所示，然后单击"下一步"按钮。

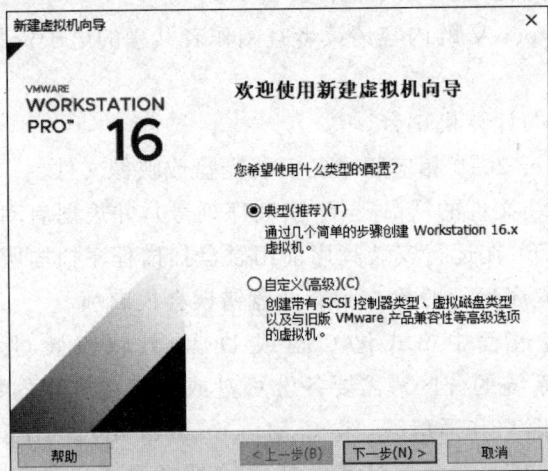

图 8-3　"新建虚拟机向导"对话框

（3）选中"稍后安装操作系统。"单选按钮，如图 8-4 所示，然后单击"下一步"按钮。

**注意**：请一定要选中"稍后安装操作系统"单选按钮。如果选中"安装程序光盘映像文件"单选按钮，并把下载好的 Windows Server 2019 系统的镜像选中，虚拟机会通过默认的安装策略为用户部署最精简的系统，而不会再询问用户安装设置的选项。

（4）在图 8-5 中，将客户机操作系统的类型选择为 Microsoft Windows，版本为 Windows Server 2019，然后单击"下一步"按钮。

（5）填写"虚拟机名称"字段，并在选择安装位置之后单击"下一步"按钮，如图 8-6 所示。

**注意**：安装位置一定要提前规划好，并建好供安装的文件夹。

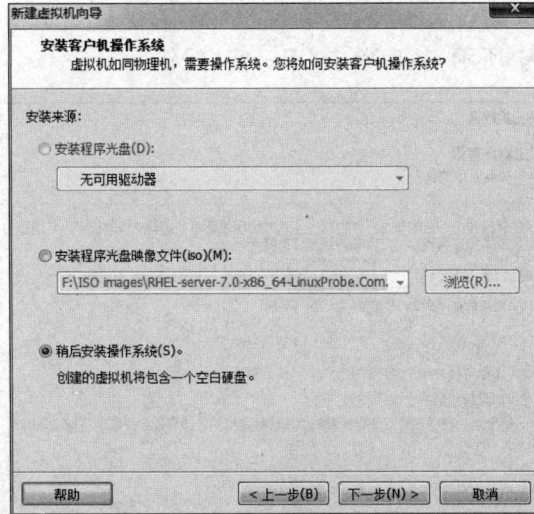

图 8-4　选择虚拟机的安装来源

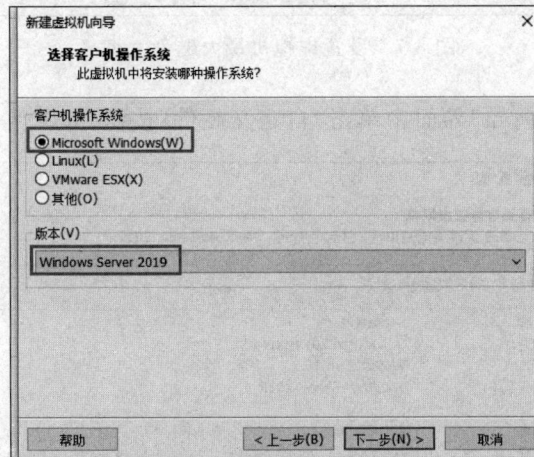

图 8-5　选择操作系统的版本

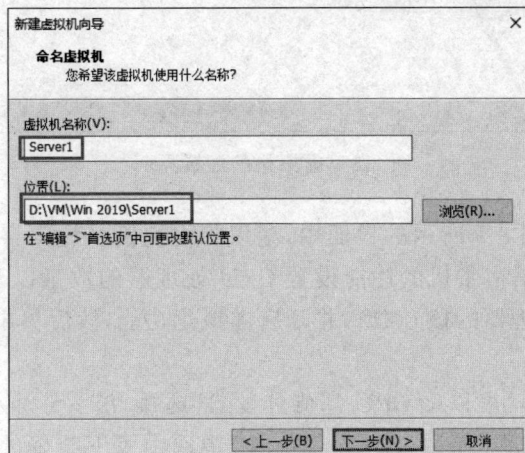

图 8-6　命名虚拟机并设置安装路径

（6）虚拟机系统"最大磁盘大小"默认值为 60GB，为了后期工作方便，建议设置最大磁盘大小为 200GB，如图 8-7 所示，然后单击"下一步"按钮。

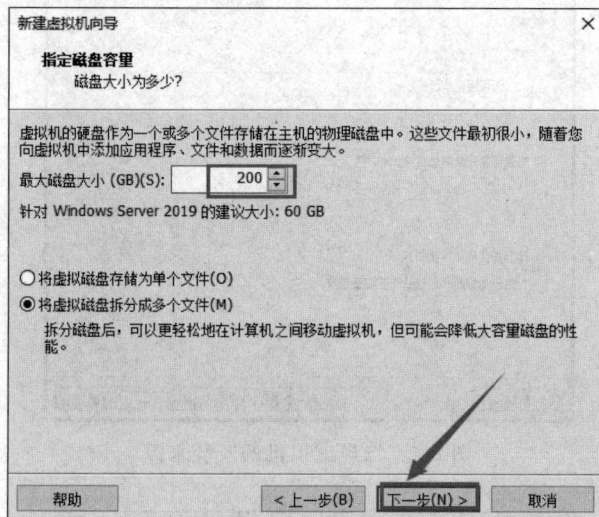

图 8-7　设置虚拟机最大磁盘大小

（7）在"新建虚拟机向导"界面中单击"自定义硬件"按钮，如图 8-8 所示。

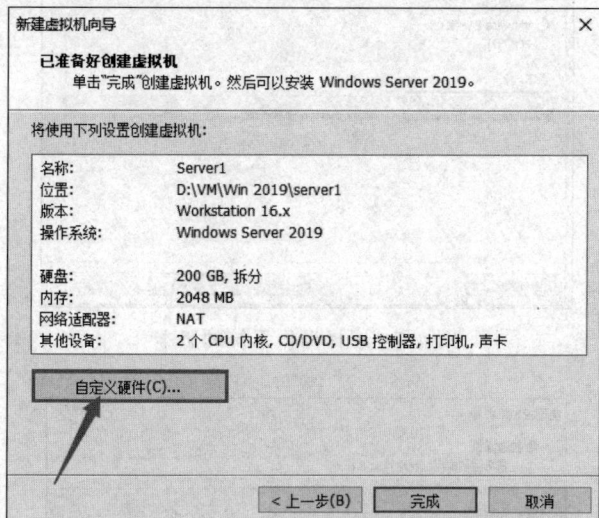

图 8-8　虚拟机的配置界面

（8）在随后出现的图 8-9 所示的界面中，建议将虚拟机系统内存的可用量设置为 2GB，最低不应低于 1GB。根据宿主机的性能设置 CPU 处理器的数量以及每个处理器的核心数量（不能超过宿主机的处理器的核心数），并开启虚拟化功能，然后单击"关闭"按钮，如图 8-10 所示。

**注意**：一般不要选择"虚拟化 CPU 性能计数器"选项，很多计算机不支持。

（9）光驱设备此时应在"使用 ISO 映像文件"中选中了下载好的 Windows Server 2019

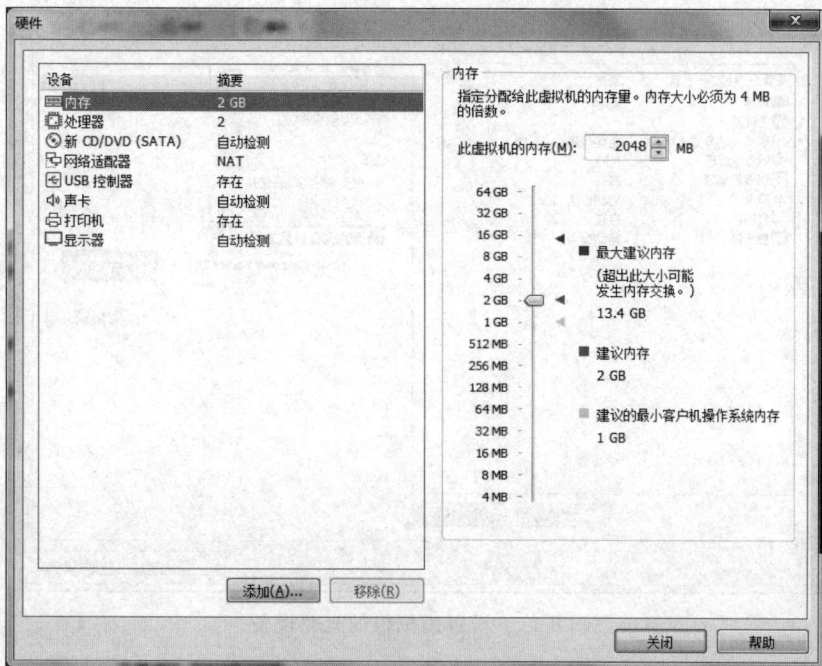

图 8-9　设置虚拟机的内存大小

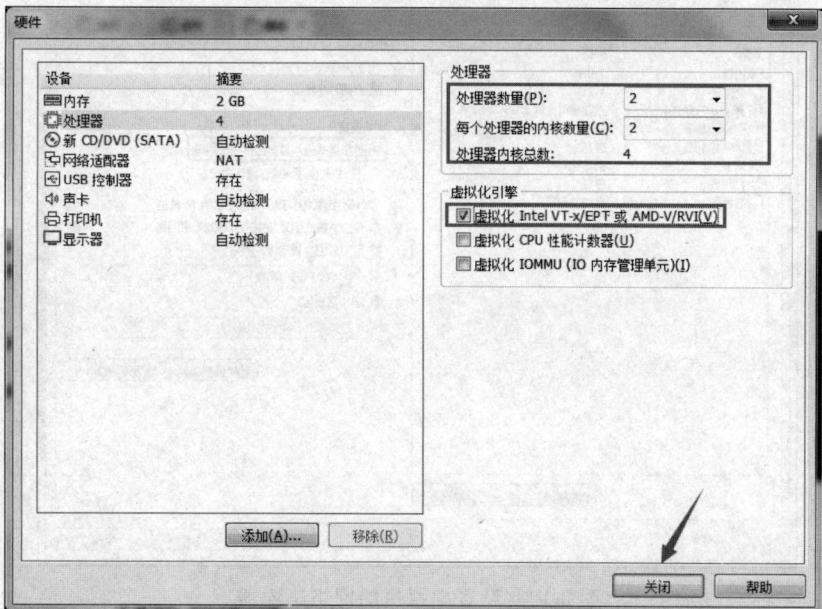

图 8-10　设置虚拟机的处理器参数

系统映像文件，如图 8-11 所示。

（10）VMware 为用户提供了 3 种可选的网络连接模式，分别为桥接模式、NAT（network address translation，网络地址转换）模式与仅主机模式。由于本例宿主机是通过路由器自动获取 IP 地址等信息连接到 Internet 的，所以为了使虚拟机也能上网，选择"桥接

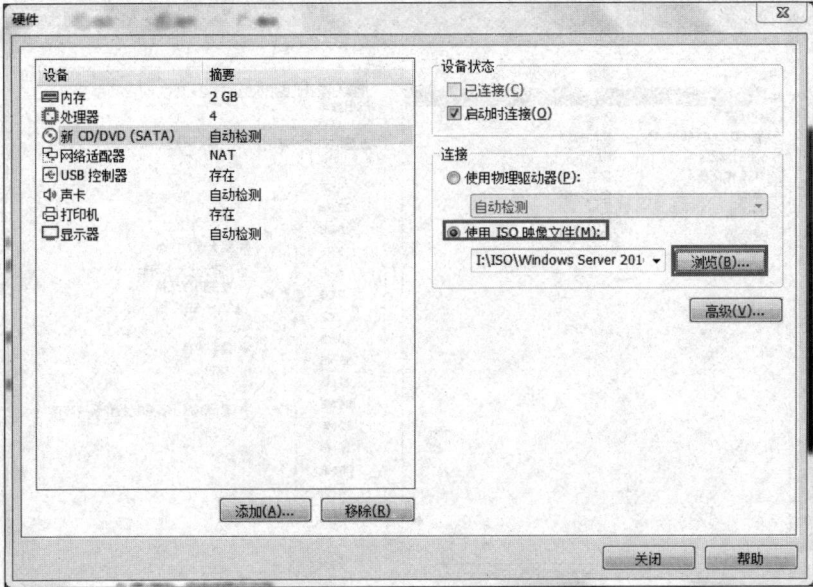

图 8-11　设置虚拟机的光驱设备

模式",如图 8-12 所示。

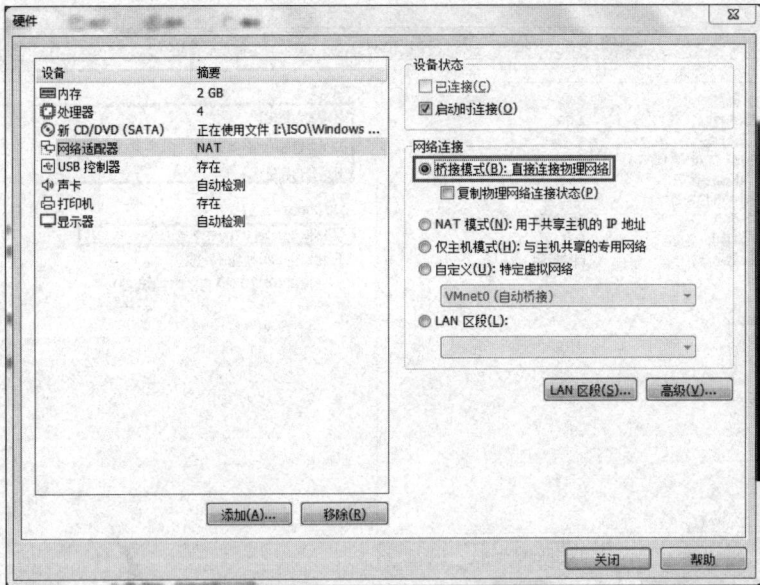

图 8-12　设置虚拟机的网络适配器

　　**注意**：选择何种网络连接模式很重要，在每个实训前一定要规划好。请读者特别注意后面每个项目中涉及的网络连接模式。

- 桥接模式：相当于在物理主机与虚拟机网卡之间架设了一座桥梁，从而可以通过物理主机的网卡访问外网。在真机中桥接模式虚拟机网卡对应的物理网卡是 VMnet0。

- NAT 模式：让 VMware 的网络服务发挥路由器的作用，使得通过虚拟机软件模拟的主机可以通过物理主机访问外网。在真机中 NAT 虚拟机网卡对应的物理网卡是 VMnet8。

- 仅主机模式：仅让虚拟机内的主机与物理主机通信，不能访问外网。在真机中仅主机模式模拟网卡对应的物理网卡是 VMnet1。

（11）把 USB 控制器、声卡、打印机等不需要的设备统一移除掉，如图 8-13 所示。移除声卡可以避免在出现输入错误后发出提示声音，确保自己在今后的实验中思绪不被打扰。然后单击"关闭"按钮。

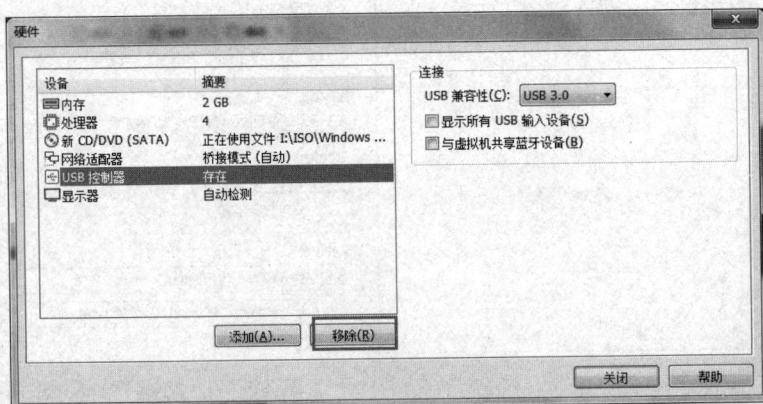

图 8-13　最终的虚拟机配置情况

（12）返回到虚拟机配置向导界面后，单击"完成"按钮。虚拟机的安装和配置顺利完成。当看到图 8-14 所示的界面时，就说明虚拟机已经配置成功了。

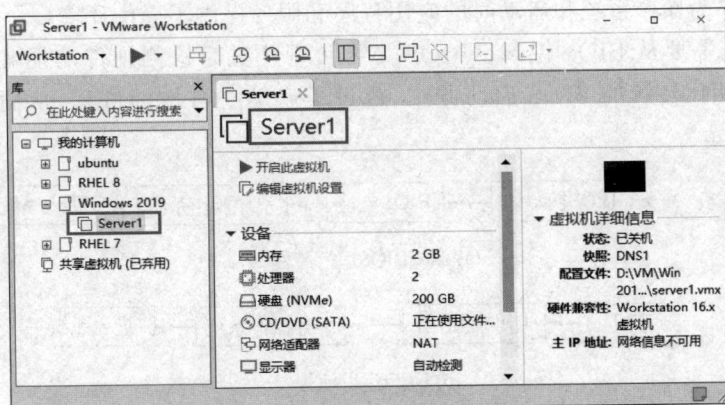

图 8-14　虚拟机配置成功的界面

## 任务 8-2　认识固件类型：UEFI

在"虚拟机设置"界面中，单击"选项"→"高级"选项，可以看到固件类型默认选择的是 UEFI，如图 8-15 所示。那么 UEFI 到底是什么呢？较之传统的固件基本输入/输出系统（basic input output system，BIOS）有什么优点呢？

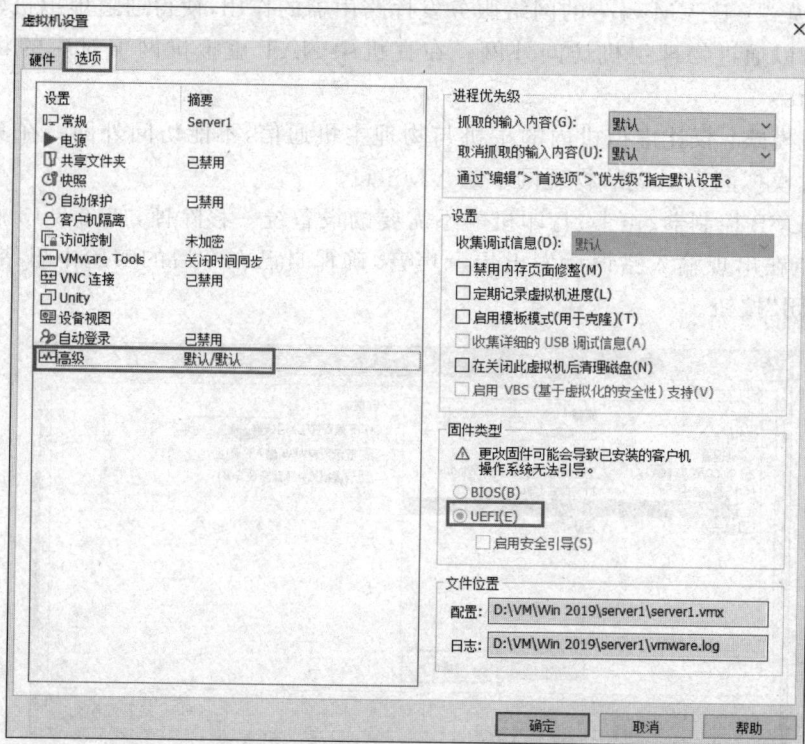

图 8-15　选择固件类型：UEFI

统一可扩展固件接口(unified extensible firmware interface,UEFI)规范提供并定义了固件和操作系统之间的软件接口。UEFI 取代了 BIOS,增强了可扩展固件接口(extensible firmware interface,EFI),并为操作系统和启动时的应用程序和服务提供了操作环境。

了解 UEFI,需要从 BIOS 说起。BIOS 主要负责开机时检测硬件功能和引导操作系统启动;而 UEFI 相比传统的 BIOS 启动方式,跳过了启动时自检的过程,从而节省了开机时间,如图 8-16 所示。

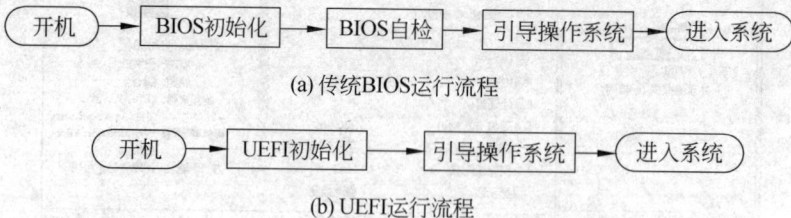

(a) 传统BIOS运行流程

(b) UEFI运行流程

图 8-16　BIOS 与 UEFI 运行流程

UEFI 启动是一种新的主板引导项,它被看作 BIOS 的继任者。UEFI 最主要的特点是图形界面,更有利于用户对象图形化的操作选择。

如今很多新品计算机都支持 UEFI 启动模式,有的计算机甚至都已抛弃 BIOS 而仅支持 UEFI 启动。不难看出 UEFI 正在取代传统的 BIOS 启动。

## 任务 8-3　安装 Windows Server 2019 网络操作系统

安装网络操作系统时，计算机的 CPU 需要支持虚拟化技术（virtualization technology，VT）。VT 指的是让单台计算机能够分割出多个独立资源区，并让每个资源区按照需要模拟出系统的一项技术，其本质就是通过中间层实现计算机资源的管理和再分配，让系统资源的利用率最大化。其实只要计算机不是五六年前买的，价格不低于 4000 元，它的 CPU 一般是会支持 VT 的。如果开启虚拟机后依然提示"CPU 不支持 VT 技术"等报错信息，请重启计算机并进入 BIOS 中把 VT 虚拟化功能开启即可。

使用 Windows Server 2019 的引导光盘进行安装是最简单的安装方式。在安装过程中，需要用户干预的地方不多，只需掌握几个关键点即可顺利完成安装。需要注意的是，如果当前服务器没有安装 SCSI 设备或者 RAID 卡，则可以略过相应步骤。

（1）启动安装过程以后，显示图 8-17 所示的"Windows 安装程序"窗口，首先需要选择安装语言并设置输入法。

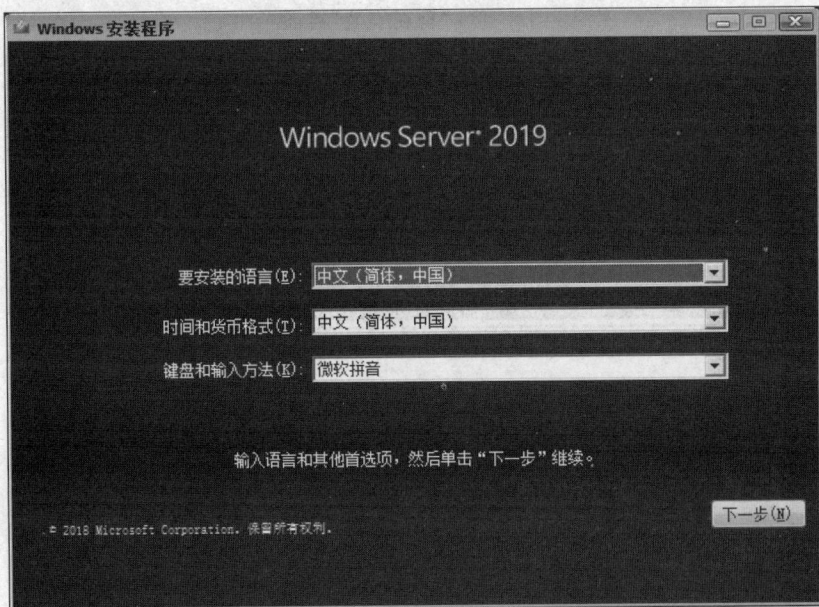

图 8-17　"Windows 安装程序"窗口

（2）单击"下一步"按钮，接着出现询问是否立即安装 Windows Server 2019 的窗口，单击"现在安装"按钮。在图 8-18 所示的界面中输入产品密钥后单击"下一步"按钮，或者单击"我没有产品密钥"按钮（批量授权或评估版没有此步骤）。

（3）单击"下一步"按钮，显示图 8-19 所示的"选择要安装的操作系统"对话框。"操作系统"列表框中列出了可以安装的网络操作系统。这里选择 Windows Server 2019 Datacenter（桌面体验），安装 Windows Server 2019 数据中心版，也可以安装标准版。

（4）单击"下一步"按钮，选择"我接受许可条款"接受许可协议；再单击"下一步"按钮，

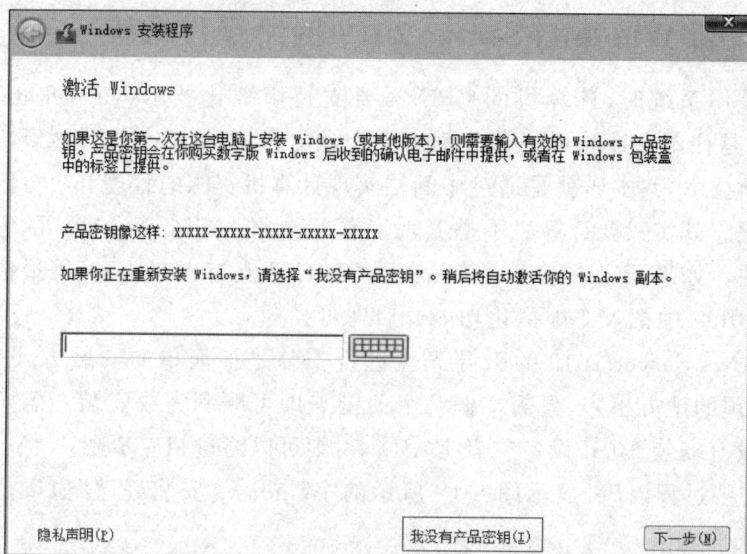

图 8-18 "现在安装"界面

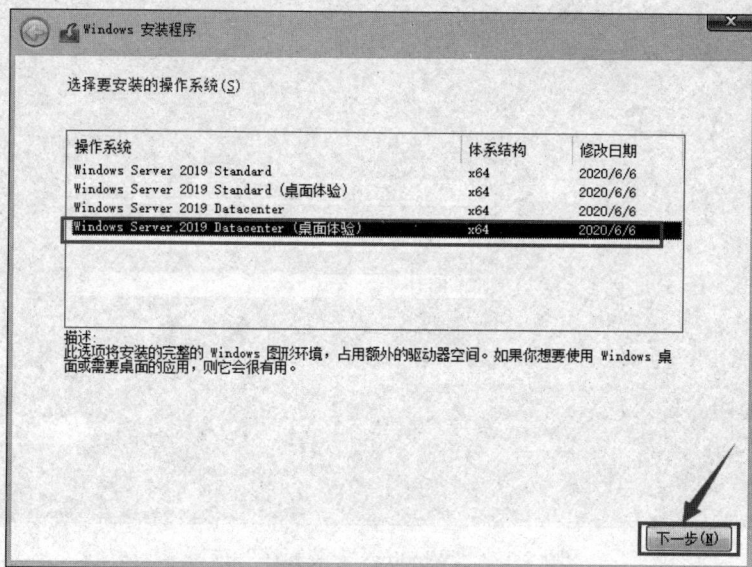

图 8-19 "选择要安装的操作系统"对话框

出现图 8-20 所示的"您想进行何种类型的安装?"对话框。其中"升级"用于从 Windows Server 2019 系列升级到 Windows Server 2019,且如果当前计算机没有安装网络操作系统, 则该项不可用;"自定义(高级)"用于全新安装。

(5) 单击"自定义(高级)"按钮,显示图 8-21 所示的"你想将 Windows 安装在哪里?"对话框,显示当前计算机硬盘上的分区信息。如果服务器安装有多块硬盘,则会依次显示为磁盘 0、磁盘 1、磁盘 2……

(6) 对硬盘进行分区,单击"新建"按钮,在"大小"文本框中输入分区大小,如

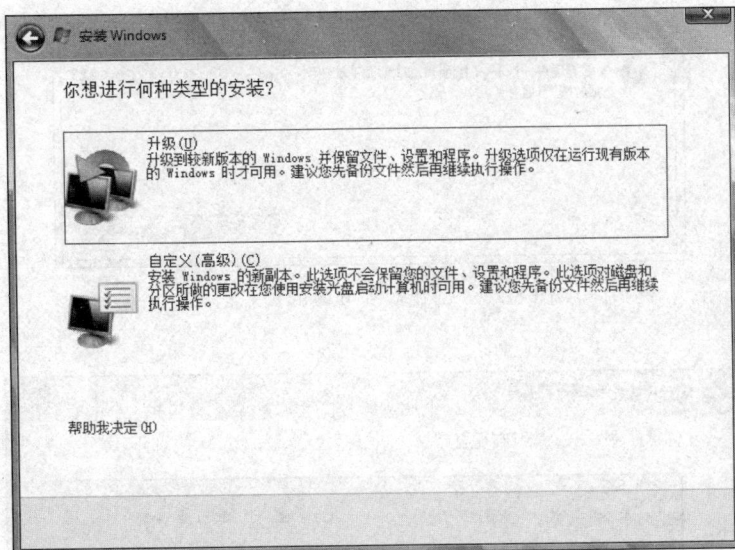

图 8-20　"你想进行何种类型的安装?"对话框

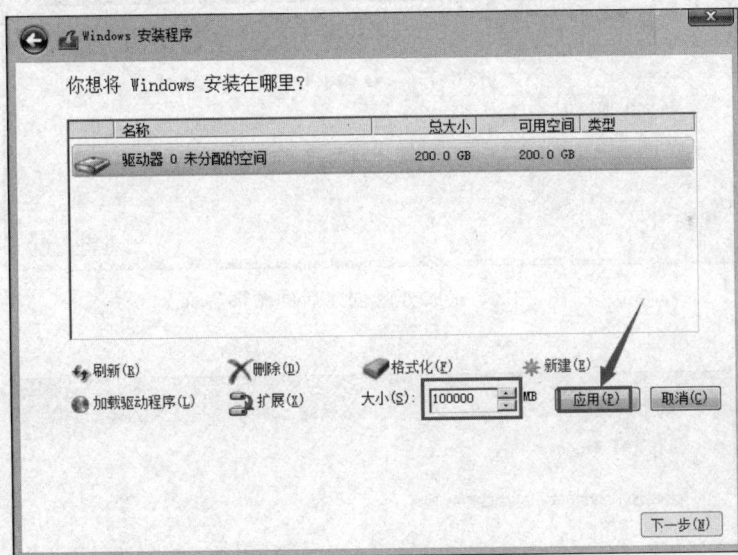

图 8-21　"你想将 Windows 安装在哪里?"对话框

100000MB,再单击"应用"按钮,弹出图 8-22 所示的信息提示对话框。单击"确定"按钮,完成系统分区(第 1 个分区)和主磁盘分区(第 2 个分区)的创建。其他分区照此操作。

(7) 完成分区创建后的图形界面如图 8-23 所示。

(8) 选择"分区 4"来安装操作系统。单击"下一步"按钮,显示图 8-24 所示的"正在安装 Windows"提示框,开始复制文件并安装 Windows。

(9) 在安装过程中,系统会根据需要自动重新启动。在安装完成之前,要求用户设置 Administrator 的密码,如图 8-25 所示。

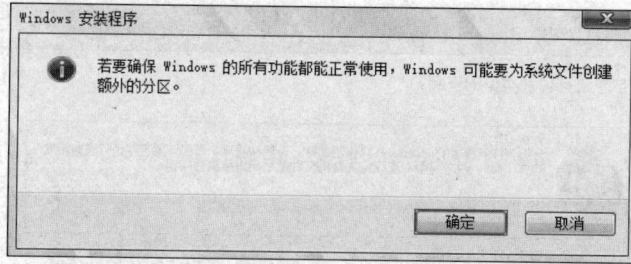

图 8-22　创建额外分区的提示信息

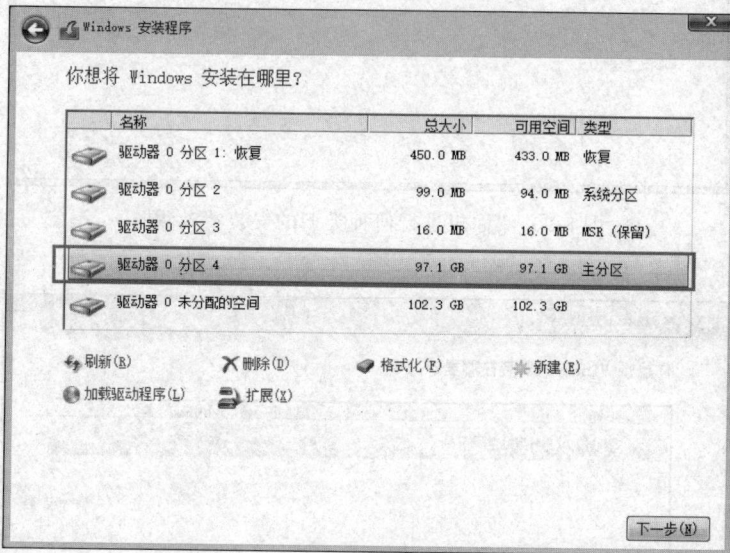

图 8-23　完成分区创建后的图形界面

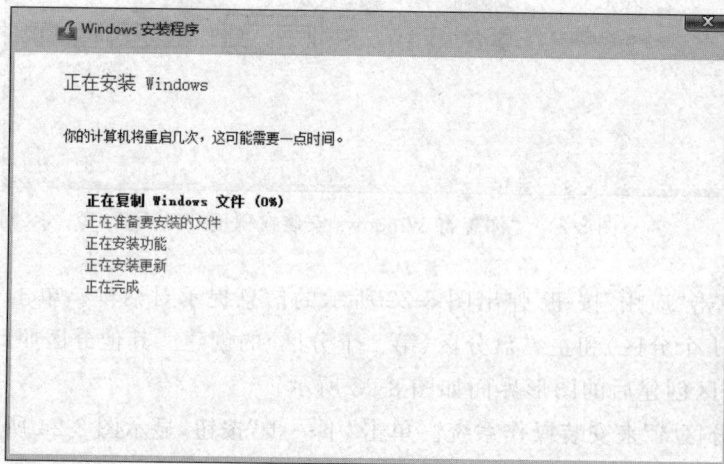

图 8-24　"正在安装 Windows"提示框

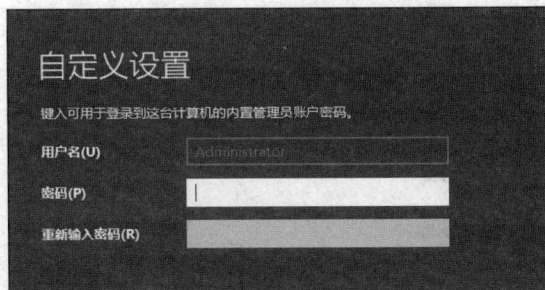

图 8-25　设置密码

对于账户密码,Windows Server 2019 的要求非常严格,无论是管理员账户还是普通账户,都要求必须设置强密码。除必须满足"至少 6 个字符"和"不包含 Administrator 或 admin"的要求外,还需至少满足以下 4 个条件中的 2 个。

- 包含大写字母(A、B、C 等)。
- 包含小写字母(a、b、c 等)。
- 包含数字(0、1、2 等)。
- 包含非字母数字字符(♯、&、~ 等)。

(10) 按要求输入密码,然后按 Enter 键,即可完成 Windows Server 2019 的安装。接着按 Alt+Ctrl+Del 组合键,输入管理员密码,就可以正常登录 Windows Server 2019 了。系统默认自动启动"服务器管理器"窗口,如图 8-26 所示。

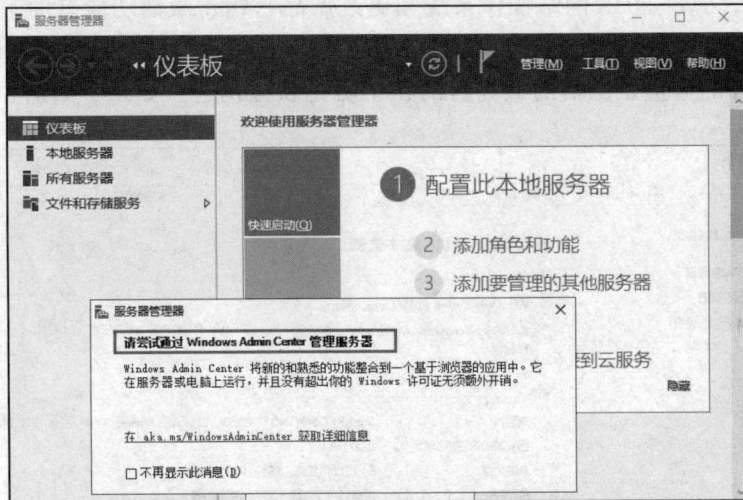

图 8-26　"服务器管理器"窗口

提示:Windows Admin Center 是本地部署的基于浏览器的应用,用于管理 Windows 服务器、群集、超融合基础设施和 Windows 10 计算机。它是免费产品,可供在生产中使用。

(11) 选择 VMware 菜单栏中的"虚拟机"→"安装 VMware Tools"命令,然后在计算机资源管理器中双击"DVD 驱动器(D:)VMware Tools",如图 8-27 所示。按照向导完成驱动程序的安装后,自动重启计算机。

179

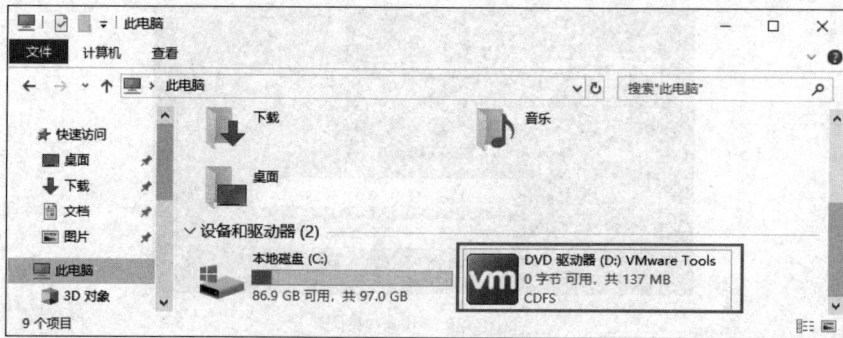

图 8-27　VMware Tools

**注意**：在没有安装 VMware Tools 之前，切换鼠标需要同时按下 Ctrl 键和 Alt 键，安装后则无须切换，并可以自由地在宿主机和虚拟机间使用复制和粘贴功能。虽然不安装 VMware Tools 也可以运行客户机操作系统，但很多 VMware 功能只能在安装 VMware Tools 后才能使用。例如，如果未在虚拟机中安装 VMware Tools，则无法从客户机操作系统中获取检测信号信息，或者无法使用工具栏中的关机或重新启动选项。此时只能使用电源选项，并且必须从每个虚拟机控制台中关闭客户机操作系统；也无法使用 VMware Tools 连接和断开虚拟设备以及压缩虚拟磁盘。

（12）激活 Windows Server 2019。单击"开始"菜单，选择"控制面板"→"系统和安全"→"系统"命令，打开图 8-28 所示的"系统"窗口，右下角显示 Windows 激活的状况，可以在此激活 Windows Server 2019 网络操作系统和更改产品密钥。激活功能有助于验证 Windows 的副本是否为正版，以及在多台计算机上使用的 Windows 数量是否已超过 Microsoft 软件许可条款所允许的数量。激活的最终目的在于防止软件伪造。如果不激活，可以试用。

图 8-28　"系统"窗口

（13）以管理员身份登录计算机 Server1,选择 VMware 菜单栏中的"虚拟机"→"快照"→"拍摄快照"命令,制作计算机安装成功的初始快照,以备后面实训后将系统恢复到初始状态。至此,Windows Server 2019 网络操作系统安装完成,现在就可以使用了。

## 任务 8-4  配置 Windows Server 2019 网络操作系统

在安装完成后,应先进行一些基本配置,如计算机名、IP 地址、配置自动更新等,这些均可在"服务器管理器"窗口中完成。

**1. 更改计算机名**

Windows Server 2019 在安装过程中不需要设置计算机名,而是使用由系统随机配置的计算机名。但系统配置的计算机名不仅冗长,而且不便于标记。因此,为了更好地标识和识别服务器,应将其更改为易记或有一定意义的名称。

（1）单击"开始"菜单,在弹出的快捷菜单中依次选择"控制面板"→"系统安全"→"管理工具"→"服务器管理器"命令,或者直接单击左下角的"服务器管理器"按钮 ,打开"服务器管理器"窗口,再单击左侧的"本地服务器"按钮,如图 8-29 所示。

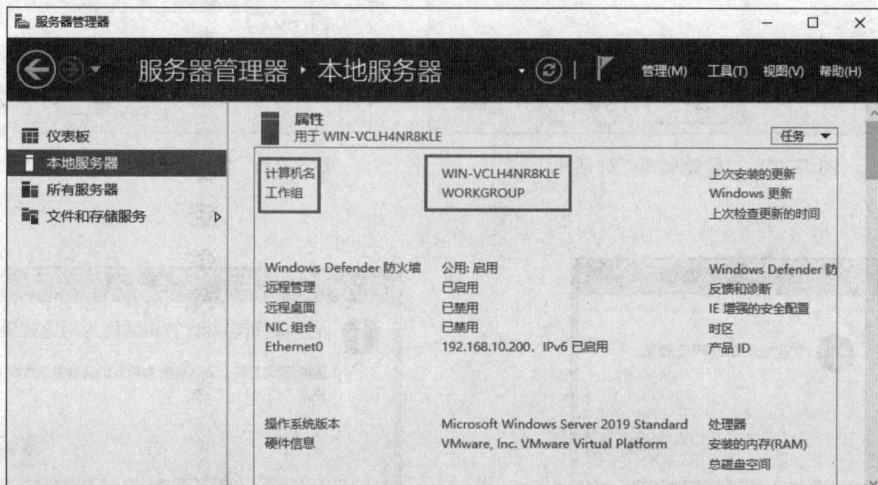

图 8-29  "服务器管理器"窗口

（2）直接单击"计算机名"和"工作组"后面的名称,对计算机名和工作组名进行修改即可。先单击计算机名,出现修改计算机名的对话框,如图 8-30 所示。

（3）单击"更改"按钮,显示图 8-31 所示的"计算机名/域更改"对话框。在"计算机名"文本框中输入新的名称,如 Server1。在"工作组"文本框中可以更改计算机所处的工作组。

（4）单击"确定"按钮,显示"欢迎加入 COMP 工作组"对话框,如图 8-32 所示。单击"确定"按钮,显示"重新启动计算机"对话框,提示必须重新启动计算机才能应用更改,如图 8-33 所示。

（5）单击"确定"按钮,回到"系统属性"对话框,再单击"关闭"按钮,关闭"系统属性"对话框。接着出现对话框,提示必须重新启动计算机以应用更改。

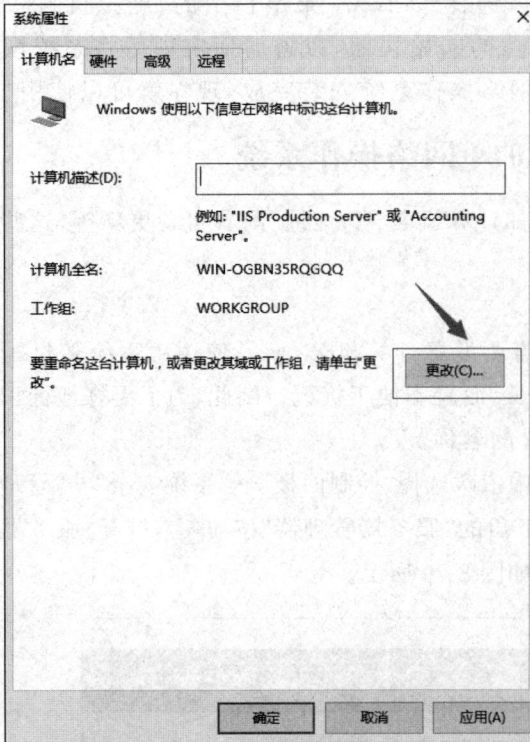

图 8-30 "系统属性"对话框

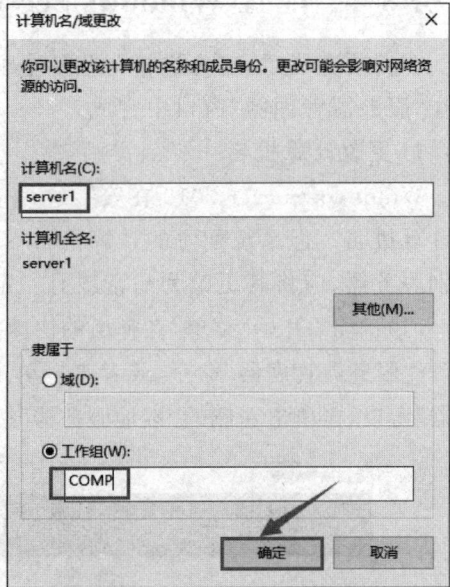

图 8-31 "计算机名/域更改"对话框

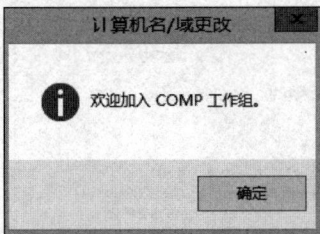

图 8-32 "欢迎加入 COMP 工作组"对话框

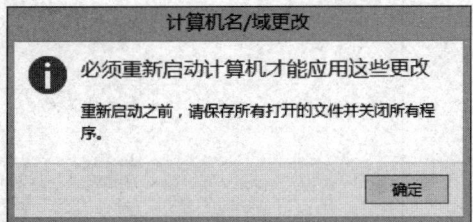

图 8-33 "必须重新启动计算机才能应用
这些更改"对话框

(6) 单击"立即重新启动"按钮,即可重新启动计算机,并应用新的计算机名。若单击
"稍后重新启动"按钮,则不会立即重新启动计算机。

**2. 配置网络**

网络配置是提供各种网络服务的前提。Windows Server 2019 安装完成以后,默认为
自动获取 IP 地址,自动从网络中的 DHCP 服务器获得 IP 地址。不过,由于 Windows
Server 2019 是用来为网络提供服务的,所以通常需要设置静态 IP 地址。另外,还可以配置
网络发现、文件共享等功能,实现与网络的正常通信。

1) 配置 TCP/IP

(1) 单击"开始"菜单,选择"控制面板"→"网络和 Internet"→"网络和共享中心"命令,

打开图 8-34 所示的"网络和共享中心"窗口。

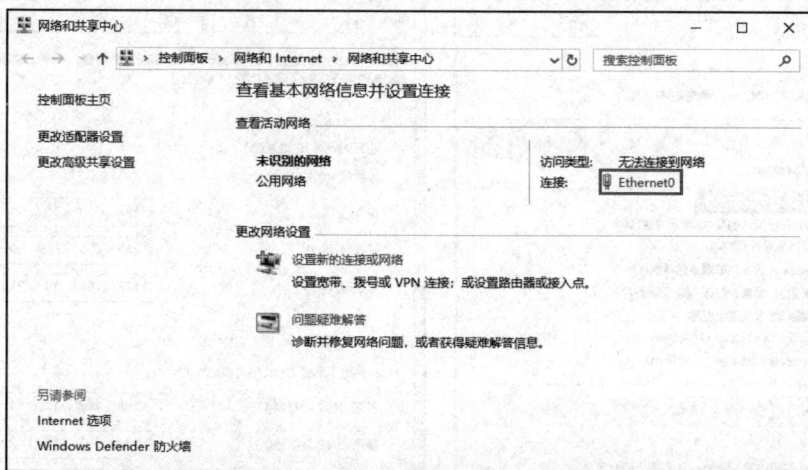

图 8-34　"网络和共享中心"窗口

（2）单击 Ethernet0 按钮，打开"Ethernet0 状态"对话框，如图 8-35 所示。

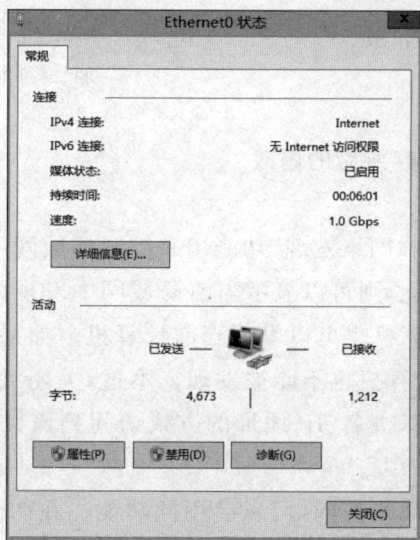

图 8-35　"Ethernet0 状态"对话框

（3）单击"属性"按钮，显示图 8-36 所示的"Ethernet0 属性"对话框。Windows Server 2019 中包含 IPv6 和 IPv4 两个版本的 Internet 协议，并且默认都已启用。

（4）在"此连接使用下列项目"选项框中单击"Internet 协议版本 4（TCP/IPv4）"选项，再单击"属性"按钮，显示图 8-37 所示的"Internet 协议版本 4（TCP/ IPv4）属性"对话框。选中"使用下面的 IP 地址"单选按钮，分别输入为该服务器分配的 IP 地址、子网掩码、默认网关和 DNS 服务器。如果要通过 DHCP 服务器获取 IP 地址，则保留默认的"自动获得 IP 地址"选项。

183

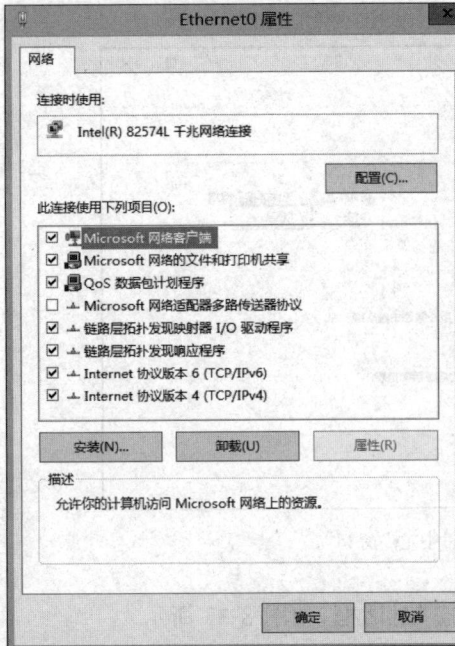

图 8-36 "Ethernet0 属性"对话框

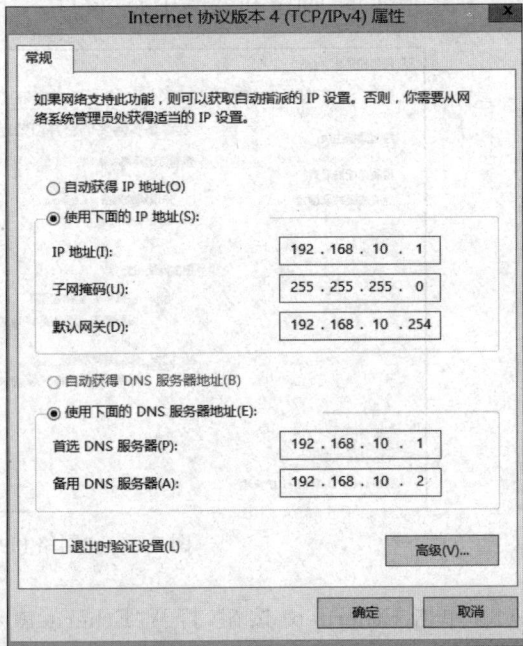

图 8-37 "Internet 协议版本 4(TCP/IPv4) 属性"对话框

（5）单击"确定"按钮，保存所做的修改。

2）启用网络发现

Windows Server 2019 的"网络发现"功能用来控制局域网中计算机和设备的发现与隐藏。如果启用"网络发现"功能，则可以显示当前局域网中发现的计算机，也就是启用了"网络邻居"功能。同时，其他计算机也可以发现当前计算机。如果禁用"网络发现"功能，则既不能发现其他计算机，当前计算机也不能被发现。不过，关闭"网络发现"功能时，其他计算机仍可以通过搜索或指定计算机名、IP 地址的方式访问到该计算机，但不会显示在其他用户的"网络邻居"中。

为了便于计算机之间的互相访问，可以启用此功能。在图 8-34 所示的"网络和共享中心"窗口中单击"更改高级共享设置"按钮，出现图 8-38 所示的"高级共享设置"窗口，选中"启用网络发现"单选按钮，并单击"保存更改"按钮，即可启用"网络发现"功能。

提示：如果重启后仍无法启用网络共享，这时请保证运行了 Function Discovery Resource Publication、SSDP Discovery 和 UPnP Device Host 三个服务。注意按顺序手动启动这三个服务后，将其都改为自动启动。"服务"设置工具在服务器管理器的"工具"菜单中。服务的启动方法是：改为"自动"状态后，依次单击"应用"和"确定"按钮。

3）文件和打印机共享

网络管理员可以通过启用"文件和打印机共享"功能，实现为其他用户提供服务或访问其他计算机上的共享资源的功能。在图 8-38 所示的"高级共享设置"窗口中，选中"启用文件和打印机共享"单选按钮，并单击"保存修改"按钮，即可启用"文件和打印机共享"功能。

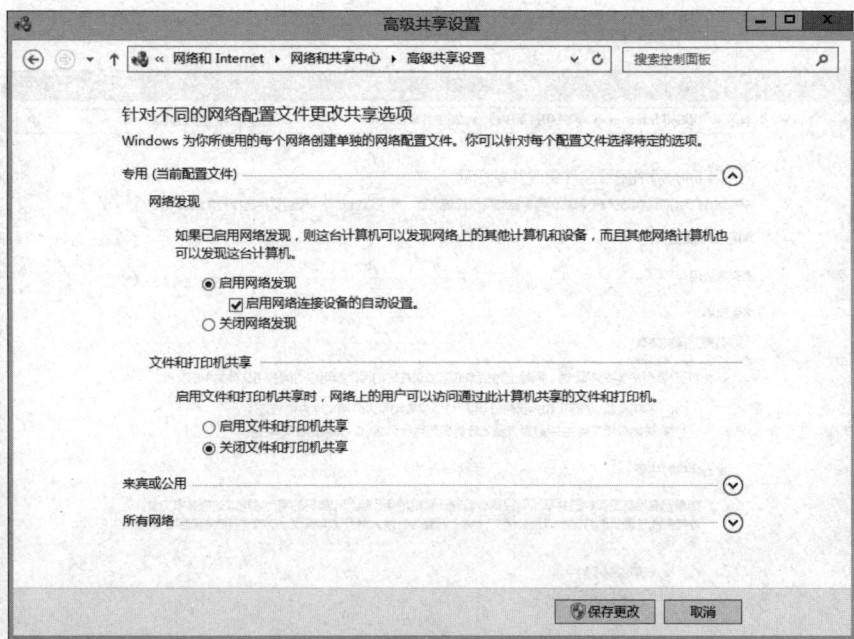

图 8-38　"高级共享设置"窗口

4）密码保护的共享

在图 8-38 所示的窗口中，单击"所有网络"右侧的 ⊙ 按钮，展开"所有网络"的高级共享设置，如图 8-39 所示。

- 可以选中"启用共享以便可以访问网络的用户可以读取和写入公用文件夹中的文件"选项。
- 如果选中"启用密码保护共享"选项，则其他用户必须使用当前计算机上有效的用户账户和密码才可以访问共享资源。Windows Server 2019 默认选中该选项。

**3. 配置虚拟内存**

在 Windows 中，如果内存不够，系统会把内存中暂时不用的一些数据写到磁盘上，以腾出内存空间给别的应用程序使用；当系统需要这些数据时，再重新把数据从磁盘读回内存中。用来临时存放内存数据的磁盘空间称为虚拟内存。建议将虚拟内存的大小设为实际内存的 1.5 倍，虚拟内存太小会导致系统没有足够的内存运行程序，特别是当实际的内存不大时。下面是设置虚拟内存的具体步骤。

（1）单击"开始"菜单，选择"控制面板"→"系统和安全"→"系统"→"高级系统设置"命令，打开"系统属性"对话框，再单击"高级"选项卡，如图 8-40 所示。

（2）单击"性能"选项区中"设置"按钮，打开"性能选项"对话框，再单击"高级"选项卡，如图 8-41 所示。

（3）单击"更改"按钮，打开"虚拟内存"对话框，如图 8-42 所示，取消勾选"自动管理所有驱动器的分页文件大小"复选框。选中"自定义大小"单选按钮，并设置初始大小为 4000MB，最大值为 6000MB，然后单击"设置"按钮。最后单击"确定"按钮并重启计算机，即可完成虚拟内存的设置。

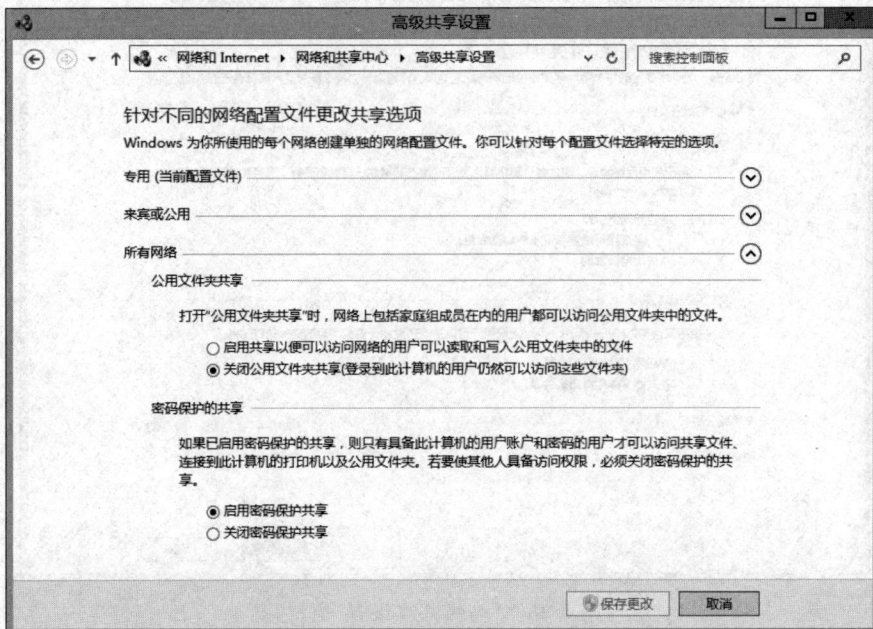

图 8-39  "所有网络"的高级共享设置

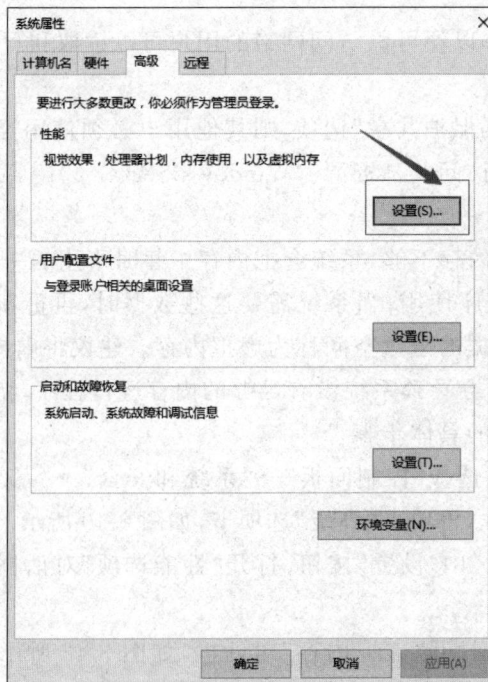

图 8-40  "系统属性"对话框

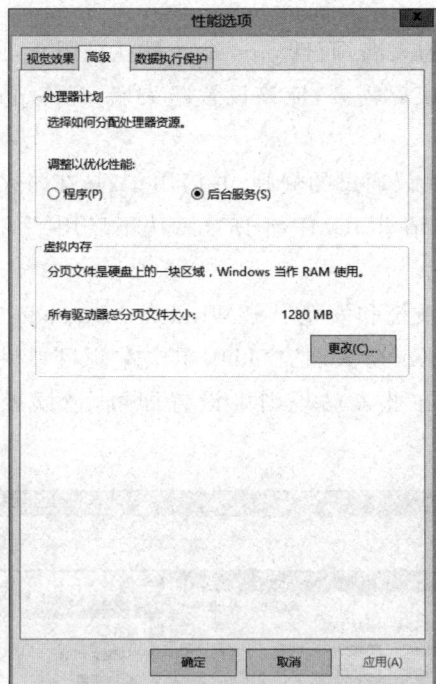

图 8-41　"性能选项"对话框　　　　　　图 8-42　"虚拟内存"对话框

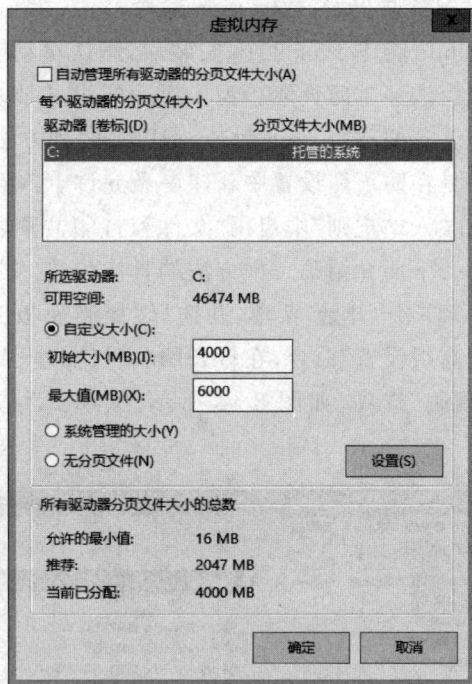

**注意**：虚拟内存可以分布在不同的驱动器中，总的虚拟内存等于各个驱动器上的虚拟内存之和。如果计算机上有多个物理磁盘，建议把虚拟内存放在不同的磁盘上，以增强虚拟内存的读写性能。虚拟内存的大小可以自定义，即管理员手动指定，或者由系统自行决定。页面文件所使用的文件是根目录下的 pagefile.sys，该文件为隐藏文件，不要轻易删除该文件，否则可能会导致系统崩溃。

**4. 设置外观和个性化**

在"外观和个性化"窗口中可以对计算机的文件资源管理器选项和字体进行设置，如图 8-43 所示。

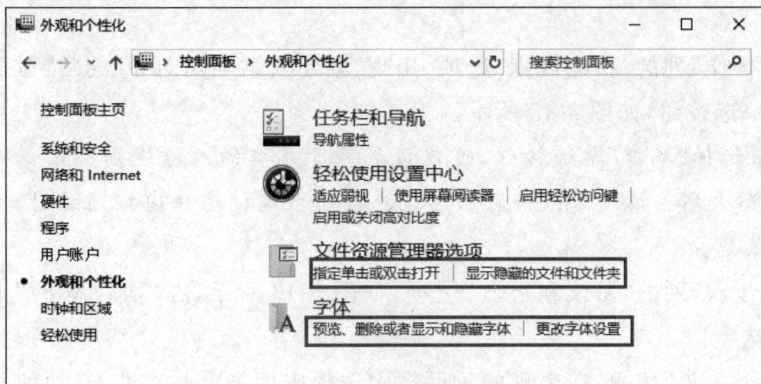

图 8-43　"外观和个性化"窗口

**5. 配置防火墙,放行 ping 命令**

Windows Server 2019 安装后,默认自动启用防火墙,而且 ping 命令默认被阻止,ICMP 协议包无法穿越防火墙。为了后面实训的要求及实际需要,应该设置防火墙,允许 ping 命令通过。若要放行 ping 命令,有以下两种方法。

一是在防火墙设置中新建一条允许 ICMPv4 协议通过的规则,并启用;二是在防火墙设置时,在"入站规则"中启用"文件和打印共享(回显请求-ICMPv4-In)(默认不启用)"的预定义规则。下面介绍第 1 种方法的具体步骤。

(1) 单击"开始"菜单,并选择"控制面板"→"系统和安全"→"Windows Defender 防火墙"→"高级设置"命令,在打开的"高级安全 Windows 防火墙"窗口中单击左侧目录树中的"入站规则"选项,如图 8-44 所示。(第 2 种方法在此入站规则中设置即可,请读者自己操作。)

图 8-44 "高级安全 Windows 防火墙"窗口

(2) 单击"操作"列的"新建规则"选项,出现"新建入站规则向导"的"规则类型"对话框,选中"自定义"单选按钮,如图 8-45 所示。

**提示**:如果选择"端口"单选按钮,可以设置基于端口的入站规则。比如可以设置端口 2121 允许通过防火墙。请读者做一做。后续在使用多端口建立虚拟网站时,会用到基于端口的入站规则的建立。

(3) 单击"步骤"列的"协议和端口"选项,如图 8-46 所示,在"协议类型"下拉列表框中单击 ICMPv4 选项。

(4) 单击"下一步"按钮,在出现的对话框中选择应用于哪些本地 IP 地址和哪些远程 IP 地址。可以选中"任何 IP 地址"单选按钮。

(5) 继续单击"下一步"按钮,选择是否允许连接,此处选中"允许连接"单选按钮。

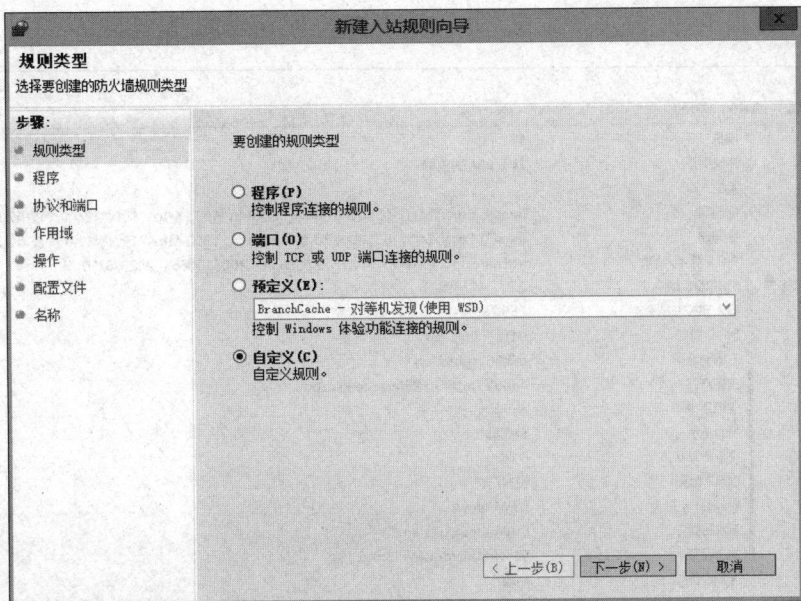

图 8-45　"规则类型"对话框

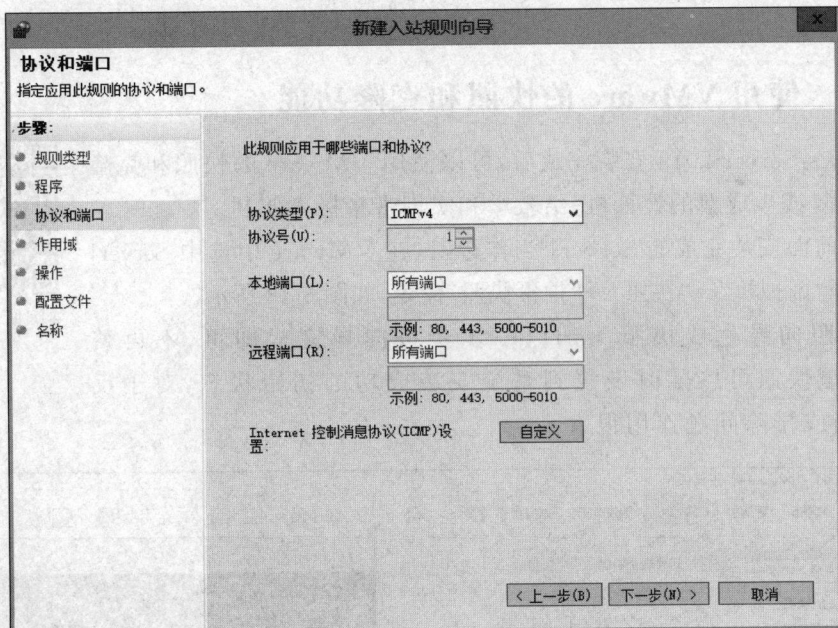

图 8-46　"协议和端口"对话框

（6）再次单击"下一步"按钮，选择何时应用本规则。

（7）最后单击"下一步"按钮，输入本规则的名称，如 ICMPv4 协议规则。单击"完成"按钮，使新规则生效。

**6. 查看系统信息**

系统信息包括硬件资源、组件和软件环境等内容。单击"开始"菜单，再选择"控制面板"→

"系统安全"→"管理工具"→"系统信息"命令,打开图 8-47 所示的"系统信息"窗口。

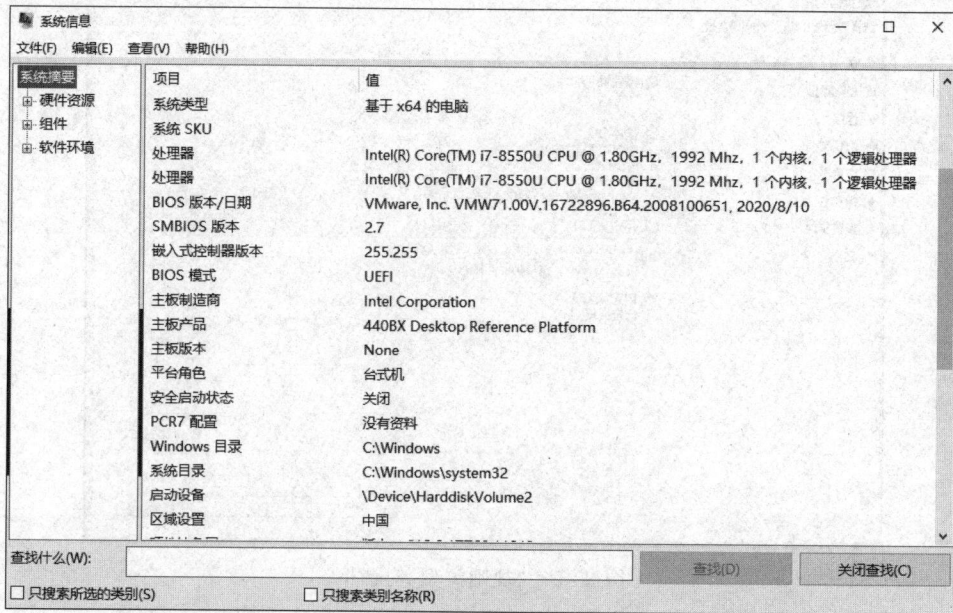

图 8-47 "系统信息"窗口

## 任务 8-5 使用 VMware 的快照和克隆功能

Windows Server 2019 安装完成后,可以使用 VMware 的快照和克隆功能迅速恢复或生成新的计算机,给教学和实训带来极大便利。

(1)将前面安装完成的 Server1 当作母盘,在 VMware 中选中 Server1 虚拟机,选择"虚拟机"→"快照"→"拍摄快照"命令,如图 8-48 所示。

(2)按照向导生成快照 start1(一步步按向导完成即可,不再赘述)。利用该快照可以随时恢复到系统安装成功的初始状态,对于反复完成实训或排除问题作用很大。

熟练使用 VMware

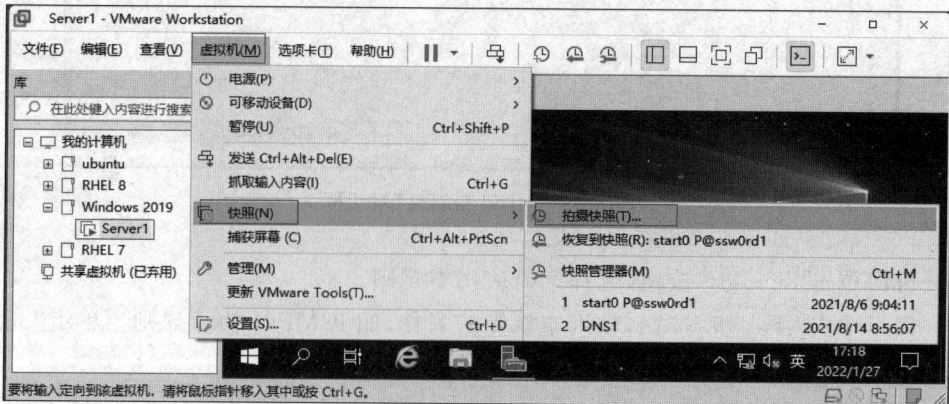

图 8-48 "拍摄快照"命令

（3）选中 Server1 虚拟机，选择"虚拟机"→"管理"→"克隆"命令，如图 8-49 所示。

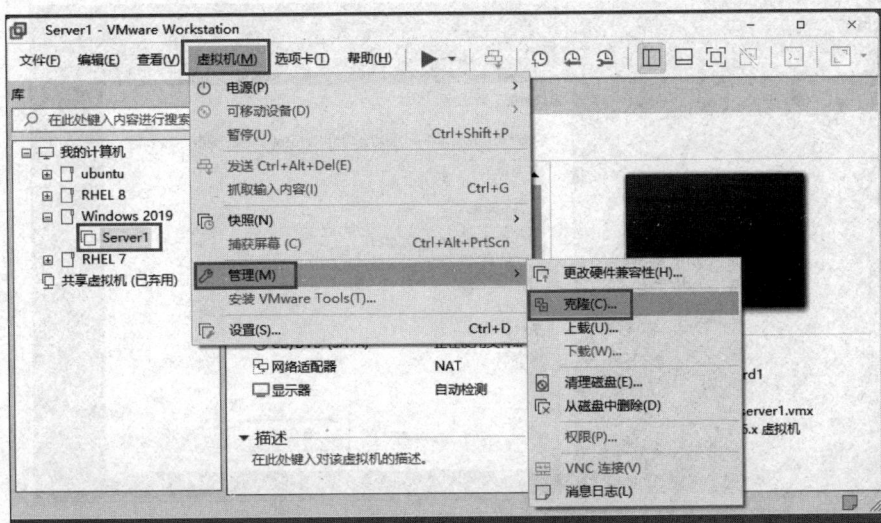

图 8-49　克隆 Server1 后生成 Server3

**注意**：只有处于关闭状态的虚拟机才可以克隆。

（4）在图 8-50 所示对话框中填写新虚拟机的名称和位置，单击"下一步"按钮，快速生成 Server3 计算机（新虚拟机的位置要提前规划好，如 D:\VM\Win 2019\Server3）。

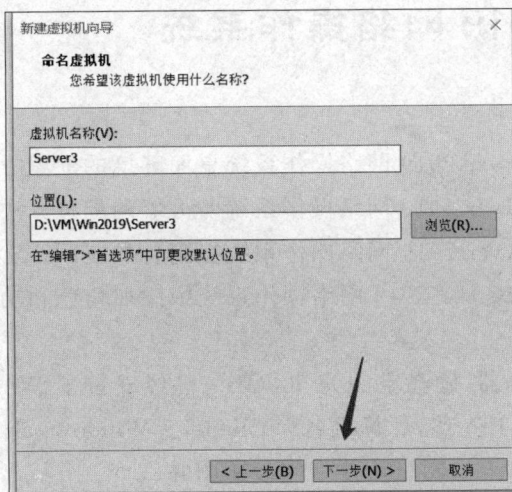

图 8-50　填写新虚拟机的名称和位置

（5）克隆成功后，启动 Server3 虚拟机，以管理员身份登录计算机。

**注意**：Server3 与 Server1 的管理员账户和密码相同，因为 Server3 是克隆而来的。

（6）在运行中输入命令 c:\windows\system32\sysprep\sysprep，选中"通用"复选框，如图 8-51 所示。单击"确定"按钮，对 Server3 计算机进行重整，消除克隆的影响。

（7）按照向导完成对 Server3 计算机的重整，并安装 VMware Tools。

（8）按照上述方法，分别制作 Server2 和 Server4 两台独立服务器。

191

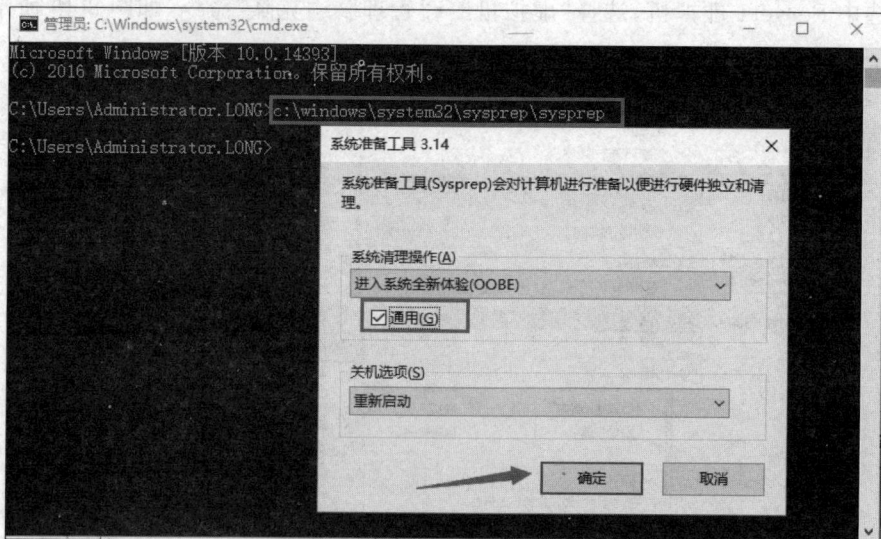

图 8-51　消除克隆的影响

（9）制作 Server1、Server2、Server3 和 Server4 的快照，以供后续使用。

# 8.6　项目实训　配置 Windows Server 2019 网络操作系统

**1. 实训目的**

- 掌握 Windows Server 2019 网络操作系统桌面环境的配置方法。
- 掌握 Windows Server 2019 网络操作系统防火墙的配置方法。
- 掌握 Windows Server 2019 网络操作系统控制台的应用。
- 掌握在 Windows Server 2019 网络操作系统中添加角色和功能的方法。

**2. 网络拓扑结构**

公司新购进一台服务器，硬盘空间为 500GB。已经安装了 Windows 10 网络操作系统和 VMware Workstation Pro 16，计算机名为 Client1。Windows Server 2019 网络操作系统的映像文件已保存在硬盘上。网络拓扑结构参照图 8-2。

**3. 实训步骤**

本项目实训步骤如下。

（1）在 VMware 中安装 Widows Server 2019 网络操作系统的虚拟机 Server1。

（2）配置桌面环境。

- 更改计算机名。
- 虚拟内存大小设为实际内存的 2 倍。
- 配置网络，并设置服务器的 IP 地址为 192.168.10.20/24，网关的 IP 地址为 192.168. 10.254，首选 DNS 服务器的 IP 地址为 192.168.10.1。

- 设置显示属性。
- 查看系统信息。
- 利用"Windows 更新"功能更新 Windows Server 2019 网络操作系统为最新版。

（3）使用规则放行 ping 命令。

（4）使用规则放行通过端口 2121 和端口 8080 的 TCP 流量。

（5）关闭防火墙。

（6）测试物理主机（Host）与虚拟机（Server1）之间的通信。分别演示 3 种网络连接模式下的通信情况，从而总结出 3 种联网方式的区别与应用场所。

（7）根据具体的虚拟机环境演示虚拟机连接到 Internet 的方法和技巧。

（8）使用管理控制台。

（9）添加角色和功能。

（10）以 Server1 为母盘，克隆生成 MS1，使用/windows/system32/sysprep/sysprep.exe 命令重整 MS1，并安装 VMware Tools。

（11）制作 MS1 的快照，以备后续项目使用。

**提示**：读者独立完成项目实训，检查学习效果。

## 8.7  习  题

**一、填空题**

1. Windows Server 2019 所支持的文件系统包括 _____、_____、_____。Windows Server 2019 系统只能安装在_____文件系统分区。

2. Windows Server 2019 有多种安装方式，分别适用于不同的环境，选择合适的安装方式可以提高工作效率。除了全新安装外，还有_____、_____及_____。

3. 安装 Windows Server 2019 时，内存至少不低于_____，硬盘的可用空间不低于_____，并且只支持_____位版本。

4. Windows Server 2019 的管理员口令要求必须符合以下条件：①至少 6 个字符；②不包含 Administrator 或 admin；③包含_____、_____、大写字母（A～Z）、小写字母（a～z）4 组字符中的 2 组。

5. Windows Server 2019 发行的版本主要有 4 个，即_____、_____、_____、_____。

6. 页面文件所使用的文件是根目录下的_____，不要轻易删除该文件，否则可能会导致系统崩溃。

7. 对于虚拟内存的大小，建议为实际内存的_____。

**二、选择题**

1. 在 Windows Server 2019 系统中，如果要输入 DOS 命令，则在"运行"对话框中输入（    ）。

A. CMD  　　　　　　　　　B. MMC

C. AUTOEXE  　　　　　　　D. TTY

2. Windows Server 2019 系统安装时生成的 Documents and Settings、Windows 以及 Windows\System32 文件夹是不能随意更改的,因为它们是(　　　)。

A. Windows 的桌面

B. Windows 正常运行时所必需的应用软件文件夹

C. Windows 正常运行时所必需的用户文件夹

D. Windows 正常运行时所必需的系统文件夹

3. 有一台服务器的网络操作系统是 Windows Server 2016,文件系统是 NTFS,无任何分区。现要求对该服务器进行 Windows Server 2019 的安装,保留原数据,但不保留网络操作系统,应使用下列方法(　　　)进行安装才能满足需求。

A. 在安装过程中进行全新安装并格式化磁盘

B. 对原操作系统进行升级安装,不格式化磁盘

C. 做成双引导,不格式化磁盘

D. 重新分区并进行全新安装

4. 现要在一台装有 Windows Server 2016 网络操作系统的计算机上安装 Windows Server 2019,并做成双引导系统。此计算机硬盘的大小是 200GB,有两个分区:C 盘 100GB,文件系统是 FAT;D 盘 100GB,文件系统是 NTFS。为使计算机成为双引导系统,以下(　　　)选项是最好的方法。

A. 安装时选择升级选项,并且选择 D 盘作为安装盘

B. 全新安装,选择 C 盘上与 Windows 相同的目录作为 Windows Server 2019 的安装目录

C. 升级安装,选择 C 盘上与 Windows 不同的目录作为 Windows Server 2019 的安装目录

D. 全新安装,且选择 D 盘作为安装盘

### 三、简答题

1. 简述 Windows Server 2019 系统的最低硬件配置需求。

2. 在安装 Windows Server 2019 前有哪些注意事项?

3. 请简述 Windows Server 2019 的版本及最低安装要求。

# 项目 9 部署与管理 Active Directory 域服务

## 9.1 项目导入

公司组建的单位内部的办公网络原来是基于工作组方式的，近期由于公司业务发展，人员激增，基于方便和网络安全管理的需要，考虑将基于工作组的网络升级为基于域的网络。现在需要将一台或多台计算机升级为域控制器，并将其他所有计算机加入域成为成员服务器，同时将原来的本地用户账户和组也升级为域用户和组进行管理。

## 9.2 职业能力目标和要求

- 掌握规划和安装局域网中活动目录的方法。
- 掌握创建目录林根级域的方法。
- 掌握安装额外域控制器的方法。
- 正确认识和理解学习的价值，培养学生树立终身学习的意识。

## 9.3 相关知识

活动目录（active directory，AD）是 Windows Server 网络操作系统中非常重要的目录服务。活动目录用于存储网络上各种对象的有关信息，包括用户账户、组、打印机、共享文件夹等，并把这些数据存储在目录服务数据库中，便于管理员和用户查询及使用。活动目录具有安全、可扩展、可伸缩的特点，活动目录域服务与域名系统（domain name system，DNS）集成在一起，可基于策略进行管理。

### 9.3.1 认识活动目录及其意义

什么是活动目录呢？活动目录就是 Windows 网络中的目录服务（directory service），即活动目录域服务（active directory domain services，AD DS）。目录服务有两方面的内容：目录和与目录相关的服务。

活动目录（一）

活动目录负责目录数据库的保存、新建、删除、修改与查询等服务,用户能很容易地在目录内寻找所需的数据。

AD DS 的适用范围非常广泛,它可以用在一台计算机、一个小型局域网络或数个广域网结合的环境中。它包含此范围中的所有对象,如文件、打印机、应用程序、服务器、域控制器和用户账户等。使用活动目录具有以下意义。

(1) 简化管理。

(2) 提高系统的安全性。

(3) 改进系统的性能与可靠性。

提示:命名空间、对象和属性、容器、可重新启动的 AD DS、AD 回收站和 AD DS 的复制模式请扫描观看。

活动目录(二)

## 9.3.2　认识活动目录的逻辑结构

活动目录结构是指网络中所有用户、计算机以及其他网络资源的层次关系,就像一个大型仓库中分出若干个小储藏间,每个小储藏间分别用来存放东西。通常活动目录的结构可以分为逻辑结构和物理结构,分别包含不同的对象。

活动目录的逻辑结构非常灵活,目录中的逻辑单元通常包括架构、域、组织单位、域目录树、域目录林、站点和目录分区。

**1. 架构**

AD DS 对象类型与属性数据是定义在架构(schema)内的,例如,它定义了用户对象类型内包含的属性(姓、名、电话等)、每一个属性的数据类型等信息。

隶属于 Schema Admins 组的用户可以修改架构内的数据,应用程序也可以自行在架构内添加其所需的对象类型或属性。在一个林内的所有域树共享相同的架构。

**2. 域**

域是在 Windows Server 2019 网络环境中组建客户机/服务器网络的实现方式。

**3. 组织单位**

组织单位(organizational unit,OU)在活动目录中扮演特殊的角色,它是一个当普通边界不能满足要求时创建的边界。组织单位把域中的对象组织成逻辑管理组,而不是安全组或代表地理实体的组。组织单位是应用组策略和委派责任的最小单位。

组织单位是包含在活动目录中的容器对象。创建组织单位的目的是对活动目录对象进行分类。因此组织单位是可将用户、组、计算机和其他单元放入活动目录的容器,组织单位不能包括来自其他域的对象。

使用组织单位,用户可在组织单位中代表逻辑层次结构的域中创建容器,这样就可以根据组织模型管理网络资源的配置和使用。可授予用户对域中某个组织单位的管理权限,组织单位的管理员不需要具有域中任何其他组织单位的管理权。

**4. 域目录树**

当要配置一个包含多个域的网络时,应该将网络配置成域目录树结构,如图 9-1 所示。在该域目录树中,最上层的

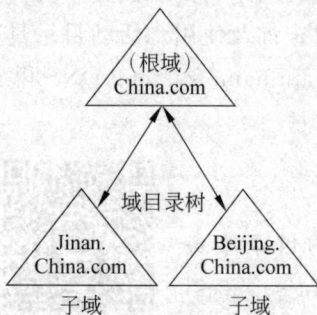

图 9-1　域目录树

域名为 China.com,是这个域目录树的根域,也称为父域。下面两个域 Jinan.China.com 和 Beijing.China.com 是 China.com 域的子域。3 个域共同构成了这个域目录树。

**5. 域目录林**

如果网络的规模比前面提到的域目录树还要大,甚至包含了多个域目录树,就可以将网络配置为域目录林(也称森林)结构。域目录林由一个或多个域目录树组成,如图 9-2 所示。域目录林中的每个域目录树都有唯一的命名空间,它们之间并不是连续的,这一点从图 9-2 的两个目录树中可以看到。

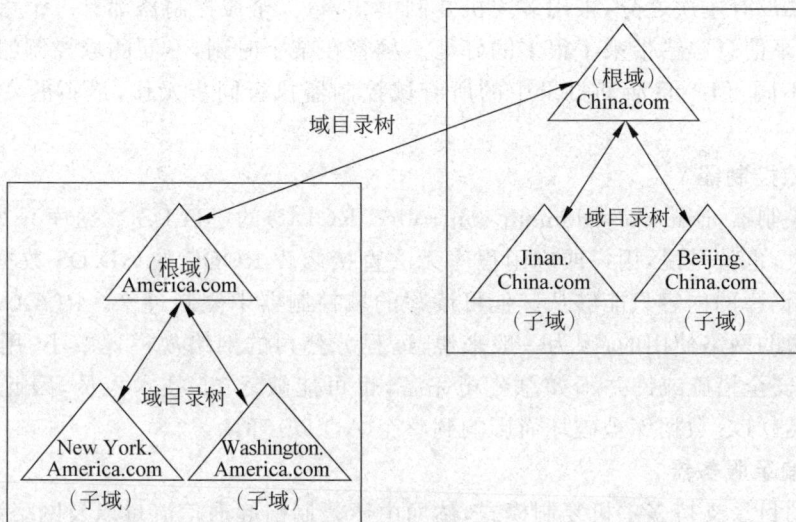

图 9-2  域目录林

整个域目录林中也存在一个根域,这个根域是域目录林中最先安装的域。在图 9-2 所示的域目录林中,因为 China.com 是最先安装的,所以这个域是域目录林的根域。

**注意**:在创建域目录林时,组成域目录林的两个域目录树的树根之间会自动创建相互的、可传递的信任关系。由于有了双向的信任关系,域目录林中的每个域中的用户都可以访问其他域的资源,也可以从其他域登录到本域中。

**6. 站点**

站点由一个或多个 IP 子网组成,这些子网通过高速网络设备连接在一起。

**7. 目录分区**

AD DS 数据库被逻辑地分为架构目录分区(schema directory partition)、配置目录分区(configuration directory partition)、域目录分区(domain directory partition)和应用程序目录分区(application directory partition)4 个目录分区。

## 9.3.3  认识活动目录的物理结构

活动目录的物理结构与逻辑结构是彼此独立的两个概念。逻辑结构侧重于网络资源的管理,而物理结构则侧重于网络的配置和优化。物理结构的 3 个重要概念是域控制器、只读域控制器和全局编录服务器。

**1. 域控制器**

域控制器是指安装了活动目录的 Windows Server 2019 的服务器,它保存了活动目录信息的副本。域控制器管理目录信息的变化,并把这些变化复制到同一个域中的其他域控制器上,使各域控制器上的目录信息同步。域控制器负责用户的登录过程以及其他与域有关的操作,如身份鉴定、目录信息查找等。一个域可以有多个域控制器,规模较小的域可以只有两个域控制器,一个实际应用,另一个用于容错性检查,规模较大的域则使用多个域控制器。

域控制器没有主次之分,采用多主机复制模式,每一个域控制器都有一个可写入的目录副本,这为目录信息容错带来了很多的好处。尽管在某个时刻,不同的域控制器中的目录信息可能有所不同,但一旦活动目录中的所有域控制器执行同步操作,最新的变化信息就会一致。

**2. 只读域控制器**

只读域控制器(read-only domain controller,RODC)的 AD DS 数据库只可以被读取,不可以被修改,也就是说,用户或应用程序无法直接修改 RODC 的 AD DS 数据库。RODC 的 AD DS 数据库的内容只能够从其他可读写的域控制器中复制过来。RODC 主要是设计给远程分公司的网络使用的,因为一般来说,远程分公司的网络规模比较小、用户人数比较少,此网络的安全措施或许并不如总公司完备,也可能缺乏 IT 技术人员,因此采用 RODC 可避免因其 AD DS 数据库被破坏而影响到整个 AD DS 环境。

**3. 全局编录服务器**

尽管活动目录支持多主机复制模式,然而由于复制引起通信流量以及网络潜在的冲突,变化的传播并不一定能够顺利进行,因此有必要在域控制器中指定全局编录(global catalog,GC)服务器以及操作主机。全局编录是一个信息仓库,包含活动目录中所有对象的部分属性,是在查询过程中访问最为频繁的属性。利用这些信息,可以定位任何一个对象实际所在的位置。全局编录服务器是一个域控制器,它保存了全局编录的一份副本,并执行对全局编录的查询操作。全局编录服务器可以提高活动目录中大范围内对象检索的性能,例如,在域林中查询所有的打印机操作。如果没有全局编录服务器,那么必须调动域林中每一个域的查询过程。如果域中只有一个域控制器,那么它就是全局编录服务器。如果有多个域控制器,那么管理员必须把一个域控制器配置为全局编录服务器。

# 9.4 项目设计与准备

**1. 项目设计**

下面说明如何建立第 1 个林中的第 1 个域(根域)。我们将项目 2 安装的 Server1 升级为域控制器并建立域,也将架设此域的第 2 台域控制器(Server2)、第 3 台域控制器(Server3)、第 4 台域控制器(Server4)和一台加入域的成员服务器(MS1),如图 9-3 所示。

**提示:**建议利用 VMware Workstation 或 Windows Server 2019 Hyper-V 等提供虚拟环境的软件来搭建图 9-3 中的网络环境。若复制(克隆)现有虚拟机,则要记得执行 c:\

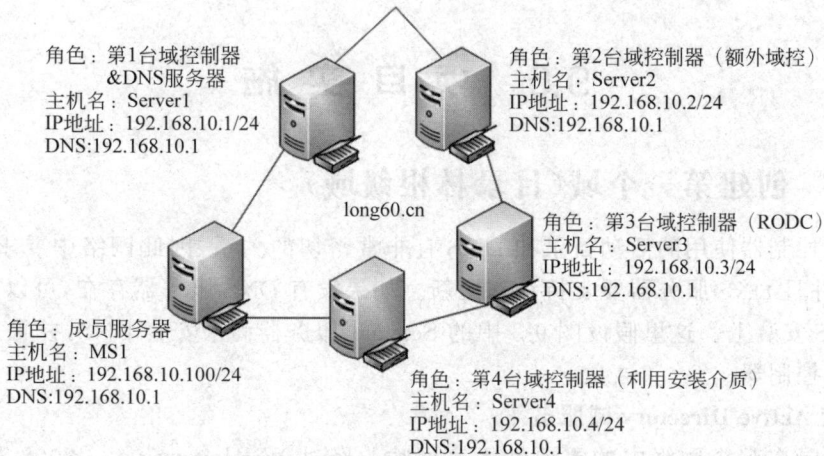

角色：第1台域控制器
&DNS服务器
主机名：Server1
IP地址：192.168.10.1/24
DNS:192.168.10.1

角色：第2台域控制器（额外域控）
主机名：Server2
IP地址：192.168.10.2/24
DNS:192.168.10.1

long60.cn

角色：第3台域控制器（RODC）
主机名：Server3
IP地址：192.168.10.3/24
DNS:192.168.10.1

角色：成员服务器
主机名：MS1
IP地址：192.168.10.100/24
DNS:192.168.10.1

角色：第4台域控制器（利用安装介质）
主机名：Server4
IP地址：192.168.10.4/24
DNS:192.168.10.1

图 9-3　AD DS 网络拓扑结构

windows\system32\sysprep\sysprep.exe 命令并勾选"通用"复选框,因为要对新克隆的计算机进行重整后才能正常使用。为了不相互干扰,VMware 的虚拟机的网络连接模式采用"仅主机模式"。

**注意**:本项目的虚拟机非常多,后面会交叉用到,请在每台服务器升级域控制器前一定做好快照! 后面会持续用到这些完成初始安装的快照,切记! 若没有做快照,后面继续使用时请降级为成员服务器或独立服务器,不再赘述。初始安装后做快照是个好习惯!

**2. 项目准备**

要将图 9-3 左上角的服务器 Server1 升级为域控制器(安装 Active Directory 域服务),因为它是第一台域控制器,所以这个升级操作会同时完成下面的工作。

- 建立第一个新林。
- 建立此新林中的第一个域树。
- 建立此新域树中的第一个域。
- 建立此新域中的第一台域控制器。
- 计算机名称 Server1 自动更改为 Server1.long60.cn。

换句话说,在建立图 9-3 中的第一台域控制器 Server1.long60.cn 时,会同时建立此域控制器所隶属的域 long60.cn、域 long60.cn 所隶属的域树,而域 long60.cn 也是此域树的根域。由于是第一个域树,因此它同时会建立一个新林,林名就是第一个域树根域的域名 long60.cn,域 long60.cn 就是整个林的林根域。

我们将通过新建服务器角色的方式,将图 9-3 中左上角的服务器 Server1.long60.cn 升级为网络中的第一台域控制器。

**注意**:超过一台计算机参与部署环境时,一定要保证各计算机间的通信畅通,否则无法进行后续的工作。当使用 ping 命令测试失败时,有两种可能:一种是计算机间的配置确实存在问题,如 IP 地址、子网掩码等;另一种也可能是本地计算机间的通信是畅通的,但由于防火墙等阻挡了 ping 命令的执行,此时可考虑暂时关闭防火墙。

# 9.5 项目实施

## 任务 9-1 创建第一个域（目录林根级域）

由于域控制器使用的活动目录和 DNS 有非常密切的关系，因此网络中要求有 DNS 服务器存在，并且 DNS 服务器要支持动态更新。如果没有 DNS 服务器存在，可以在创建域时一起把 DNS 安装上。这里假设图 9-3 中的 Server1 服务器尚未安装 DNS，并且是该域林中的第 1 台域控制器。

### 1. 安装 Active Directory 域服务

活动目录在整个网络中的重要性不言而喻。经过 Windows Server 2008 和 Windows Server 2012 的不断完善，Windows Server 2019 中的活动目录服务功能更加强大，管理更加方便。在 Windows Server 2019 系统中安装活动目录时，需要先安装 Active Directory 域服务，然后将此服务器提升为域控制器，从而完成活动目录的安装。

Active Directory 域服务的主要作用是存储目录数据并管理域之间的通信，包括用户登录处理、身份验证和目录搜索等。

（1）将 Server1 的计算机名称、IPv4 地址等按图 9-3 所示的信息进行配置（图 9-3 中采用 TCP/IPv4）。注意将计算机名称设置为 Server1 即可，等升级为域控制器后，它会被自动改为 Server1.long60.cn。

（2）以管理员用户身份登录到 Server1，依次选择"开始"→"服务器管理器"命令（也可以直接单击任务务栏的服务器管理器图标，或者依次选择"开始"→"控制面板"→"系统和安全"→"管理工具"→"服务器管理器"命令），单击"添加角色和功能"按钮，打开图 9-4 所示的"添加角色和功能向导"对话框。

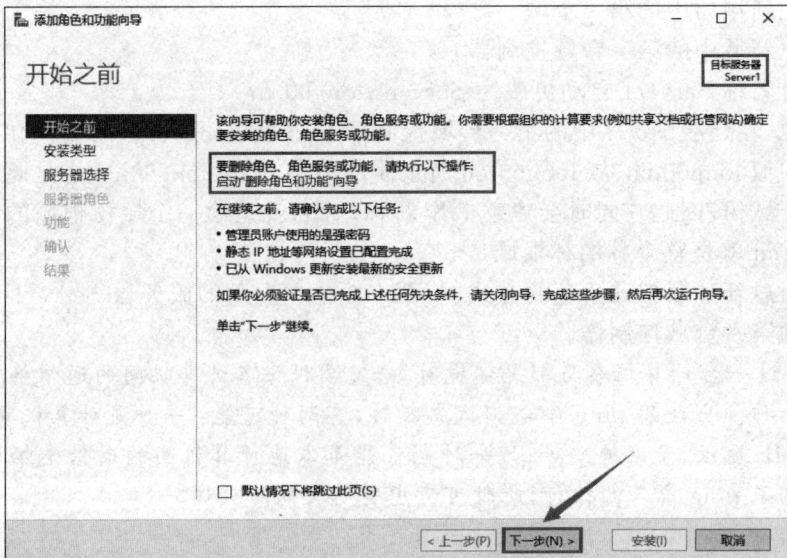

图 9-4 "添加角色和功能向导"对话框

**提示**：请读者注意图 9-4 所示的"启动'删除角色和功能'向导"按钮，如果安装完 AD 服务后需要删除该服务角色，则单击该按钮删除 Active Directory 域服务即可。

（3）持续单击"下一步"按钮，直到显示图 9-5 所示的"选择服务器角色"对话框时，选中"Active Directory 域服务"复选框，并在"添加角色和功能向导"对话框中单击"添加功能"按钮。

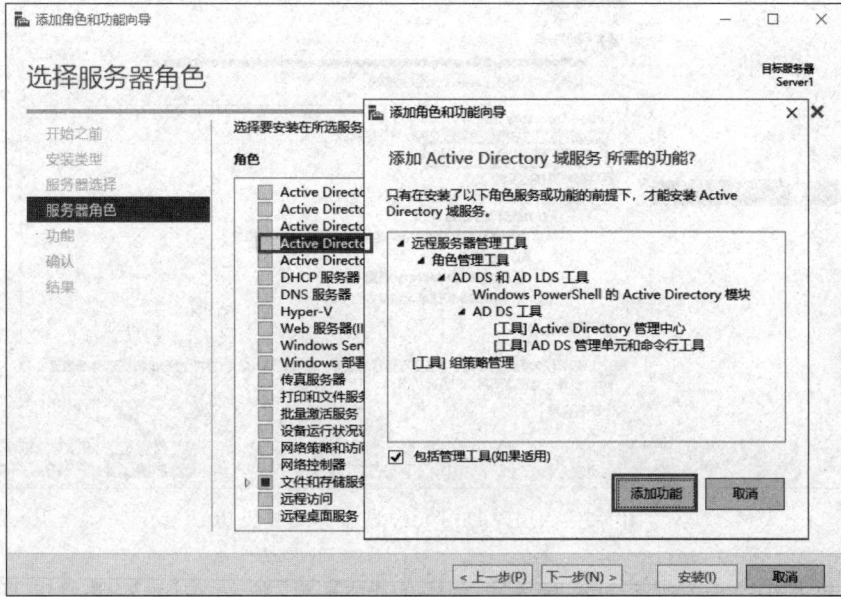

图 9-5　选择服务器角色

（4）持续单击"下一步"按钮，直到显示图 9-6 所示的"确认安装所选内容"对话框。

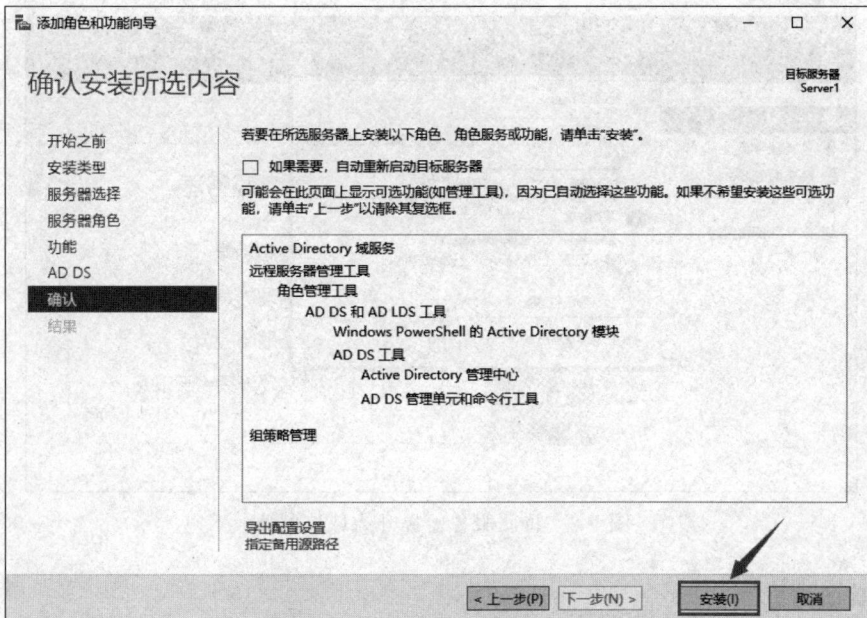

图 9-6　"确认安装所选内容"对话框

201

（5）单击"安装"按钮即可开始安装。安装完成后显示图 9-7 所示的安装结果，提示"Active Directory 域服务"已经安装成功。

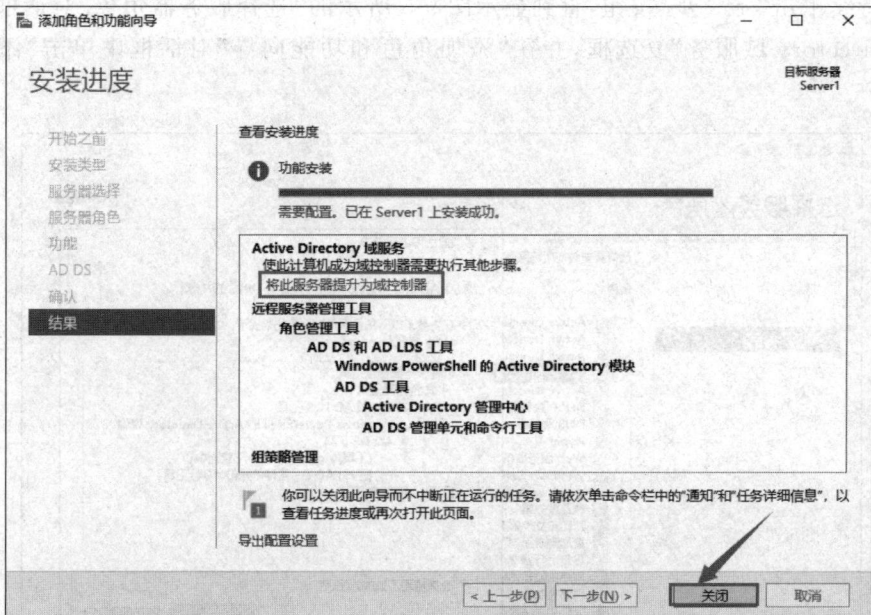

图 9-7　Active Directory 域服务安装成功

提示：如果在图 9-7 所示的对话框中直接单击"关闭"按钮，则之后要将其提升为域控制器时，先单击图 9-8 所示的服务器管理器右上方的旗帜符号，再单击"将此服务器提升为域控制器"按钮。

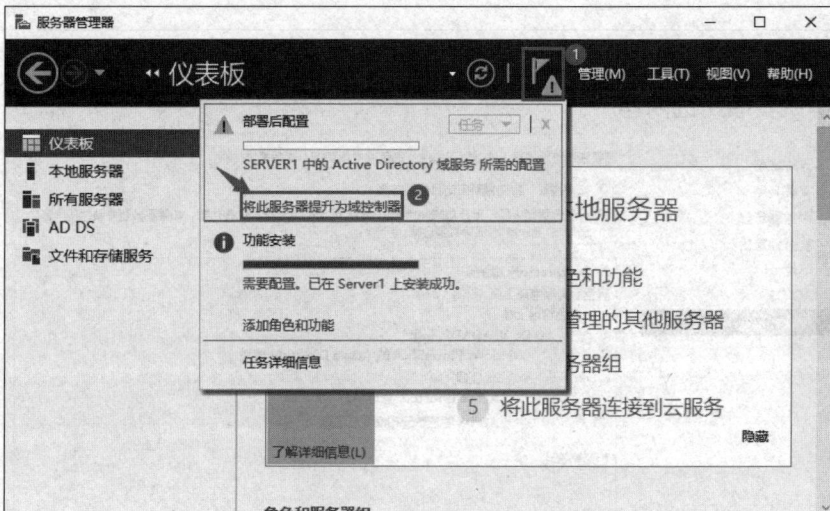

图 9-8　将此服务器提升为域控制器

**2. 安装活动目录**

（1）在图 9-7 或图 9-8 所示的对话框中单击"将此服务器提升为域控制器"按钮，显示

图 9-9 所示的"部署配置"对话框,选中"添加新林"单选按钮,设置林根域名(本例为 long60. cn),创建一台全新的域控制器。如果网络中已经存在其他域控制器或林,则可以选中"将新域添加到现有林"单选按钮,在现有林中安装。

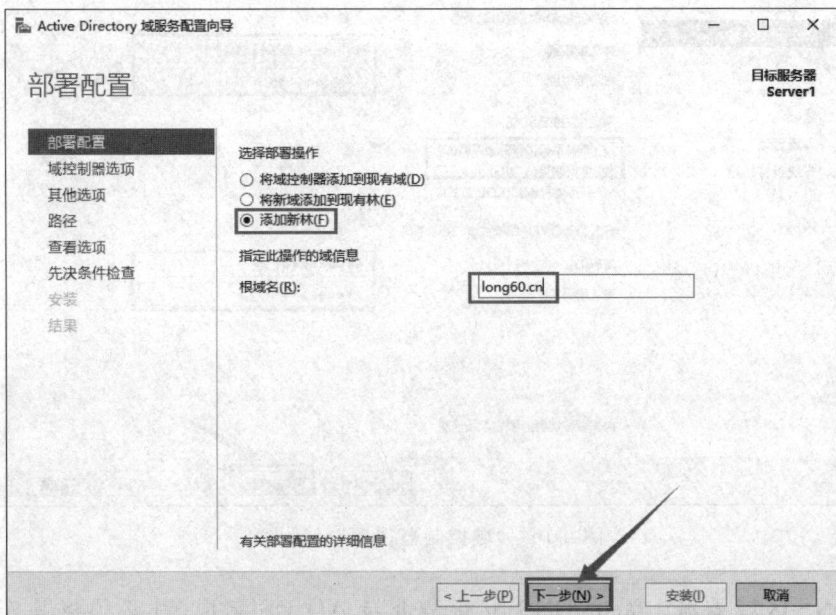

图 9-9 "部署配置"对话框 1

"选择部署操作"选项区中的 3 个选项的具体含义如下。

● 将域控制器添加到现有域:可以向现有域添加第 2 台或更多域控制器。

● 将新域添加到现有林:在现有林中创建现有域的子域。

● 添加新林:新建全新的域。

**提示**:网络既可以配置一台域控制器,也可以配置多台域控制器,以分担用户的登录和访问。多个域控制器可以一起工作,并会自动备份用户账户和活动目录数据,即使部分域控制器瘫痪,网络访问仍然不受影响,从而提高网络的安全性和稳定性。

(2) 单击"下一步"按钮,显示图 9-10 所示的"域控制器选项"对话框。

① 设置林功能级别和域功能级别。不同的林功能级别可以向下兼容不同平台的 Active Directory 服务功能。选择 Windows Server 2008 可以提供 Windows Server 2008 网络操作系统平台以上的所有 Active Directory 功能;选择 Windows Server 2016 可提供 Windows Server 2016 网络操作系统平台以上的所有 Active Directory 功能。用户可以根据自己实际的网络环境选择合适的功能级别。设置不同的域功能级别主要是为了兼容不同平台下的网络用户和子域控制器,在此只能设置 Windows Server 2016 版本的域控制器。

**注意**:Windows Server 2019 的功能级别仍然最高是 Windows Server 2016。

② 设置目录服务还原模式密码。由于有时需要备份和还原活动目录,且还原时(启动系统时按 F8 键)必须进入"目录服务还原模式"下,所以此处要求输入"目录服务还原模式"时使用的密码。由于该密码和管理员密码可能不同,所以一定要牢记该密码。

③ 指定域控制器功能。因为默认在此服务器上直接安装 DNS 服务器,所以该向导将

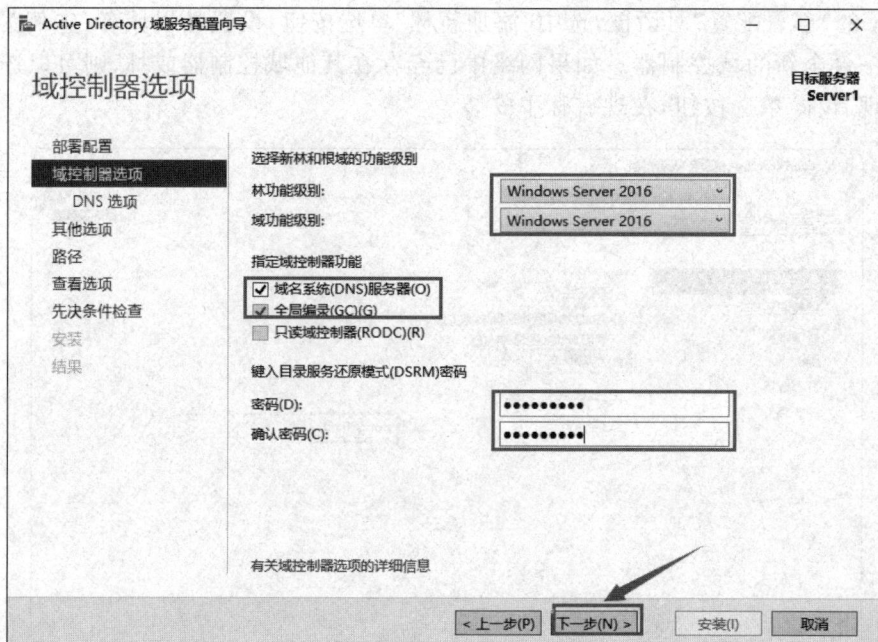

图 9-10 "域控制器选项"对话框 1

自动创建 DNS 区域委派。无论 DNS 服务是否与 AD DS 集成,都必须将其安装在部署 AD DS 目录林根级域的第一台域控制器上。

④ 第一台域控制器需要扮演全局编录服务器的角色。

⑤ 第一台域控制器不可以是 RODC。

**提示**:安装后若要设置"林功能级别",可登录域控制器,打开"Active Directory 域和信任关系"窗口,右击"Active Directory 域和信任关系",在弹出的快捷菜单中单击"提升林功能级别",选择相应的林功能级别即可。正版的软件可在包装盒上查看到有效序列号。

(3) 单击"下一步"按钮,显示图 9-11 所示的警告信息,不过警告的问题目前不会有影

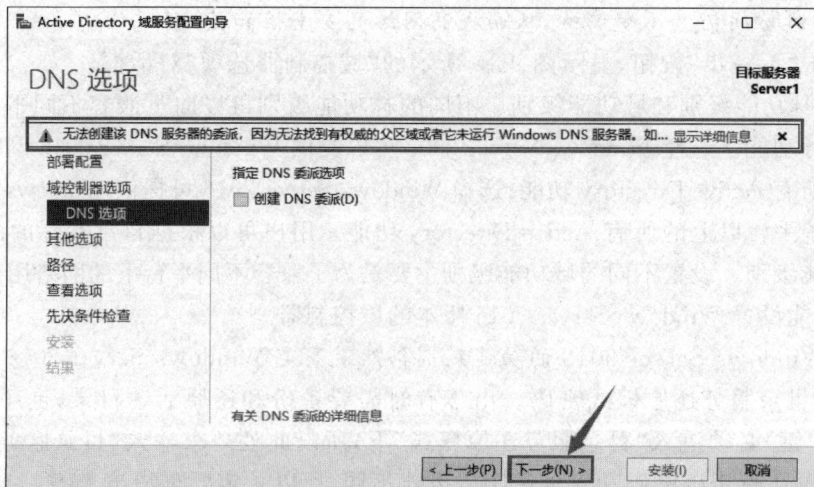

图 9-11 "DNS 选项"对话框 1

响,因此不必理会它,直接单击"下一步"按钮。

(4) 在图 9-12 所示的对话框中会自动为此域设置一个 NetBIOS 名称,也可以更改此名称。如果此名称已被占用,安装程序会自动指定一个建议名称。完成后单击"下一步"按钮。

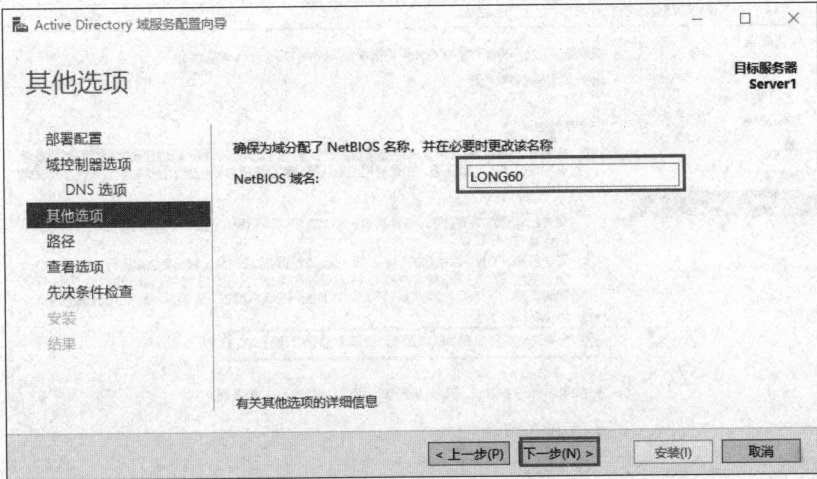

图 9-12　"其他选项"对话框 1

(5) 显示图 9-13 所示的"路径"对话框,可以单击"浏览"按钮 ... 更改为其他路径。其中,"数据库文件夹"用来存储 AD DS 目录数据库,"日志文件文件夹"用来存储 AD DS 数据库的变更日志,以便于日常管理和维护。需要注意的是,"SYSVOL 文件夹"必须保存在 NTFS 格式的分区中。完成后单击"下一步"按钮。

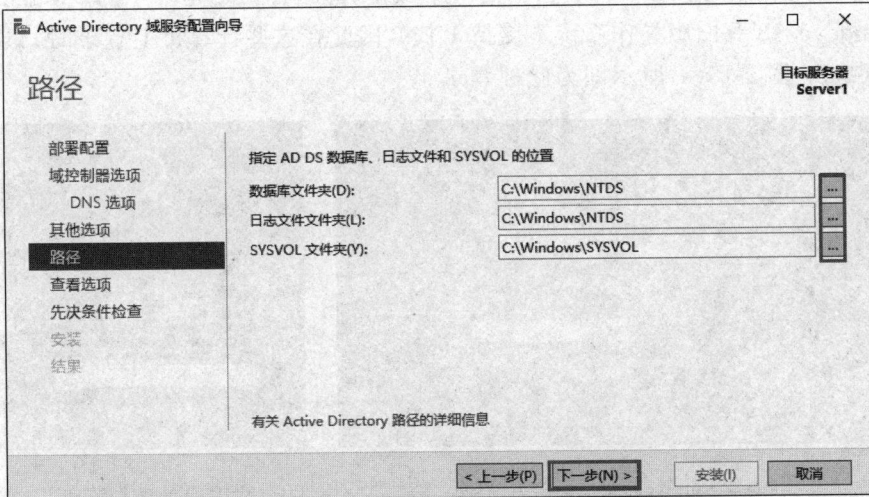

图 9-13　指定 AD DS 数据库、日志文件和 SYSVOL 的位置

(6) 出现"查看选项"对话框,单击"下一步"按钮。

(7) 在图 9-14 所示的"先决条件检查"对话框中,如果顺利通过检查,就直接单击"安装"按钮,否则要先按提示排除问题。安装完成后会自动重新启动计算机。

(8) 重新启动计算机,升级为 Active Directory 域控制器之后,必须使用域用户账户登

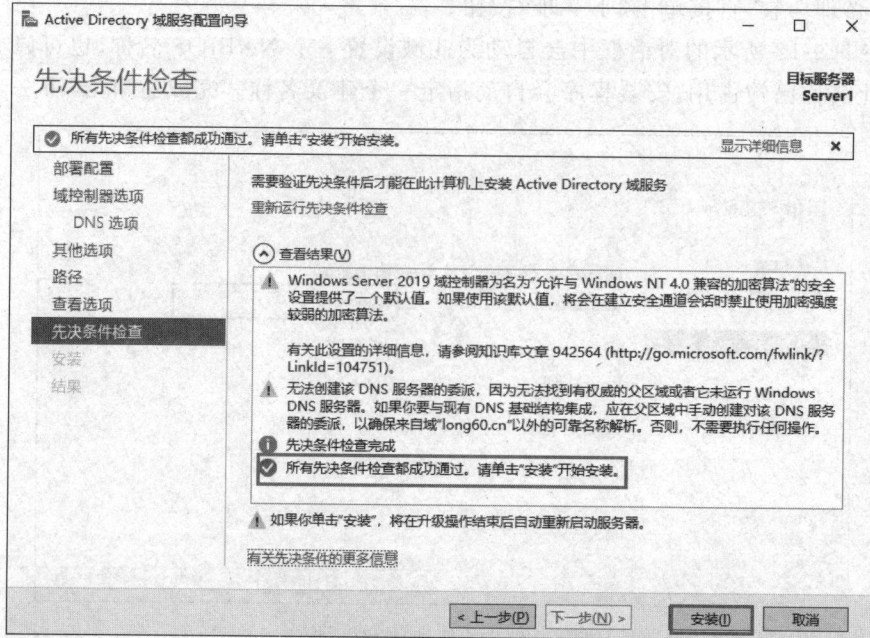

图 9-14 "先决条件检查"对话框

录,格式为"域名\用户账户",如图 9-15(a)所示。选择左下角的其他用户可以更换登录用户,如图 9-15(b)所示。

- 用户 SamAccountName 登录。用户也可以利用此名称(如 long60\administrator)来登录,其中 long 是 NetBIOS 名。同一个域中,此名称必须是唯一的。Windows NT、Windows 98 等旧版操作系统不支持 UPN,因此在这些计算机上登录时,只能使用此登录名。图 9-15(a)所示即为此种登录。

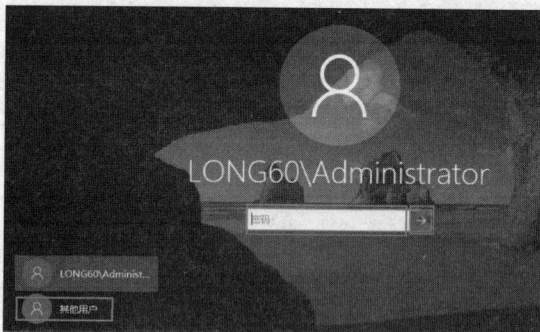

(a) "SamAccountName 登录"界面

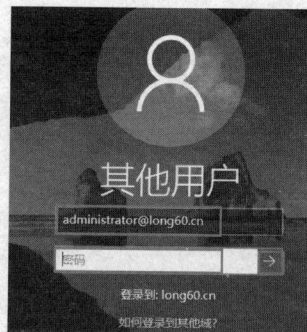

(b) "UPN 登录"界面

图 9-15 登录界面

- 用户 UPN 登录。用户可以利用这个与电子邮箱格式相同的名称(administrator@long60.cn)来登录域,此名称被称为 User Principal Name(UPN)。此名在林中是唯一的。图 9-15(b)所示即为此种登录。

**3. 验证 Active Directory 域服务的安装**

活动目录安装完成后，在 Server1 上可以从各方面进行验证。

(1) 查看计算机名。右击"开始"菜单，在弹出的快捷菜单中选择"控制面板"→"系统和安全"→"系统"→"高级系统设置"命令，打开"系统属性"对话框，再单击"计算机名"选项卡，可以看到计算机已经由工作组成员变成了域成员，而且是域控制器。计算机名称已经变为 Server1.long60.cn 了。

(2) 查看管理工具。活动目录安装完成后，会添加一系列的活动目录管理工具，包括 "Active Directory 用户和计算机""Active Directory 站点和服务""Active Directory 域和信任关系"等。选择"开始"→"Windows 管理工具"命令，可以在"管理工具"中找到这些管理工具的快捷方式。在"服务器管理器"的"工具"菜单中也会增加这些管理工具。

(3) 查看活动目录对象。选择"开始"→"Windows 管理工具"→"Active Directory 用户和计算机"命令，或者选择"服务器管理器"→"工具"命令，打开"Active Directory 用户和计算机"控制台，可以看到企业的域名为 long60.cn。单击该域名，窗口右侧的详细信息窗格中会显示域中的各个容器，其中包括一些内置容器，主要有以下几种。

- built-in：存放活动目录域中的内置组账户。
- computers：存放活动目录域中的计算机账户。
- users：存放活动目录域中的一部分用户和组账户。
- Domain Controllers：存放域控制器的计算机账户。

(4) 查看 Active Directory 数据库。Active Directory 数据库文件保存在%SystemRoot%\Ntds(本例为 C:\windows\ntds)文件夹中，主要的文件如下。

- Ntds.dit：数据库文件。
- Edb.chk：检查点文件。
- Temp.edb：临时文件。

(5) 查看 DNS 记录。为了让活动目录正常工作，需要 DNS 服务器的支持。活动目录安装完成后，重新启动 Server1 时会向指定的 DNS 服务器注册 SRV 记录。

依次选择"开始"→"Windows 管理工具"→DNS 命令，或者在服务器管理器窗口中选择右上方的"工具"→DNS 命令，打开"DNS 管理器"窗口。一个注册了 SRV 记录的 DNS 服务器如图 9-16 所示。

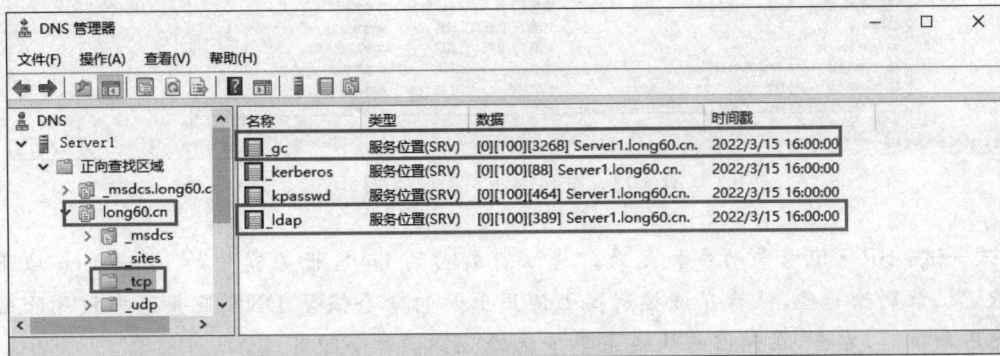

图 9-16　注册了 SRV 记录的 DNS 服务器

如果因为域成员本身的设置有误或者网络问题,造成它们无法将数据注册到 DNS 服务,则可以在问题解决后重新启动这些计算机或利用以下方法来手动注册。

* 如果某域成员计算机的主机名与 IP 地址没有正确注册到 DNS 服务器,可到此计算机上运行 ipconfig /registerdns 命令来手动注册,完成后再到 DNS 服务器检查是否已有正确记录。例如,域成员主机名为 Server1.long60.cn,IP 地址为 192.168.10.1,则检查区域 long60.cn 内是否有 Server1 的主机记录,以及其 IP 地址是否为 192.168.10.1。

* 如果发现域控制器并没有将其扮演的角色注册到 DNS 服务器内,也就是并没有类似图 9-16 所示的 _tcp 等文件夹与相关记录,可到此域控制器上选择"开始"→"Windows 管理工具"→"服务"命令,打开图 9-17 所示的"服务"窗口,选中 Netlogon 服务,并右击,在弹出的快捷菜单中选择"重新启动"命令来注册。具体操作也可以使用以下命令。

```
net stop netlogon
net start netlogon
```

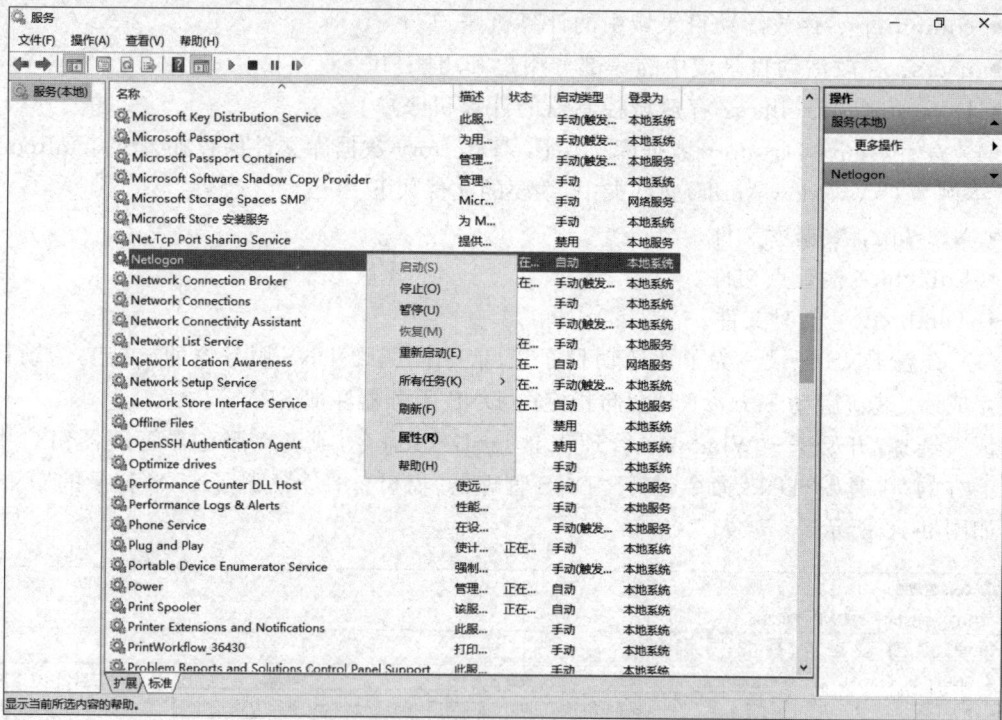

图 9-17　重新启动 Netlogon 服务

**试一试**:SRV 记录手动添加无效。将注册成功的 DNS 服务器中的 long60.cn 域下面的 SRV 记录删除一些,试着在域控制器上使用上面的命令恢复 DNS 服务器中被删除的内容(使用命令后,右击,在弹出的快捷菜单中选择"刷新"命令即可)。

**提示**:"服务器管理器"控制台的"工具"菜单中包含了"管理工具"的所有工具,因此,一般情况下,凡是集成在"管理工具"的工具都能在"服务器管理器"控制台的"工具"菜单中找到。为了后面描述方便,后续项目中在提到工具时会采用其中一种方式且会简略表述。请读者从此刻开始,对如何打开"管理工具"和"服务器管理器"要熟练掌握、了然于心。

## 任务 9-2　将 MS1 加入 long60.cn 域

下面再将 MS1(IP：192.168.10.10/24)独立服务器加入 long60.cn 域,将 MS1 提升为 long60.cn 的成员服务器。MS1 与 Server1 的虚拟机网络连接模式都是"仅主机模式",步骤如下。

(1) 在 MS1 服务器上确认"本地连接"属性中的 TCP/IP 首选 DNS 指向了 long60.cn 域的 DNS 服务器,即 192.168.10.1。

(2) 单击"开始"菜单,在弹出的快捷菜单选择"控制面板"→"系统和安全"→"系统"→"高级系统设置"命令,弹出"系统属性"对话框,选择"计算机名"选项卡,单击"更改"按钮,弹出"计算机名/域更改"对话框,在"隶属于"选项区中选中"域"单选按钮,并输入要加入的域的名称 long60.cn,单击"确定"按钮。

(3) 输入有权限加入该域的账户名称和密码,确定后重新启动计算机即可。例如,输入该域控制器 Server1.long60.cn 的管理员账户和密码,如图 9-18 所示。

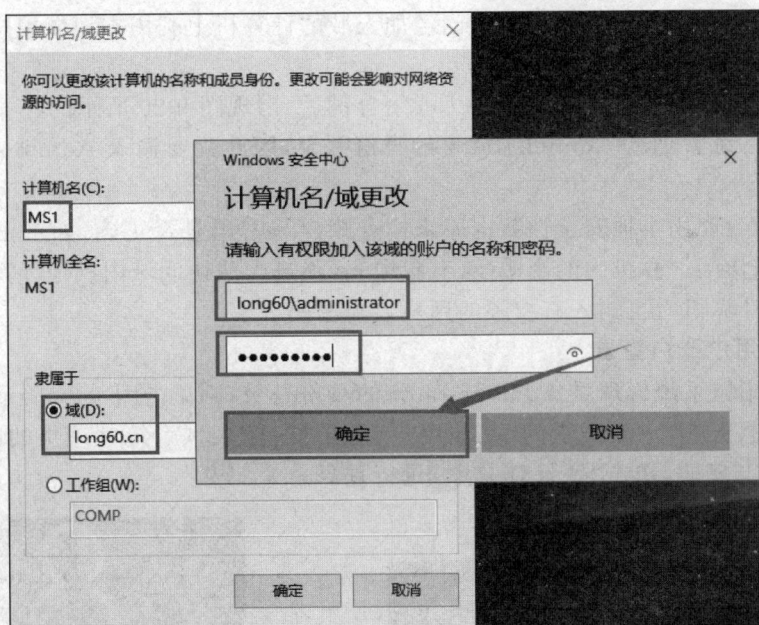

图 9-18　将 MS1 加入 long60.cn 域

(4) 加入域后(需重新启动计算机),其完整计算机名的后缀就会附上域名,即图 9-19 所示的 MS1.long60.cn。单击"关闭"按钮,按照界面提示重新启动计算机。

**提示**：① Windows 10 操作系统的计算机加入域中的步骤和 Windows Server 2019 网络操作系统加入域中的步骤相同。

② 这些被加入域的计算机的账户会被创建在 Computers 窗口内。

图 9-19　加入 long60.cn 域后的系统属性

## 任务 9-3　利用已加入域的计算机登录

除了利用本地账户登录,也可以在已经加入域的计算机上利用本地域用户账户登录。

**1. 利用本地账户登录**

在 MS1 登录界面中按 Ctrl+Alt+Del 组合键后,出现图 9-20 所示的界面,图中默认让用户利用本地系统管理员 Administrator 的身份登录,因此只要输入 Administrator 的密码就可以登录。

此时,系统会利用本地安全性数据库来检查账户与密码是否正确,如果正确,就可以成功登录,也可以访问计算机内的资源(若有权限)。不过无法访问域内其他计算机的资源,除非在连接其他计算机时再输入有权限的用户名与密码。

**2. 利用域用户账户登录**

如果要利用域系统管理员 Administrator 的身份登录,则单击图 9-20 所示左下角的"其他用户"链接,打开图 9-21 所示的"其他用户"登录框,输入域系统管理员的账户(long60\administrator)与密码,单击"登录"按钮 → 进行登录。

图 9-20　本地用户登录

图 9-21　域用户登录

**注意**：账户名前面要附加域名，如 long60.cn\administrator 或 long60\administrator，此时账户与密码会被发送给域控制器，并利用 Active Directory 数据库来检查账户与密码是否正确，如果正确，就可以成功登录，并且可以直接连接域内任何一台计算机并访问其中的资源（如果被赋予权限），不需要手动输入用户名与密码。当然，也可以用 UPN 登录，形如 administrator@long60.cn。

## 任务 9-4　安装额外的域控制器与 RODC

一个域内若有多台域控制器，便可以拥有下面的优势。

- 改善用户登录的效率。若同时有多台域控制器来对客户端提供服务，就可以分担用户身份验证（账户与密码）的负担，提高用户登录的效率。
- 容错功能。若有域控制器故障，此时仍然可以由其他正常的域控制器来继续提供服务，因此对用户的服务并不会停止。

在安装额外域控制器（additional domain controller）时，需要将 AD DS 数据库由现有的域控制器复制到这台新的域控制器。然而若数据库非常庞大，则这个复制操作势必会增加网络负担，尤其是这台新域控制器位于远程网络内时。系统提供了两种复制 AD DS 数据库的方式。

- 通过网络直接复制。若 AD DS 数据库庞大，此方法会增加网络负担并影响网络效率。
- 通过安装介质。需要事先到一台域控制器内制作安装介质（installation media），其中包含 AD DS 数据库；接着将安装介质复制到 U 盘、CD、DVD 等媒体或共享文件夹内；然后在安装额外域控制器时，要求安装向导到这个媒体或共享文件夹内读取安装介质内的 AD DS 数据库。这种方式可以大幅降低对网络造成的负担。若在安装介质制作完成之后，现有域控制器的 AD DS 数据库内有新变动数据，则这些少量数据会在完成额外域控制器的安装后，再通过网络自动复制过来。

下面说明如何将图 9-3 中的 Server2 升级为常规额外域控制器（可写域控制器），将 Server3 升级为 RODC。其中 Server2 为域 long60.cn 的成员服务器，Server3 为独立服务器。

### 1. 利用网络直接复制安装额外控制器

Server1、Server2 和 Server3 的网络连接模式都是"仅主机模式"，首先要保证 3 台服务器通信畅通。

（1）先在图 9-3 中的服务器 Server2 与 Server3 上安装 Windows Server 2019，IPv4 地址等按照图 9-3 所示的信息来设置（图 9-3 中采用 TCP/IPv4），同时将 Server2 加入域 long60.cn。

注意将计算机名称分别设置为 Server2 与 Server3 即可，等升级为域控制器后，它们会自动被改为 Server2.long60.cn 与 Server3.long60.cn。

（2）在 Server2 上安装 Active Directory 域服务。操作方法与安装第 1 台域控制器的方法完全相同。安装完 Active Directory 域服务后，单击"将此服务器提升为域控制器"按钮，开始活动目录的安装。

（3）当显示"部署配置"对话框时，选中"将域控制器添加到现有域"单选按钮，在"域"

项下面直接输入 long60.cn,或者单击"选择"按钮进行"域"的选择操作。单击"更改"按钮,弹出"Windows 安全中心"对话框,需要指定可以通过相应主域控制器验证的用户账户凭据,该用户账户必须是 Domain Admins 组,拥有域管理员权限。例如,根域控制器的管理员账户 long60\administrator(或 long60.cn\administrator),如图 9-22 所示。

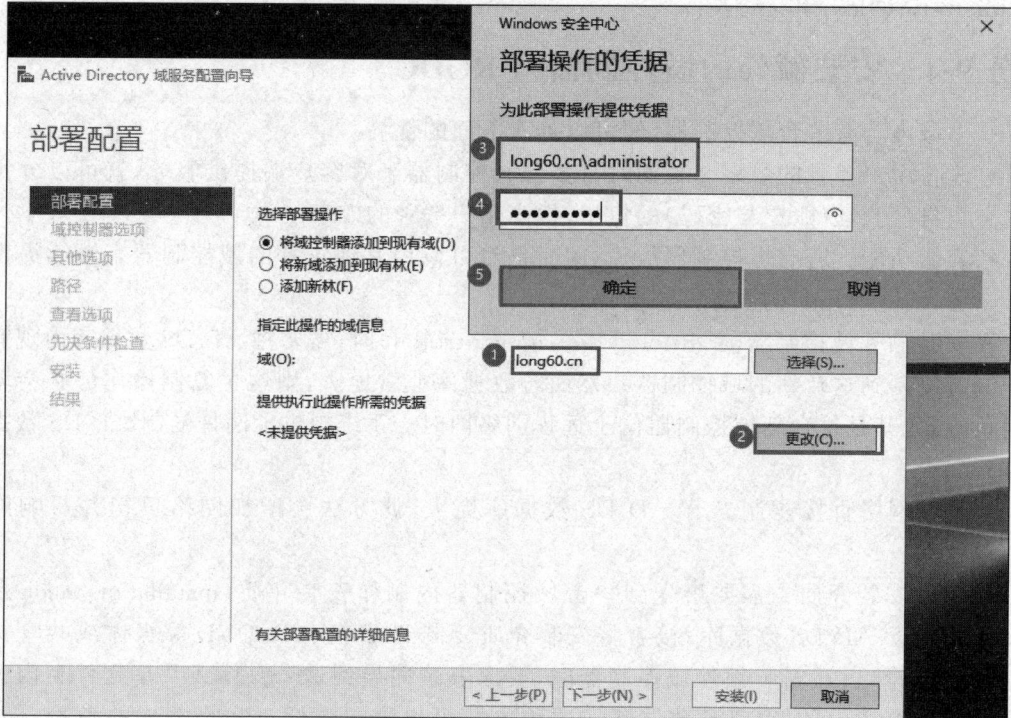

图 9-22 "部署配置"对话框 2

**注意**:只有 Enterprise Admins 或 Domain Admins 内的用户有权建立其他域控制器。若现在登录的账户不隶属于这两个组(例如,现在登录的账户为本机 Administrator),则需另外指定有权力的用户账户。

(4) 单击"下一步"按钮,显示图 9-23 所示的"域控制器选项"对话框。

① 选择是否在此服务器上安装 DNS 服务器(默认会)。本例选择在 Server2 上安装 DNS 服务器。

② 选择是否将其设定为全局编录服务器(默认会)。

③ 选择是否将其设置为只读域控制器(默认不会)。

④ 设置目录服务还原模式的密码。

(5) 单击"下一步"按钮,出现图 9-24 所示的对话框,不勾选"更新 DNS 委派"复选框。

**注意**:如果不存在 DNS 委派却勾选此复选框了,则在后面将会报错。

(6) 单击"下一步"按钮,出现图 9-25 所示的对话框,继续单击"下一步"按钮,会直接从其他任何一台域控制器复制 AD DS 数据库。

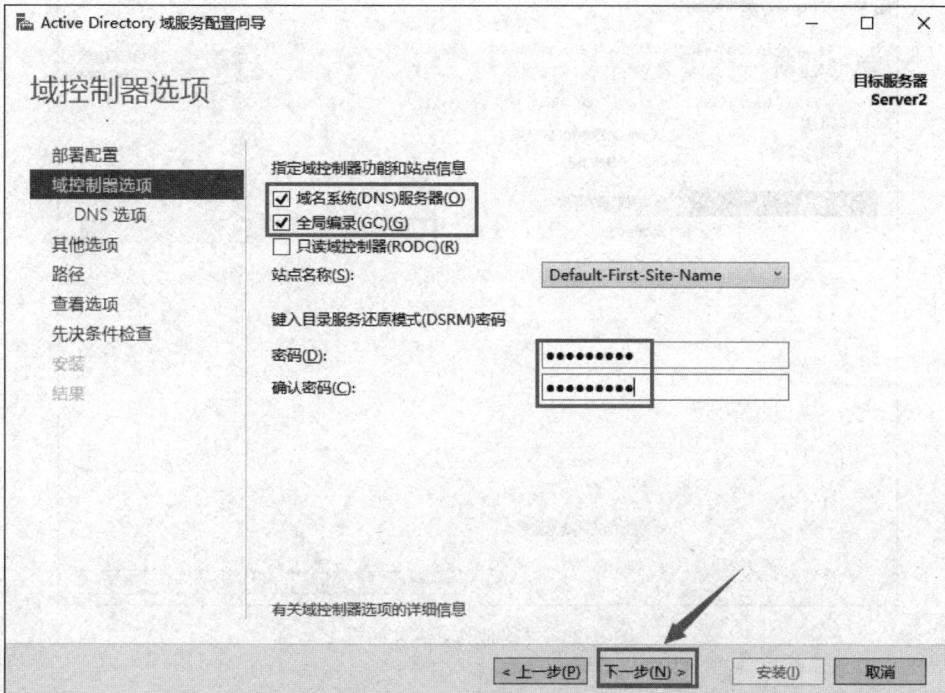

图 9-23  "域控制器选项"对话框 2

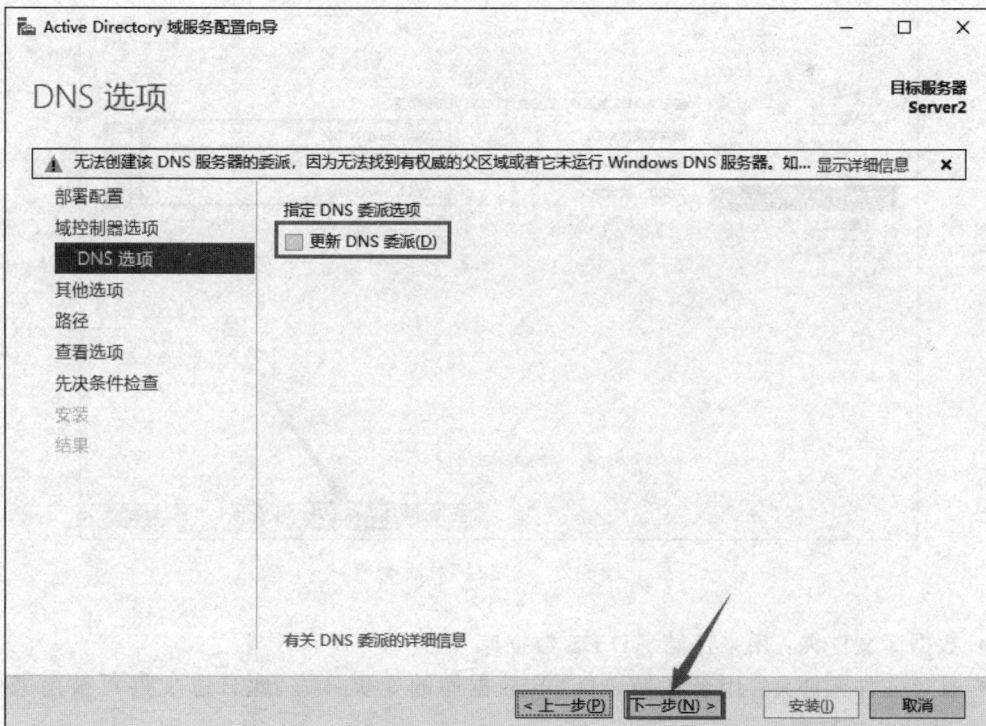

图 9-24  "DNS 选项"对话框 2

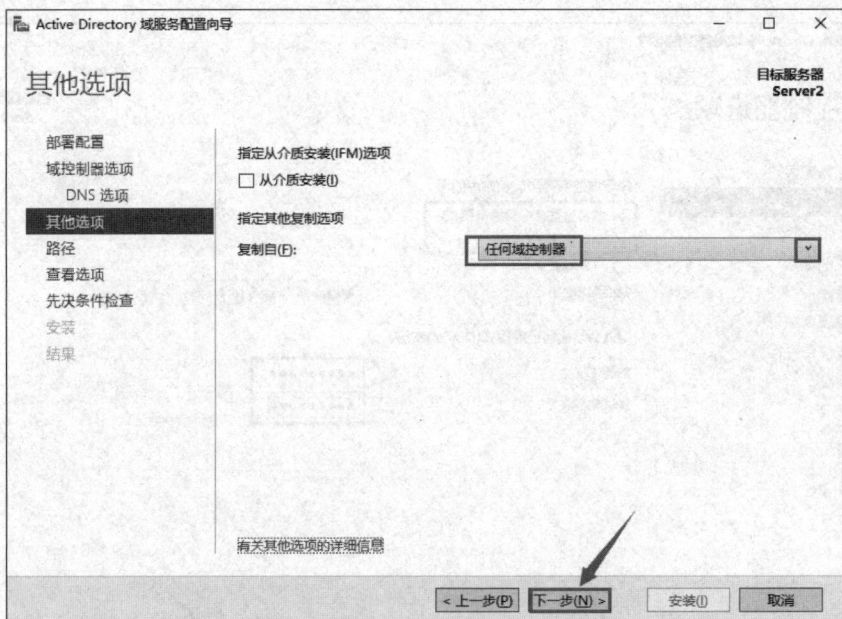

图 9-25 "其他选项"对话框 2

（7）在图 9-26 中可直接单击"下一步"按钮。

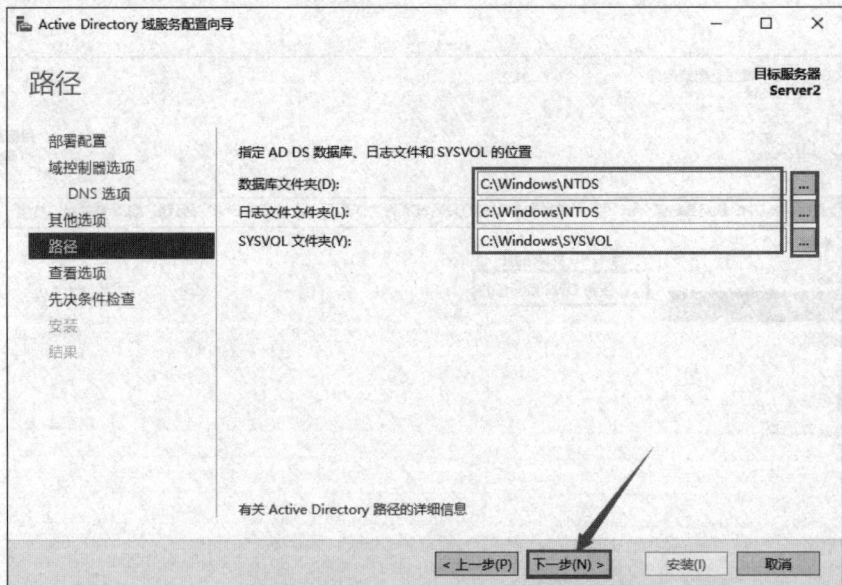

图 9-26 "路径"对话框

- 数据库文件夹：用来存储 AD DS 数据库。
- 日志文件文件夹：用来存储 AD DS 数据库的变更日志，此日志文件可被用来修复 AD DS 数据库。
- SYSVOL 文件夹：用来存储域共享文件（如组策略相关的文件）。

（8）在"查看选项"窗口中单击"下一步"按钮。

（9）在图 9-27 中，若顺利通过检查，就直接单击"安装"按钮，否则请根据界面提示先排除问题。

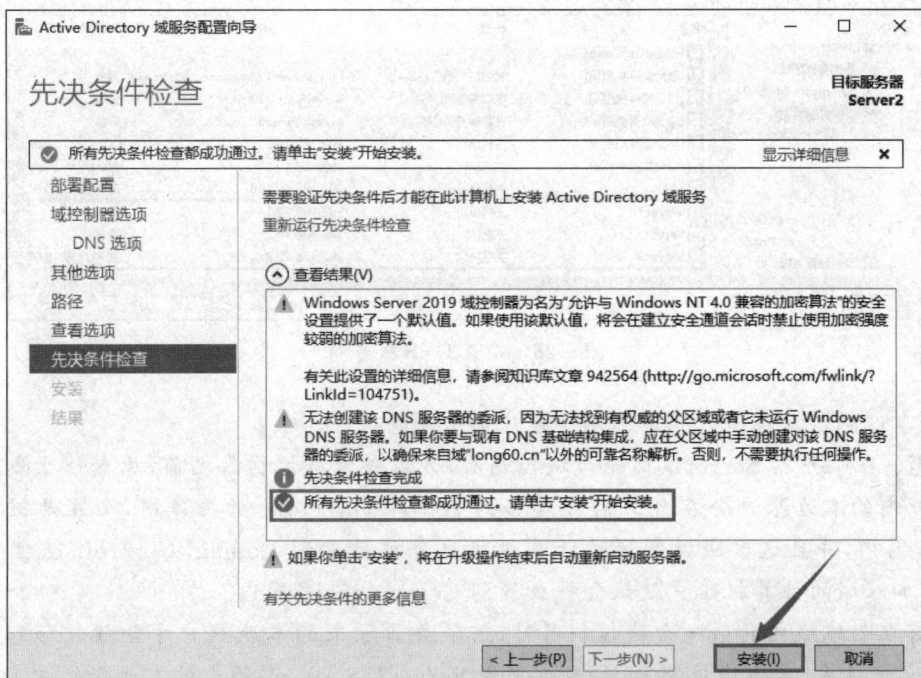

图 9-27　"先决条件检查"对话框

（10）安装完成后会自动重新启动计算机，请重新登录。

**2. 利用网络直接复制安装 RODC**

在 Server3 上安装 RODC，Server3 为独立服务器。Server2 和 Server3 的网络连接模式都是"仅主机模式"，首先要保证两台服务器通信畅通。

（1）在 Server3 上安装 Active Directory 域服务。操作方法与安装第 1 台域控制器的方法完全相同。安装完 Active Directory 域服务后，单击"将此服务器提升为域控制器"按钮，开始活动目录的安装。

（2）当显示"部署配置"对话框时，选中"将域控制器添加到现有域"单选按钮，在"域"项下面直接输入 long60.cn，或者单击"选择"按钮进行"域"的选择操作。单击"更改"按钮，弹出"Windows 安全中心"对话框，需要指定可以通过相应主域控制器验证的用户账户凭据，该用户账户必须是 Domain Admins 组，拥有域管理员权限。例如，根域控制器的管理员账户 long60\administrator。

（3）单击"下一步"按钮，显示图 9-23 所示的"域控制器选项"对话框，勾选"只读域控制器（RODC）"复选框，单击"下一步"按钮，直到安装成功，自动重新启动计算机。

（4）依次选择"开始"→"Windows 管理工具"→DNS 命令，分别打开 Server1、Server2、Server3 的 DNS 服务器管理器，检查 DNS 服务器内是否有域控制器 Server2.long60.cn 与 Server3.long60.cn 的相关记录，如图 9-28 所示（Server2、Server3 上的 DNS 服务器类似）。

Server2、Server3 这两台域控制器的 AD DS 数据库内容是从其他域控制器复制过来

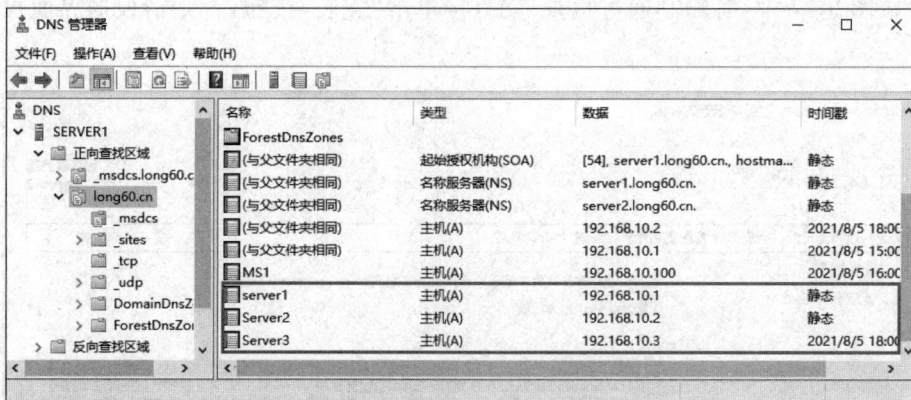

图 9-28　检查 DNS 服务器

的,而原本这两台计算机内的本地用户账户会被删除。

**注意**:在服务器 Server1(第一台域控制器)升级成为域控制器之前,原本位于本地安全性数据库内的本地账户会在升级后被转移到 Active Directory 数据库内,而且是被放置到 Users 容器内,并且这台域控制器的计算机账户会被放置到 Domain Controllers 组织单位内,其他加入域的计算机账户默认会被放置到 Computers 容器内。

只有在创建域内的第一台域控制器时,该服务器原来的本地账户才会被转移到 Active Directory 数据库,其他域控制器(如本例中的 Server2、Server3)原来的本地账户并不会被转移到 Active Directory 数据库,而是被删除。

(5) 依次选择"开始"→"Windows 管理工具"→"Active Directory 用户和计算机"命令,分别打开 Server1、Server2、Server3 的"Active Directory 用户和计算机",检查 Domain Controllers 容器里是否存在 Server1、Server2、Server3(只读)等域控制器,如图 9-29 所示。

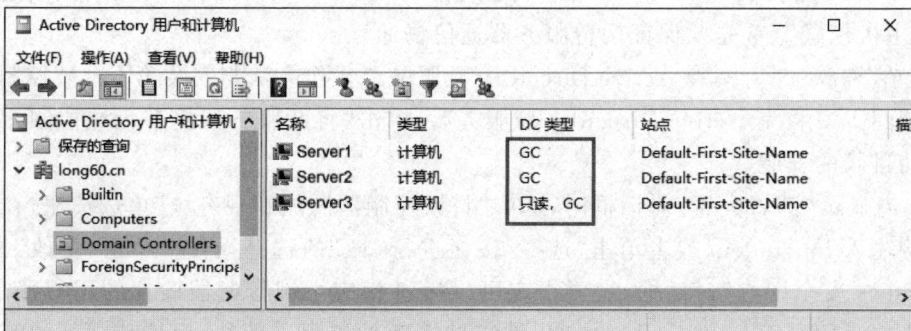

图 9-29　Active Directory 用户和计算机

### 3. 利用安装介质来安装额外域控制器

先到一台域控制器上制作安装介质,也就是将 AD DS 数据库存储到安装介质内,并将安装介质复制到 U 盘或共享文件夹内。然后在安装额外域控制器时,要求安装向导从安装介质来读取 AD DS 数据库,这种方式可以大幅降低对网络造成的负担。(为提升效率,做本例时,可暂时将 Server2 和 Server3 挂机。)

1）制作安装介质

请到现有的域控制器上执行 ntdsutil 命令制作安装介质。

- 若此安装介质是要给可写域控制器使用的，则需到现有的可写域控制器上执行 ntdsutil 指令。
- 若此安装介质是要给 RODC 使用的，则可以到现有的可写域控制器或 RODC 上执行 ntdsutil 指令。

（1）到域控制器 Server1 上利用域系统管理员的身份登录。

（2）选择"开始"→"运行"命令，在"运行"对话框的"打开"文本框中输入 CMD，单击"确定"按钮。

（3）在"命令提示符"对话框中输入以下命令后按 Enter 键。

```
ntdsutil
```

（4）在 ntdsutil 提示符下执行以下命令，它会将域控制器的 AD DS 数据库设置为使用中。

```
activate   instance ntds
```

（5）在 ntdsutil 提示字符下执行以下命令。

```
ifm
```

（6）在 ifm 提示符下执行以下命令。

```
create  sysvol  full  c:\InstallationMedia
```

**注意**：此命令假设要将安装介质的内容存储到 C:\InstallationMedia 文件夹内。其中的 sysvol 表示要制作包含 ntds.dit 与 SYSVOL 的安装介质，full 表示要制作供可写域控制器使用的安装介质。若是要制作供 RODC 使用的安装介质，则将 full 改为 RODC。

（7）看到成功创建 IFM 媒体信息后，连续执行两次 quit 命令来结束 ntdsutil。图 9-30 为部分操作界面。

（8）将整个 C:\InstallationMedia 文件夹内的所有数据复制到 U 盘或共享文件夹内。

2）安装额外域控制器

（1）将包含安装介质的 U 盘放到即将扮演额外域控制器角色的计算机 Server4（可以克隆生成，但必须重整）上，或将其放到可以访问到的共享文件夹内。本例放到 Server4 的 C:\InstallationMedia 文件夹内。设置 Server4 的计算机名称为 Server4，IP 地址为 192.168.10.4/24，DNS 服务器的 IP 地址为 192.168.10.1。

（2）安装额外域控制器的方法与前面的大致相同，因此下面仅列出不同之处。下面假设安装介质被复制到即将升级为额外域控制器的服务器 Server4 的 C:\InstallationMedia 文件夹内，在图 9-31 中改为选中"从介质安装"复选框，并在路径处指定存储安装介质的文件夹 C:\InstallationMedia。

在安装过程中会从安装介质所在的文件夹 C:\InstallationMedia 复制 AD DS 数据库。

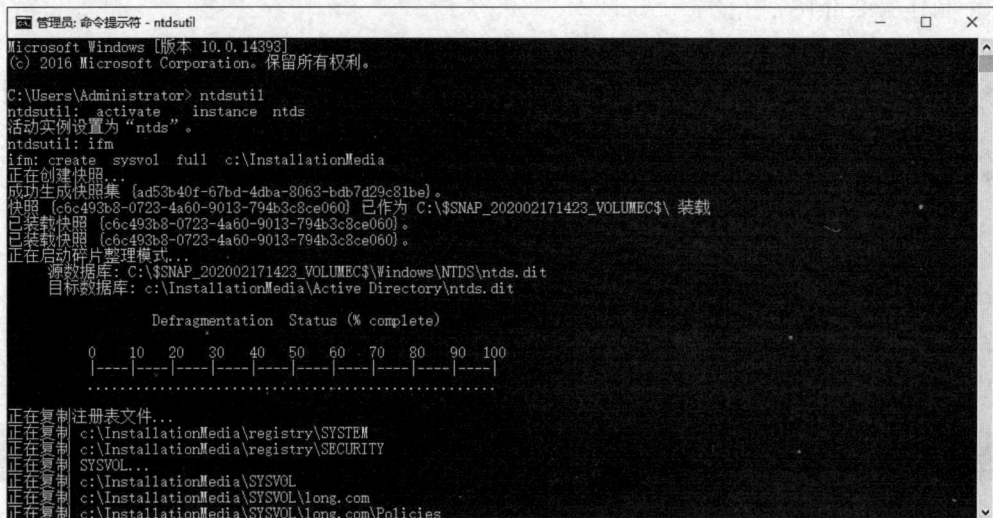

图 9-30　制作安装介质

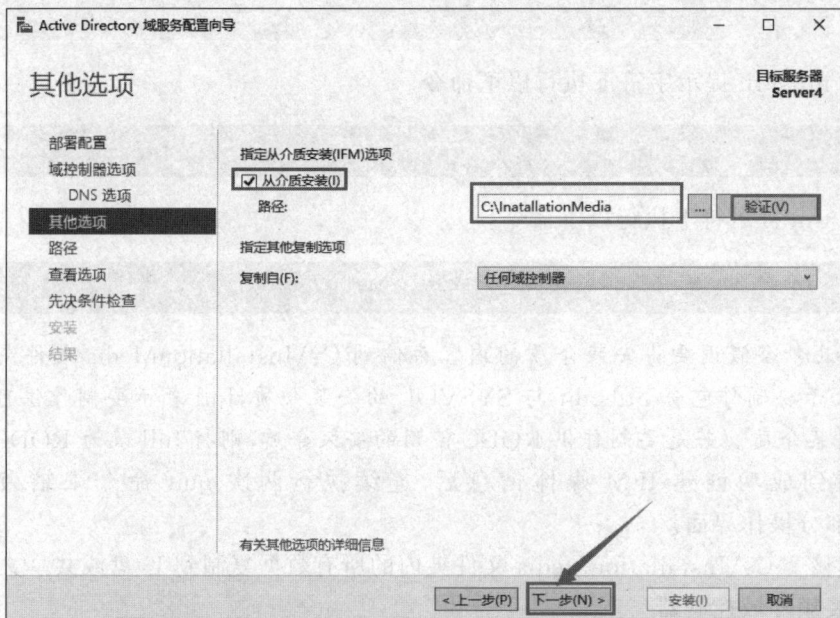

图 9-31　选中"从介质安装"复选框

若在安装介质制作完成之后，现有域控制器的 AD DS 数据库更新数据，则这些少量数据会在完成额外域控制器安装后再通过网络自动复制过来。

**4. 修改 RODC 的委派与密码复制策略设置**

若要修改密码复制策略设置或 RODC 系统管理工作的委派设置，则在开启"Active Directory 用户和计算机"后，在图 9-32 中单击容器 Domain Controllers 右方扮演 RODC 角色的域控制器，单击上方的属性图标，通过图 9-33 中的"密码复制策略"选项卡与"管理者"选项卡来设置。

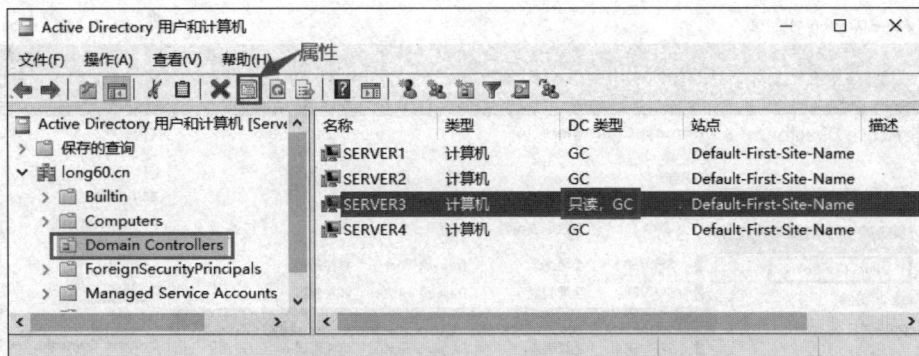

图 9-32　修改设置

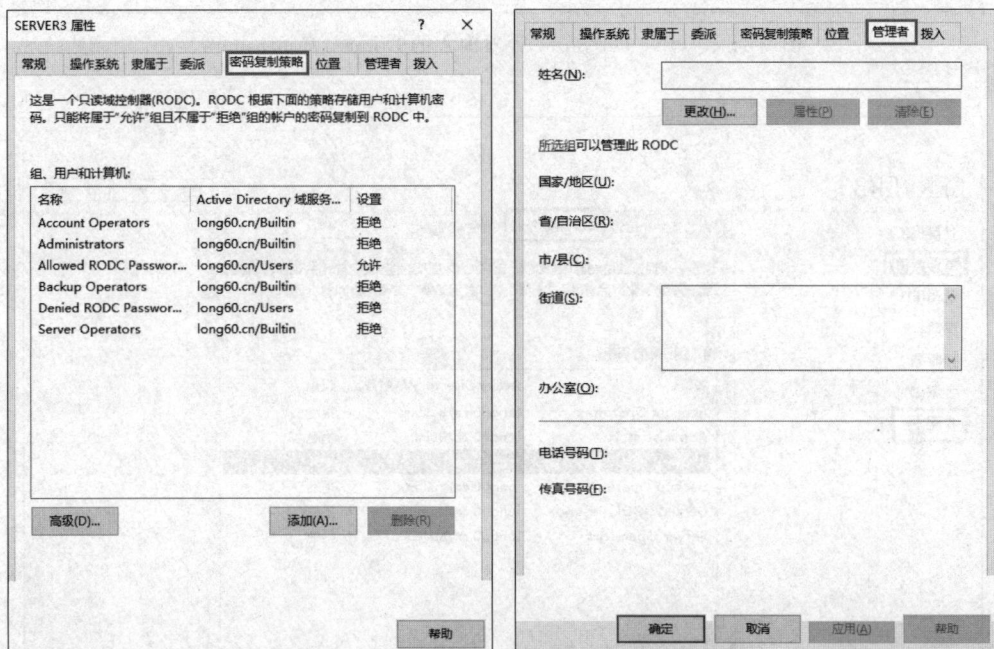

图 9-33　"密码复制策略"选项卡与"管理者"选项卡

也可以依次选择"开始"→"Windows 管理工具"→"Active Directory 管理中心"命令，通过"Active Directory 管理中心"来修改上述设置：开启 Active Directory 管理中心后，如图 9-34 所示，单击容器 Domain Controllers 界面中间扮演 RODC 角色的域控制器，单击右方的"属性"选项，通过图 9-35 中的"管理者"选项与"扩展"选项中的"密码复制策略"选项卡来设定。

**5. 验证额外域控制器运行正常**

Server1 是第一台域控制器，Server2 服务器已经提升为额外域控制器，现在可以将成员服务器 MS1 的首选 DNS 指向 Server1 域控制器，备用 DNS 指向 Server2 额外域控制器，当 Server1 域控制器发生故障时，Server2 额外域控制器可以负责域名解析和身份验证等工作，从而实现不间断服务。

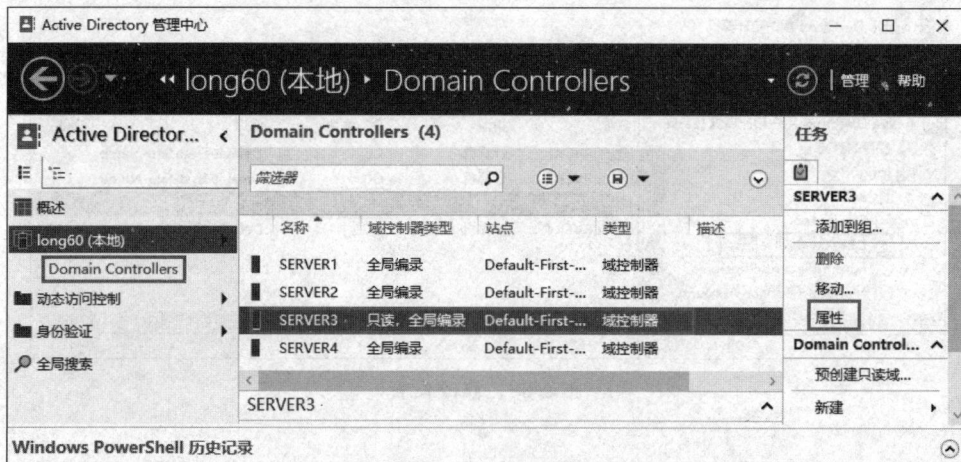

图 9-34　Active Directory 管理中心的 Domain Controllers

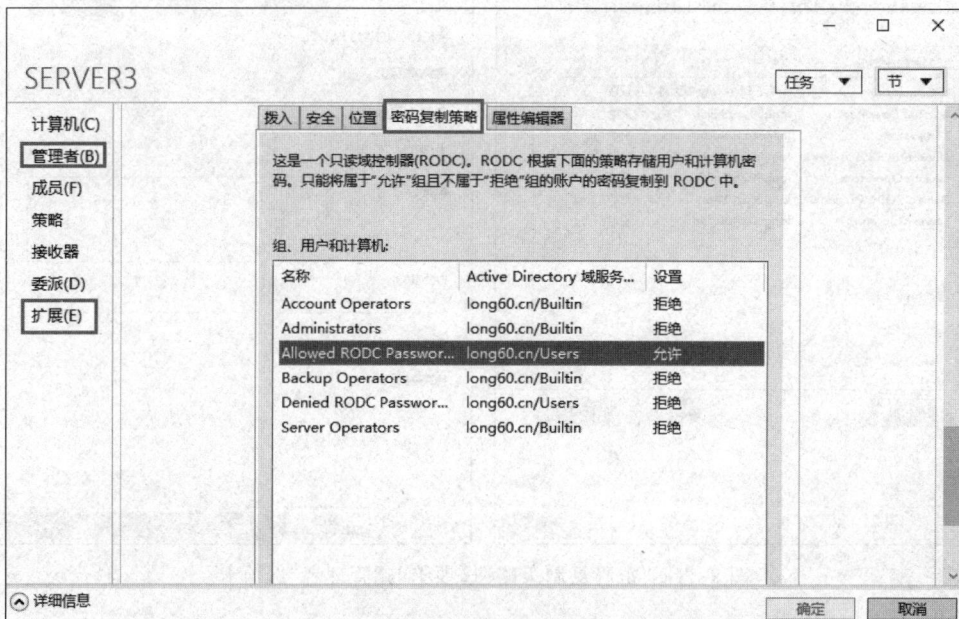

图 9-35　"密码复制策略"选项卡

（1）在 MS1 上配置"首选 DNS"的 IP 地址为 192.168.10.1，"备用 DNS"的 IP 地址为 192.168.10.2。

（2）利用 Server1 域控制器的"Active Directory 用户和计算机"建立供测试用的域用户 domainuser1（新建用户时，姓名和用户登录名都是 domainuser1）。刷新 Server2、Server3 的 "Active Directory 用户和计算机"中的 users 容器，发现 domainuser1 几乎同时同步到了这两台域控制器上。

（3）将"Server1 域控制器"暂时关闭，在 VMware Workstation 中也可以将"Server1 域控制器"暂时挂起。

（4）在 MS1 上注销原来的 administrator 账户后，用"其他用户"登录，如图 9-36 所示。使用 long60\domainuser1 登录域，观察是否能够登录，如果可以登录成功，说明可以提供 AD 的不间断服务了，也验证了额外域控制器安装成功。下面转到 Server2 上进行操作。

（5）选择 Server2→"服务器管理器"→"工具"命令，打开"Active Directory 站点和服务"窗口，依次单击 Sites → Default-First-Site-Name → Servers → Server2→NTDS Settings 选项，右击，在弹出的快捷菜单中选择"属性"命令，如图 9-37 所示。

（6）在弹出的对话框中取消勾选"全局编录"复选框，如图 9-38 所示。

（7）在"服务器管理器"主窗口下，选择"工具"命令，打开"Active Directory 用户和计算机"窗口，单击 Domain Controllers 选项，可以看到 Server2 的"DC 类型"由之前的 GC 变为现在的 DC，如图 9-39 所示。

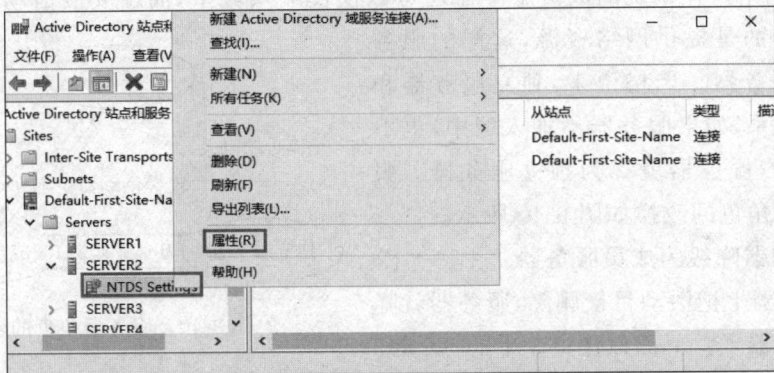

图 9-36　在 MS1 上使用域账户 long60.cn\domainuser1 登录验证

图 9-37　选择"属性"命令

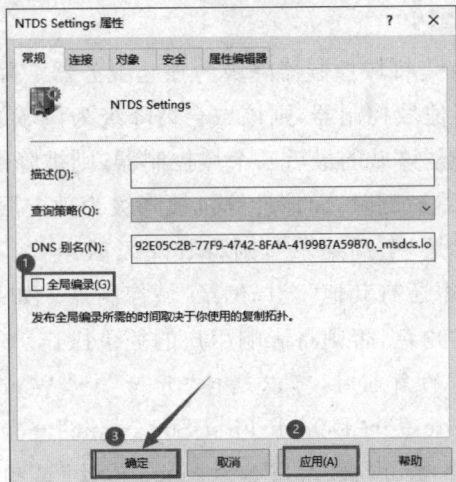

图 9-38　取消勾选"全局编录"复选框

221

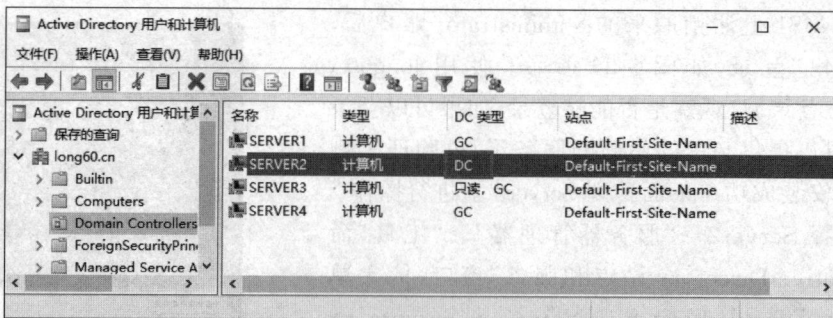

图 9-39　查看"DC 类型"

## 任务 9-5　转换服务器角色

Windows Server 2019 网络操作系统的服务器在域中可以有 3 种角色：域控制器、成员服务器和独立服务器。当一台 Windows Server 2019 网络操作系统的成员服务器安装了活动目录后，服务器就成为域控制器，域控制器可以对用户的登录等进行验证；Windows Server 2019 网络操作系统的成员服务器还可以仅仅加入域中，而不安装活动目录，这时服务器的主要目的是提供网络资源，这样的服务器称为成员服务器。严格说来，独立服务器和域没有什么关系，如果服务器不加入域中，也不安装活动目录，服务器就称为独立服务器。服务器的这 3 个角色的改换如图 9-40 所示。

**1. 域控制器降级为成员服务器**

在域控制器上把活动目录删除，服务器就降级为成员服务器了。下面以图 9-3 中的 Server2 降级为例，介绍具体步骤。（切记！Server1 必须正常开启。）

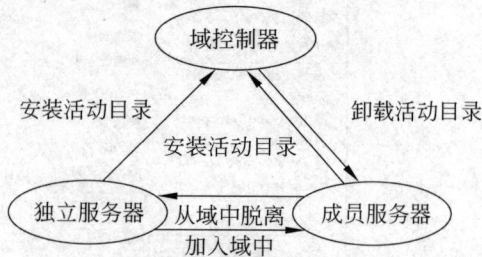

图 9-40　服务器角色的转换

1）删除活动目录注意要点

用户删除活动目录也就是将域控制器降级为独立服务器。降级时要注意以下 3 点。

（1）如果该域内还有其他域控制器，则该域会被降级为该域的成员服务器。

（2）如果这个域控制器是该域的最后一个域控制器，则被降级后，该域内将不存在任何域控制器。因此，该域控制器被删除，而该计算机被降级为独立服务器。

（3）如果这台域控制器是"全局编录"，则将其降级后，它将不再担当"全局编录"的角色，因此要先确定网络上是否还有其他"全局编录"域控制器。如果没有，则要先指派一台域控制器来担当"全局编录"的角色，否则将影响用户的登录操作。

**提示**：指派"全局编录"的角色时，可以选择"开始"→"Windows 管理工具"→"Active Directory 站点和服务"→"Sites"→"Default-First-Site-Name"→"Servers"命令，展开要担当"全局编录"角色的服务器名称，右击"NTDS Settings 属性"选项，在弹出的快捷菜单中选择"属性"命令，在显示的"NTDS Settings 属性"对话框中选中"全局编录"复选框。

2）删除活动目录

步骤如下。

（1）以管理员身份登录 Server2，单击左下角的服务器管理器图标，在图 9-41 所示的窗口中选择右上方的"管理"→"删除角色和功能"命令。

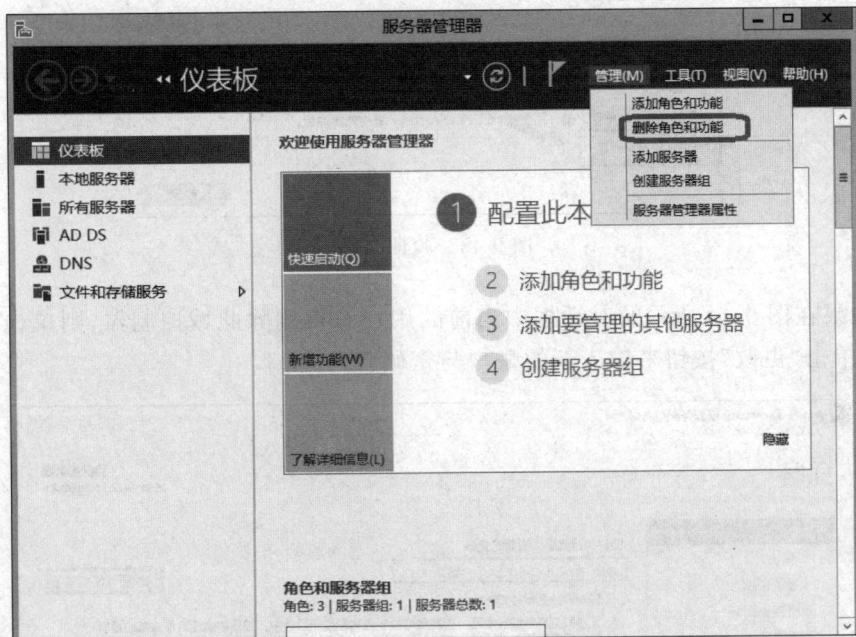

图 9-41  选择"删除角色和功能"命令

（2）在图 9-42 所示的对话框中取消勾选"Active Directory 域服务"复选框，单击"删除功能"按钮。

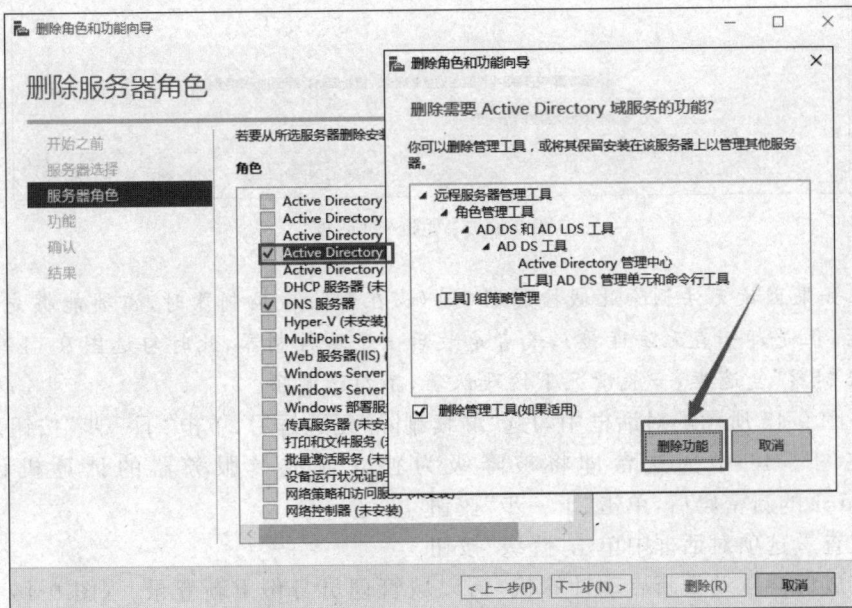

图 9-42  删除服务器角色和功能

（3）出现图 9-43 所示的对话框时，单击"将此域控制器降级"链接，将此域控制器降级。

图 9-43　验证结果

　　（4）如果在图 9-44 所示的对话框中当前的用户有权删除此域控制器，则单击"下一步"按钮，否则单击"更改"按钮来输入新的账户与密码。

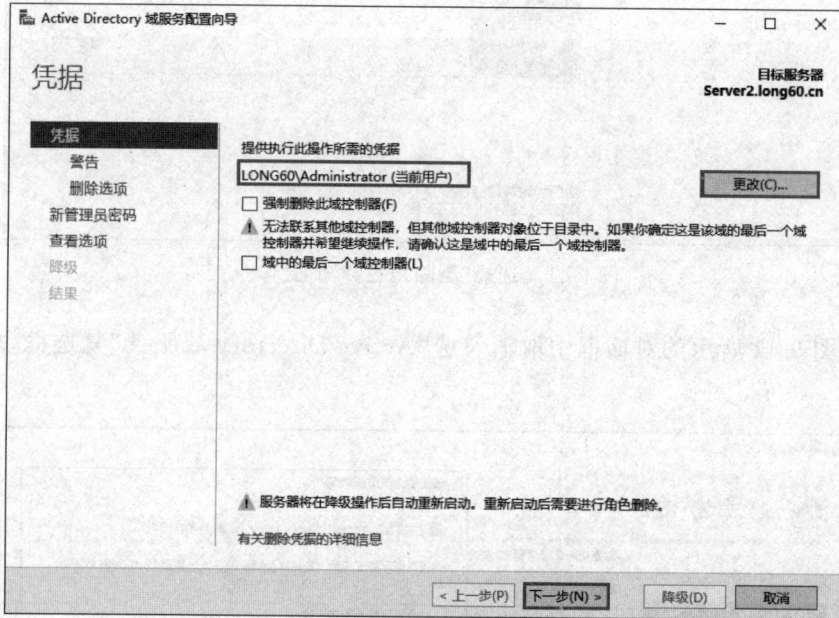

图 9-44　"凭据"对话框

　　**提示**：如果因故无法删除此域控制器（例如，在删除域控制器时，需要能够先连接到其他域控制器，但是却一直无法连接），或者是最后一个域控制器，此时勾选图 9-44 中的"强制删除此域控制器"复选框，一般情况下按默认值，不勾选此项。

　　（5）在图 9-45 所示的对话框中勾选"继续删除"复选框后，单击"下一步"按钮。

　　（6）在图 9-46 中为这台即将被降级为独立或成员服务器的计算机设置本地 Administrator 的新密码后，单击"下一步"按钮。

　　（7）在查看选项对话框中单击"降级"按钮。

　　（8）完成后会自动重新启动计算机，请以域管理员身份重新登录。（图 9-46 中设置的是降级后的计算机 Server2 的本地管理员密码。）

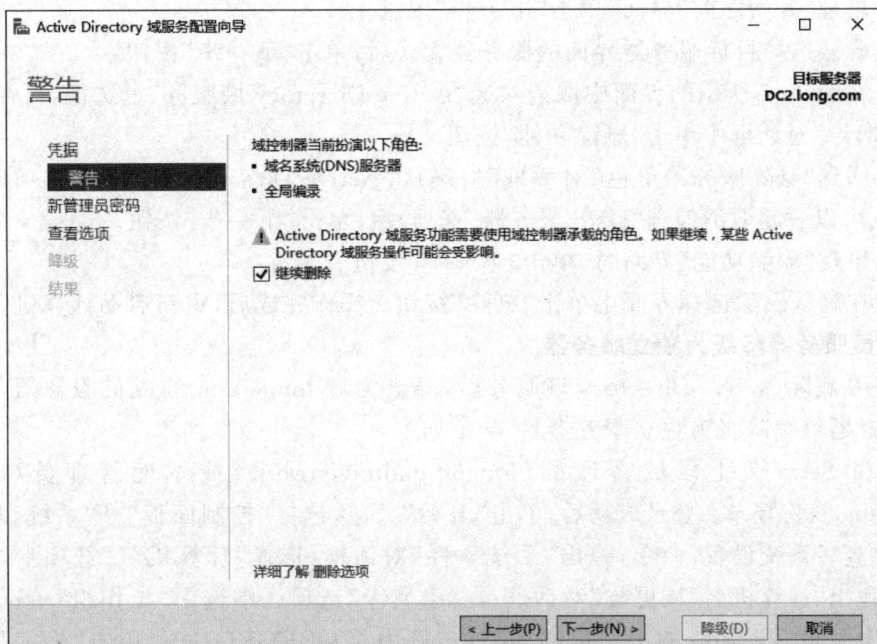

图 9-45  "警告"对话框

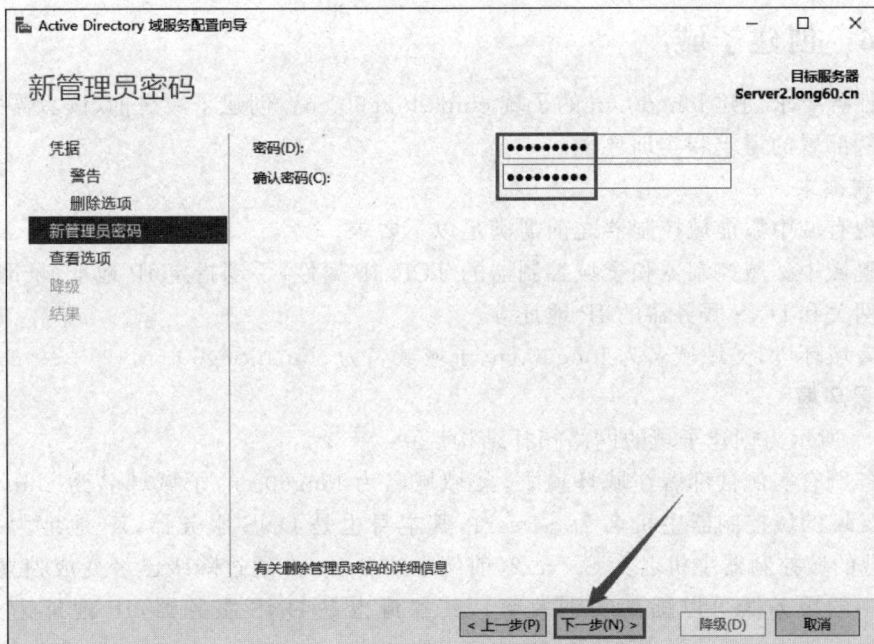

图 9-46  设置新管理员密码

**注意**：虽然这台服务器已经不再是域控制器了，但此时其 Active Directory 域服务组件仍然存在，并没有被删除。因此，也可以直接将其升级为域控制器。

（9）在服务器管理器中选择"管理"→"删除角色和功能"命令。

（10）出现"开始之前"界面，单击"下一步"按钮。

（11）确认选择目标服务器界面的服务器无误后，单击"下一步"按钮。

（12）在图 9-42 所示的界面中取消勾选"Active Directory 域服务"复选框，再在"删除角色和功能向导"对话框中单击"删除功能"按钮。

（13）回到"删除服务器角色"对话框时，确认"Active Directory 域服务"选项已经被取消勾选（也可以一起取消勾选"DNS 服务器"选项）后，单击"下一步"按钮。

（14）出现"删除功能"界面时，单击"下一步"按钮。

（15）在确认删除选择界面中单击"删除"按钮。操作完成后，重新启动计算机。

**2. 成员服务器降级为独立服务器**

Server2 删除 Active Directory 域服务后，降级为域 long60.cn 的成员服务器。现在将该成员服务器继续降级为独立服务器。

首先在 Server2 上以域管理员（long60 \ administrator）或本地管理员（Server2 \ administrator）身份登录。登录成功后，单击"开始"菜单，选择"控制面板"→"系统和安全"→"系统"→"高级系统设置"命令，弹出"系统属性"对话框，选择"计算机名"选项卡，单击"更改"按钮，弹出"计算机名/域更改"对话框；在"隶属于"选项区中选中"工作组"单选按钮，并输入从域中脱离后要加入的工作组的名称（本例为 WORKGROUP），单击"确定"按钮；输入有权限脱离该域的账户的名称和密码，确定后重新启动计算机即可。

至此，Server2 已经变成一台独立服务器了。

# 任务 9-6  创建子域

本次任务要求创建 long60.cn 的子域 china.long60.cn。创建子域之前，读者需要先了解本任务实例部署的需求和实训环境。

**1. 部署需求**

在向现有域中添加域控制器之前需满足以下要求。

- 设置域中父域控制器和子域控制器的 TCP/IP 属性，手动指定 IP 地址、子网掩码、默认网关和 DNS 服务器的 IP 地址等。
- 部署域环境，父域域名为 long60.cn，子域域名为 china.long60.cn。

**2. 部署环境**

图 9-47 所示为创建子域的网络拓扑结构。

本任务所有实例被部署在域环境下，父域域名为 long60.cn，子域域名为 china.long60.cn。其中父域的域控制器主机名为 Server1，其本身也是 DNS 服务器，IP 地址为 192.168.10.1。子域的域控制器主机名为 Server2（前例中的 Server2 通过降级已经变成独立服务器，使用前例中的服务器可以提高实训效率），其本身也是 DNS 服务器，IP 地址为 192.168.10.2。

提示：本例中仅用到 Server1 和 Server2。Server2 在前几个实例中是额外域控制器，降级后成为独立服务器。下面会将 Server2 升级为子域 china 的域控制器。

**3. 创建子域**

在计算机 Server2 上同时安装 Active Directory 域服务和 DNS 服务，使其成为子域 china.long60.cn 中的域控制器，具体步骤如下。

角色：第1台域控制器
&DNS服务器
主机名：Server1
IP地址：192.168.10.1/24
DNS:192.168.10.1

角色：子域china的域控制器、DNS
主机名：Server2
IP地址：192.168.10.2/24
DNS:192.168.10.1
　　　192.168.10.2

long60.cn

角色：第3台域控制器（RODC）
主机名：Server3
IP地址：192.168.10.3/24
DNS:192.168.10.1

角色：成员服务器
主机名：MS1
IP地址：192.168.10.100/24
DNS:192.168.10.1

角色：第4台域控制器（利用安装介质）
主机名：Server4
IP地址：192.168.10.4/24
DNS:192.168.10.1

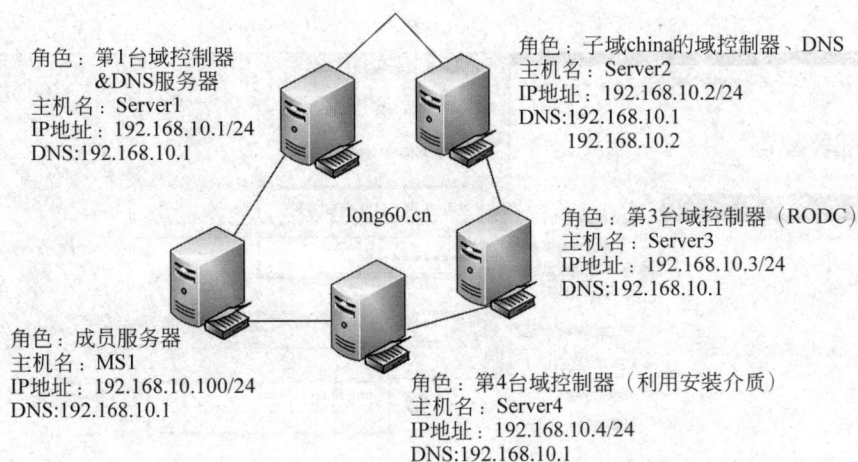

图 9-47　创建子域的网络拓扑结构

（1）在 Server2 上以管理员账户登录，打开"Internet 协议版本 4（TCP/IPv4）属性"对话框，按图 9-47 所示的信息配置 Server2 计算机的 IP 地址、子网掩码、默认网关以及 DNS 服务器的 IP 地址。

**注意**：首要 DNS 服务器一定要设置为父域的域控制器的 IP 地址 192.168.10.1；次要 DNS 可以设置成本机的 IP 地址，也可以不设置。若不设置，待全部安装完成后，将会自动赋予次要 DNS 服务器的地址为 127.0.0.1。

（2）添加"Active Directory 域服务"角色和功能的过程，请参见任务 2-1 小节中的"1. 安装 Active Directory 域服务"，这里不再赘述。

（3）启动 Active Directory 安装向导（启动方法请参考任务 2-1 小节中的"2. 安装活动目录"），当显示"部署配置"对话框时，选中"将新域添加到现有林"单选按钮，选择或输入父域名 long60.cn，输入新域名 china。（注意，不是 china.long60.cn。）

（4）单击"更改"按钮，出现"Windows 安全中心"对话框，输入有权限的用户 administrator@long60.cn 及其密码，如图 9-48 所示，单击"确定"按钮。

（5）单击"下一步"按钮，显示"域控制器选项"对话框，如图 9-49 所示。选中"域名系统（DNS）服务器"选项。

（6）单击"下一步"按钮，显示"DNS 选项"界面，默认选中"创建 DNS 委派"复选框，如图 9-50 所示。

**注意**：前面的任务中若选中"创建 DNS 委派"选项则会出错，请读者思考原因。

（7）单击"下一步"按钮，设置 NetBIOS 的名称。持续单击"下一步"按钮，在"先决条件检查"对话框中如果顺利通过检查，就直接单击"安装"按钮，否则要按提示先排除问题。安装完成后会自动重新启动计算机。

（8）系统升级了 Active Directory 域控制器之后，必须使用域用户账户登录，格式为"域名\用户账户"。选择"其他用户"可以更换登录用户。

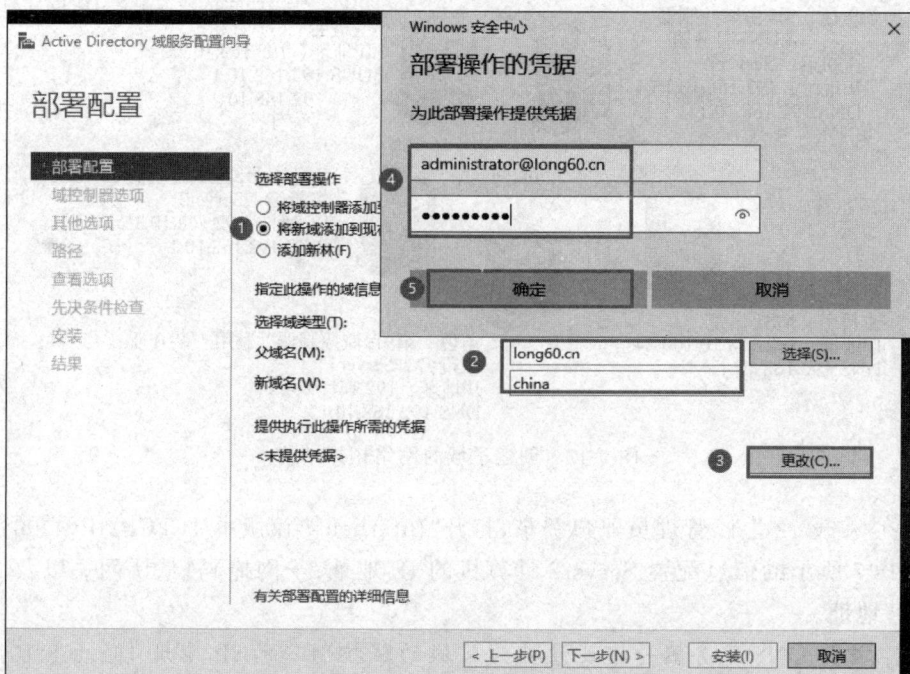

图 9-48 "部署配置"及"Windows 安全中心"对话框

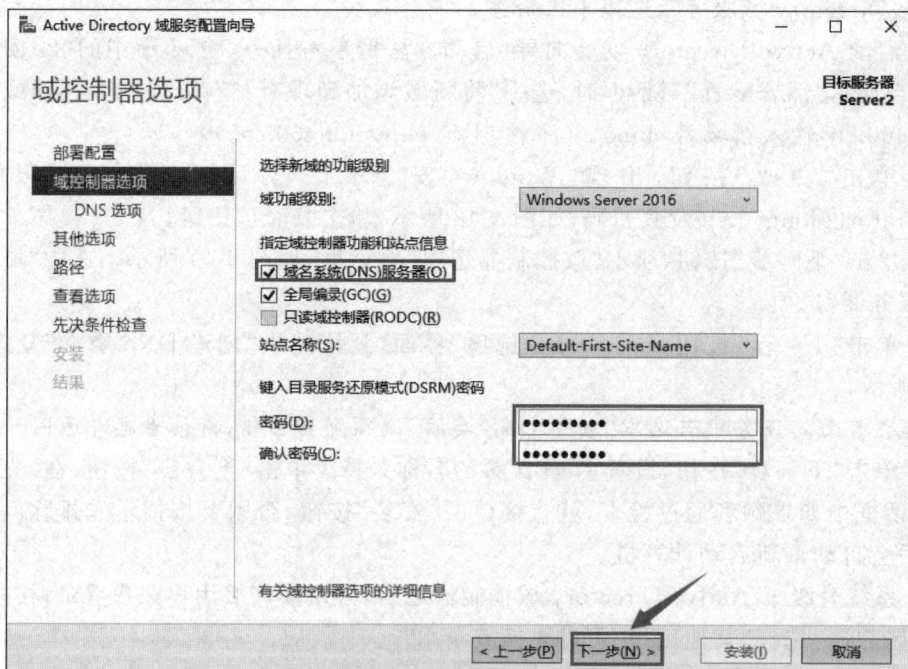

图 9-49 设置域控制器选项

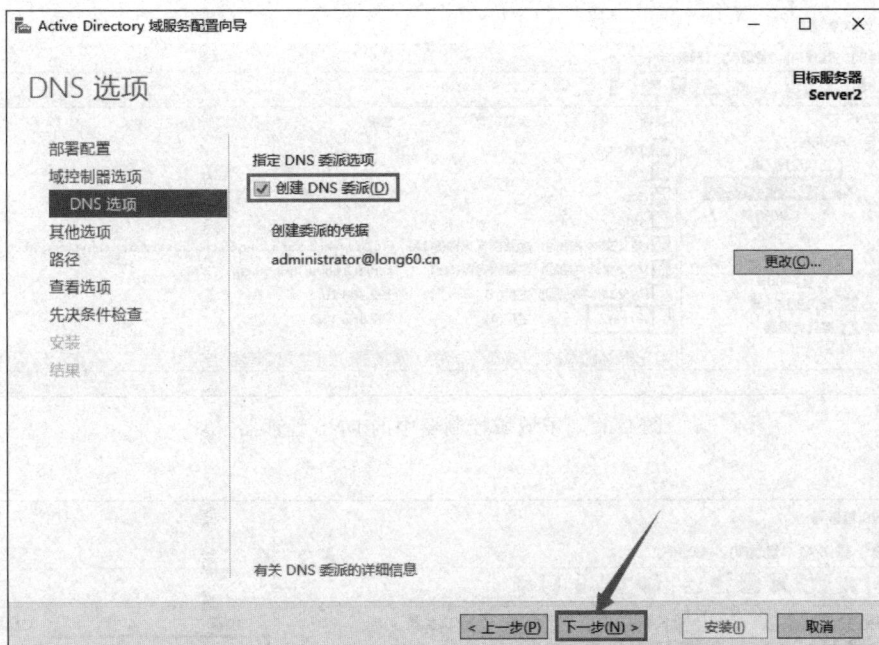

图 9-50　选中"创建 DNS 委派"复选框

**注意**：这里的 china\administrator 域用户是 Server2 子域控制器中的管理员账户，不是 Server1 的。请读者务必注意。

**4．创建验证子域**

（1）重新启动 Server2 计算机后，用管理员身份登录到子域中。选择"服务器管理器"→"工具"→"Active Directory 用户和计算机"命令，打开"Active Directory 用户和计算机"窗口，可以看到 china.long60.cn 子域，如图 9-51 所示。

图 9-51　在"Active Directory 用户和计算机"窗口中查看子域

（2）在 Server2 上选择"开始"→"Windows 管理工具"→DNS 命令，打开"DNS 管理器"窗口，依次展开各选项，可以看到区域 china.long60.cn，如图 9-52 所示。

**思考**：请打开 Server1 的 DNS 服务器的"DNS 管理器"窗口，观察 china 区域下面有何记录。图 9-53 所示的是父域域控制器中的 DNS 管理器。

229

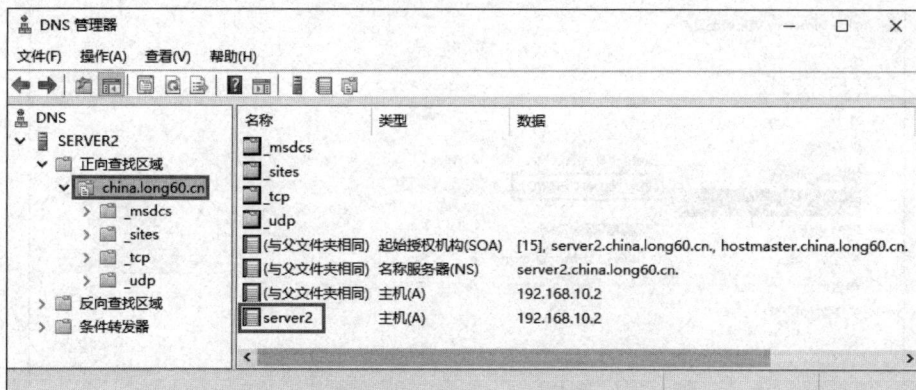

图 9-52　子域域控制器中的 DNS 管理器

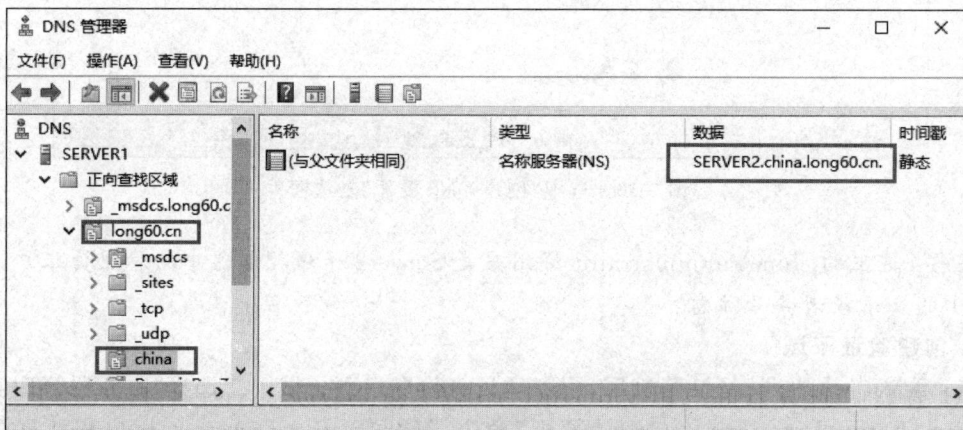

图 9-53　父域域控制器中的 DNS 管理器

**试一试**：在 VMware 中再新建一台 Windows Server 2019 的虚拟机,计算机名为 MS2,IP 地址为 192.168.10.200,子网掩码为 255.255.255.0,DNS 服务器的 IP 地址第 1 种情况设置为 192.168.10.1,第 2 种情况设置为 192.168.10.2。将 DNS 服务器分两种情况分别加入 china.long60.cn,都能成功吗? 能否设置为主辅 DNS 服务器? 做完后请认真思考。

**5. 验证父子信任关系**

通过前面的任务,我们构建了 long60.cn 及其子域 china.long60.cn,而子域和父域的双向、可传递的信任关系是在安装域控制器时就自动建立的,同时由于域林中的信任关系是可传递的,因此同一域林中的所有域都显式或者隐式地相互信任。

(1) 在 Server1 上以域管理员身份登录,选择"服务器管理器"→"工具"→"Active Directory 域和信任关系"命令,弹出"Active Directory 域和信任关系"窗口,可以对域之间的信任关系进行管理,如图 9-54 所示。(本例还安装了域林 long60.cn 的另一棵域树 smile60.cn。)

(2) 在窗口左侧右击 long60.cn 节点,在弹出的快捷菜单中选择"属性"命令,打开"long60.cn 属性"对话框,选择"信任"选项卡,如图 9-55 所示,可以看到 long60.cn 和其他域的信任关系。对话框的上部列出的是 long60.cn 所信任的域,表明 long60.cn 信任其子域 china.long60.cn 及 smile60.cn;窗口下部列出的是信任 long60.cn 的域,表明其子域 china.

图 9-54　"Active Directory 域和信任关系"窗口

long60.cn 和 smile60.cn 信任其父域 long60.cn。也就是说，long60.cn 和 china.long60.cn、smile60.cn 分别有双向信任关系。

（3）在图 9-54 中，右击 china.long60.cn 节点，在弹出的快捷菜单中选择"属性"命令，查看其信任关系，如图 9-56 所示。可以发现，该域只是显式地信任其父域 long60.cn，而和另一域树中的根域 smile60.cn 并无显式的信任关系。可以直接创建 long60.cn 和 smile60.cn 之间的信任关系，以减少信任的路径。

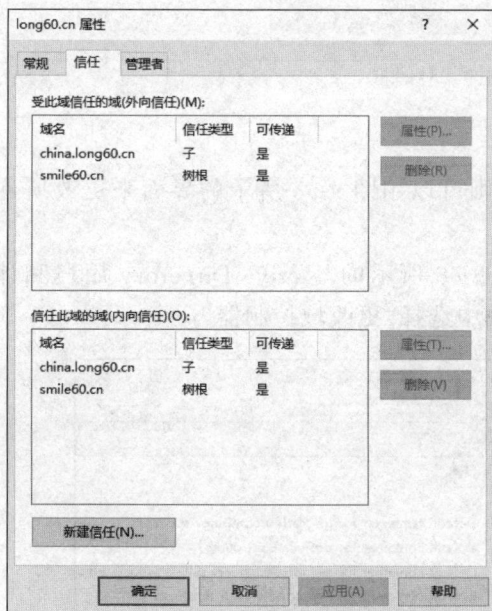

图 9-55　long60.cn 的信任关系

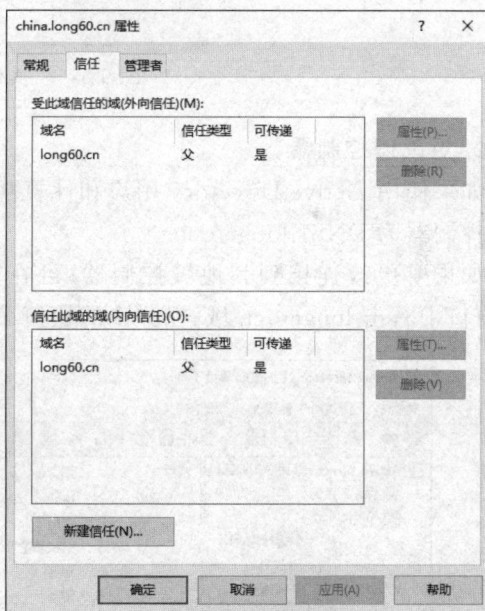

图 9-56　china.long60.cn 的信任关系

## 任务 9-7　熟悉多台域控制器的情况

### 1. 更改 PDC 操作主机

如果域内有多台域控制器，则所设置的安全设置值是先被存储到扮演 PDC 操作主机角色的域控制器内的，而它默认由域内的第 1 台域控制器扮演，可以选择 Server1 的"服务器管理器"→"工具"→"Active Directory 用户和计算机"命令，选中"域名 long60.cn"节点，并右击，在弹出的快捷菜单中选择"操作主机"命令，打开"操作主机"对话框，选择 PDC 选项卡

231

来得知 PDC 操作主机是哪一台域控制器(例如,图中的操作主机为 Server1.long60.cn),如图 9-57 所示。

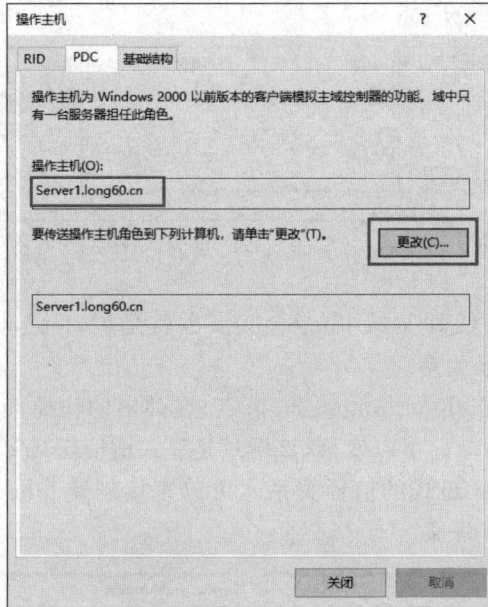

图 9-57 "操作主机"对话框

**2. 更改域控制器**

如果使用 Active Directory 用户和计算机,则可以用图 9-58 所示的界面来更改所连接的域控制器为 DNS1.long60.cn。

如果要更改连接到其他域控制器,可在图 9-58 所示的"Active Directory 用户和计算机"窗口中右击 long60.cn 域,在弹出的快捷菜单中选择"更改域控制器"命令。

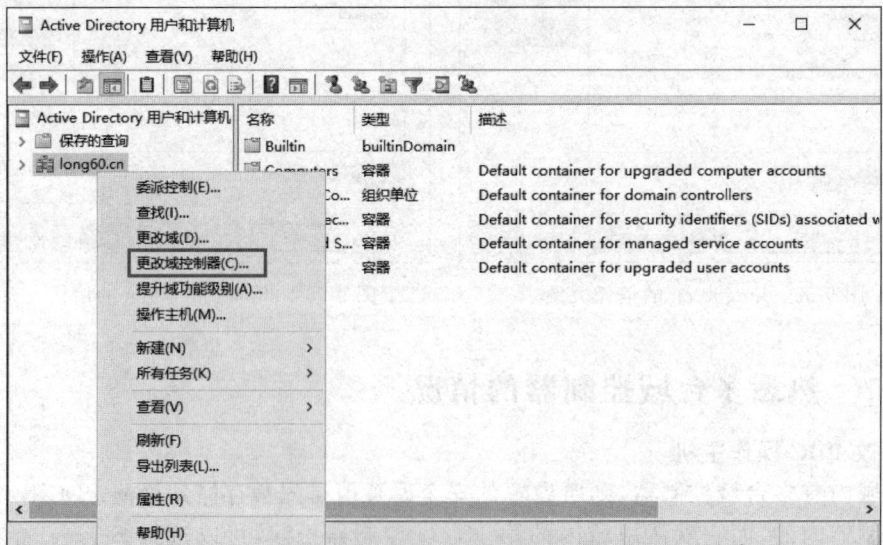

图 9-58 更改域控制器 DNS1.long60.cn

**3. 登录疑难问题排除**

当在 Server1 域控制器上利用普通用户账户 long60\adomainuser1 登录时，如果出现"不允许使用你正在尝试的登录方式……"的警告界面，表示此用户账户在这台域控制器上没有允许本地登录的权限，原因可能是尚未被赋予此权限，或策略设置值尚未被复制到此域控制器，或尚未应用。解决问题的方法如下。

除了域 Administrators 等少数组内的成员外，其他一般域用户账户默认无法在域控制器上登录，除非另外开放。

一般用户必须在域控制器上拥有允许本地登录的权限，才可以在域控制器上登录。此权限可以通过组策略来开放：可到任何一台域控制器上（如 Server1）进行如下操作。

(1) 以域管理员身份登录 Server1，选择"服务器管理器"→"工具"→"组策略管理"→"林：long60.cn"→"域"→long60.cn→Domain Controllers 命令，如图 9-59 所示。选中 Default Domain Controllers Policy 节点，并右击，在弹出的快捷菜单中选择"编辑"命令。

图 9-59　"组策略管理"窗口

(2) 在图 9-60 所示的窗口中双击"计算机配置"处的"策略"选项，选择"Windows 设置"→"安全设置"→"本地策略"→"用户权限分配"选项，接着双击右侧的"允许本地登录"选项，然后在打开的对话框中单击"添加用户或组"按钮，将用户或组加入列表内，最后依次单击"应用"和"确定"按钮。本例将 domainuser1 添加进来。

**注意**：由于 administrators 管理员组默认不在此列表，所以必须将其一起添加。

(3) 需要等设置值被应用到域控制器后才有效，应用的方法有以下 3 种。

● 将域控制器重新启动。

● 等域控制器自动应用此新策略设置，可能需要等待 5 分钟或更久。

● 手动应用：到域控制器上运行 gpupdate 或 gpupdate/force。

(4) 可以在已经完成应用的域控制器上，利用前面创建的新用户账户来测试是否能正常登录。本例可使用 domainuser1@long60.cn 在 Server1 上进行登录测试。

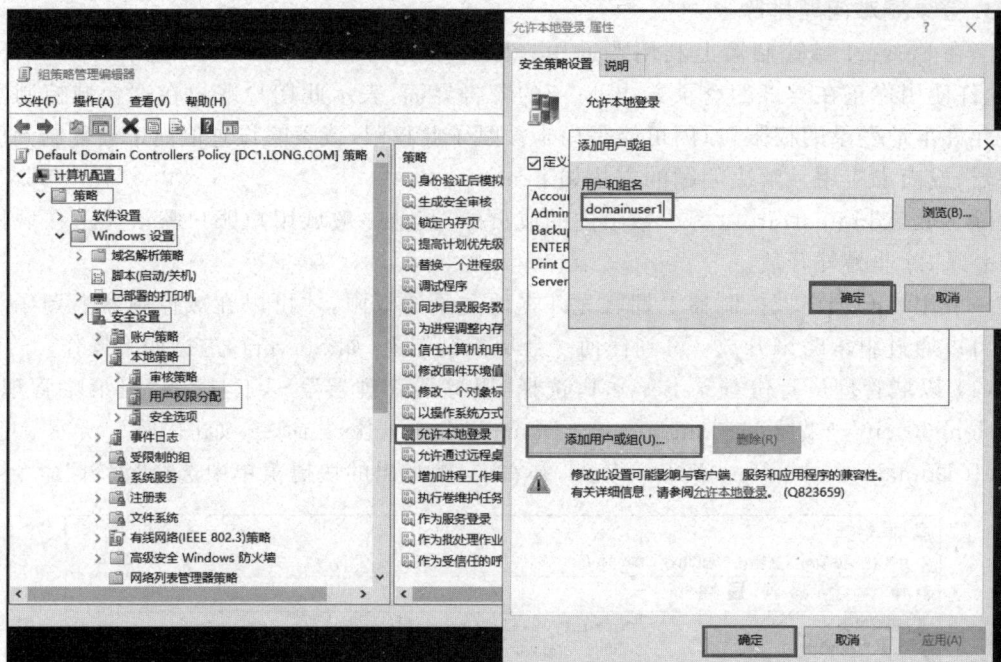

图 9-60 "组策略管理编辑器"窗口

# 9.6 项目实训 部署与管理 Active Directory 域服务环境

**1. 实训目的**

- 掌握规划和安装局域网中的活动目录的方法与技巧。
- 掌握创建目录林根级域的方法与技巧。
- 掌握安装额外域控制器的方法和技巧。
- 掌握创建子域的方法和技巧。
- 掌握创建双向可传递的林信任关系的方法和技巧。
- 掌握备份与恢复活动目录的方法与技巧。
- 掌握将服务器 3 种角色相互转换的方法和技巧。

部署与管理
Active Directory
域服务

**2. 网络拓扑结构**

随着公司的发展壮大,已有的工作组模式的网络已经不能满足公司的业务需要。经过多方论证,确定了公司的服务器的网络拓扑结构,如图 9-61 所示。服务器操作系统选择 Windows Server 2019。

**3. 实训步骤**

根据图 9-61 所示的网络拓扑结构构建满足公司需要的域环境。具体要求如下。

(1) 创建域 long60.cn,域控制器的计算机名称为 Server1。

(2) 安装额外域控制器 Server3.long60.cn。

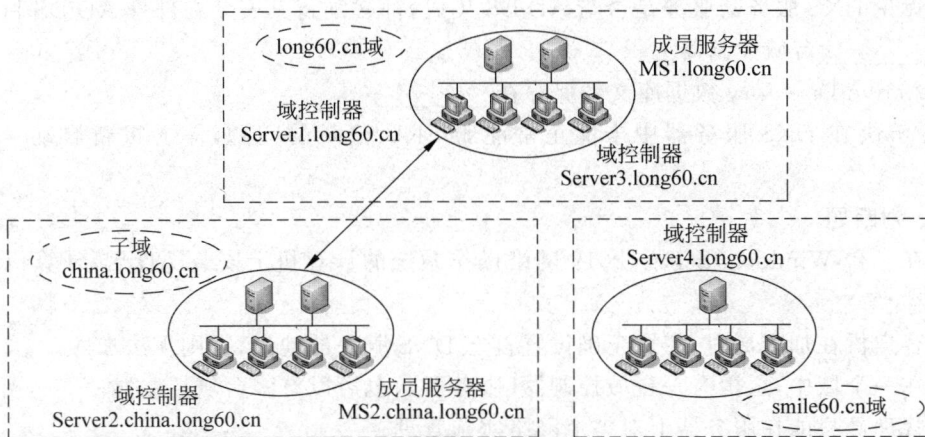

图 9-61 项目实训网络拓扑图

（3）检查安装后的域控制器。将独立服务器 MS1 加入到域 long60.cn。

（4）创建子域 china.long60.cn，其域控制器的计算机名称为 Server2。

（5）将 MS1 降级为独立服务器，改计算机名称为 MS2，然后加入 china.long60.cn，成为子域的成员服务器 MS2。

（6）创建域 smile60.cn，域控制器的计算机名称为 Server4。

（7）创建 long60.cn 和 smile60.cn 双向可传递的林信任关系。

（8）备份 smile60.cn 域中的活动目录，并利用备份进行恢复。

（9）建立组织单位 sales，在其下建立用户 testdomain，并委派对 OU 的管理。

提示：请独立完成项目实训，检查学习效果。另外，实训中用到的初始虚拟机可通过恢复 Server1～Server4 以及 MS1 的快照得到。

## 9.7 习 题

**一、填空题**

1. 通过 Windows Server 2019 网络操作系统组建客户机/服务器模式的网络时，应该将网络配置为_____。

2. 在 Windows Server 2019 网络操作系统中，活动目录存放在_____中。

3. 在 Windows Server 2019 网络操作系统中安装_____后，计算机即成为一台域控制器。

4. 同一个域中的域控制器的地位是_____。在域树中，子域和父域的信任关系是_____。独立服务器上安装了_____就升级为域控制器。

5. Windows Server 2019 网络操作系统的服务器的 3 种角色是_____、_____、_____。

6. 活动目录的逻辑结构包括_____、_____、_____和_____。

7. 物理结构的 3 个重要概念是_____、_____和_____。

8. 无论 DNS 服务器服务是否与 AD DS 集成,都必须将其安装在部署 AD DS 目录林根域的第_____台域控制器上。

9. Active Directory 数据库文件保存在_____。

10. 解决在 DNS 服务器中未能正常注册 SRV 记录的问题,需要重新启动_____服务。

二、判断题

1. 在一台 Windows Server 2019 网络操作系统的计算机上安装 AD 后,计算机就成了域控制器。( )

2. 客户机在加入域时,需要正确设置首选 DNS 服务器地址,否则无法加入。( )

3. 在一个域中,至少有一台域控制器(服务器),也可以有多台域控制器。( )

4. 管理员只能在服务器上对整个网络实施管理。( )

5. 域中所有账户信息都存储于域控制器中。( )

6. OU 是应用组策略和委派责任的最小单位。( )

7. 一个 OU 只指定一个受委派管理员,不能为一个 OU 指定多个管理员。( )

8. 同一域林中的所有域都显式或者隐式地相互信任。( )

9. 一个域目录树不能称为域目录林。( )

三、简答题

1. 什么时候需要安装多个域树?

2. 简述什么是活动目录、域、活动目录树和活动目录林。

3. 简述什么是信任关系。

4. 为什么在域中常常需要 DNS 服务器?

5. 活动目录中存放了什么信息?

# 项目 10 配置与管理 Web 服务器

## 10.1 项 目 导 入

目前,大部分公司都有自己的网站,用来实现信息发布、资料查询、数据处理、网络办公、远程教育和视频点播等功能,还可以用来实现电子邮件服务。搭建网站要靠 Web 服务来实现,而在中小型网络中使用最多的网络操作系统是 Windows Server,因此微软公司的 IIS 系统提供的 Web 服务和 FTP 服务也成为使用最为广泛的服务。

## 10.2 职 业 能 力 目 标 和 要 求

- 掌握安装与配置 IIS。
- 掌握配置与管理 Web 站点。
- 掌握创建 Web 站点和虚拟主机。
- 掌握管理 Web 站点的目录。

## 10.3 相 关 知 识

IIS 提供了基本服务,包括发布信息、传输文件、支持用户通信和更新这些服务所依赖的数据存储。

**1. 万维网发布服务**

通过将客户端 HTTP 请求连接到在 IIS 中运行的网站上,万维网发布服务向 IIS 最终用户提供 Web 发布。WWW 服务管理 IIS 的核心组件,这些组件处理 HTTP 请求并配置和管理 Web 应用程序。

互联网信息服务

**2. 文件传输协议服务**

通过文件传输协议(file transfer protocol,FTP)服务,IIS 提供对管理和处理文件的完全支持。该服务使用传输控制协议(transmission control protocol,TCP),从而确保了文件传输的完成和数据传输的准确性。该版本的 FTP 支持在站点级别上隔离用户,以帮助管理员保护其 Internet 站点的安全并使之商业化。

### 3. 简单邮件传输协议服务

通过简单邮件传输协议(simple mail transfer protocol,SMTP)服务,IIS 能够发送和接收电子邮件。例如,为确认用户提交表格成功,可以对服务器编程以自动发送邮件来响应事件。也可以使用 SMTP 服务接收来自网站客户反馈的消息。SMTP 不支持完整的电子邮件服务,要提供完整的电子邮件服务,可使用 Microsoft Exchange Server。

### 4. 网络新闻传输协议服务

可以使用网络新闻传输协议(network news transfer protocol,NNTP)服务主控单个计算机上的 NNTP 本地讨论组。因为该功能完全符合 NNTP,所以用户可以使用任何新闻阅读客户端程序加入新闻组进行讨论。

### 5. 管理服务

该项功能管理 IIS 配置数据库,并为 WWW 服务、FTP 服务、SMTP 服务和 NNTP 服务更新 Microsoft Windows 操作系统注册表。配置数据库用来保存 IIS 的各种配置参数。IIS 管理服务对其他应用程序公开配置数据库,这些应用程序包括 IIS 核心组件、在 IIS 上建立的应用程序以及独立于 IIS 的第三方应用程序(如管理或监视工具)。

# 10.4　项目设计与准备

在架设 Web 服务器之前,读者需要了解本任务实例部署的需求和实验环境。

### 1. 部署需求

在部署 Web 服务前需满足以下要求。

- 设置 Web 服务器的 TCP/IP 属性,手动指定 IP 地址、子网掩码、默认网关和 DNS 服务器的 IP 地址等。
- 部署域环境,域名为 long60.cn。

### 2. 部署环境

本节任务所有实例都部署在一个域环境下,域名为 long60.cn。其中 Web 服务器主机名为 DNS1,其本身也是域控制器和 DNS 服务器,IP 地址为 192.168.10.1。Web 客户端主机若干,分别命名为 WIN10-1 和 WIN10-2,客户端主机安装 Windows 10 操作系统,IP 地址分别为 192.168.10.210 和 192.168.10.220。网络拓扑结构如图 10-1 所示。

角色:域控制器、DNS服务器
&Web服务器
主机名:DNS1
IP地址:192.168.10.1/24
192.168.10.100/24
操作系统:Windows Server 2019

角色:Web客户端
主机名:WIN10-2
IP地址:192.168.10.220/24
DNS:192.168.10.1
操作系统:Windows 10

角色:Web客户端
主机名:WIN10-1
IP地址:192.168.10.210/24
DNS:192.168.10.1
操作系统:Windows 10

图 10-1　架设 Web 服务器网络拓扑结构

# 10.5　项目实施

## 任务 10-1　安装 Web 服务器(IIS)角色

在计算机 DNSI 上的"服务器管理器"窗口中安装 Web 服务器(IIS)角色,具体步骤如下。

(1) 选择"开始"→"服务器管理器"→"仪表板"→"添加角色和功能"命令,在弹出的对话框中持续单击"下一步"按钮,直到出现图 10-2 所示的"选择服务器角色"对话框,勾选"Web 服务器(IIS)"复选框。

(2) 在"角色服务"中选中"安全性"复选框,选中"常见 HTTP 功能"复选框,同时勾选"FTP 服务器"复选框,如图 10-3 所示。

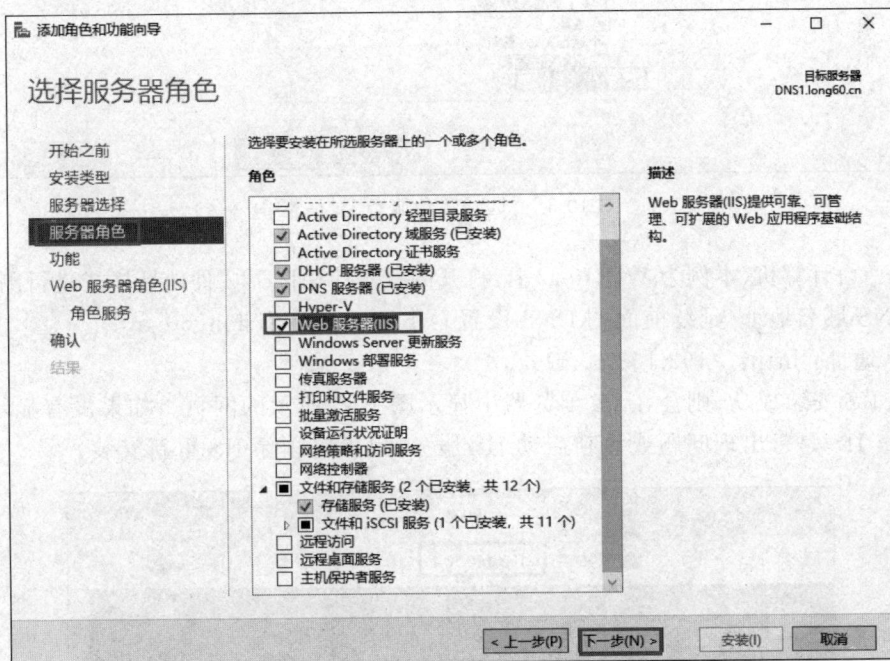

图 10-2　"选择服务器角色"对话框

**提示**:如果在前面安装某些角色时安装了功能和部分 Web 角色,界面将稍有不同,这时请注意勾选"FTP 服务器""安全性"和"常见 HTTP 功能"复选框。

(3) 持续单击"下一步"按钮,直到出现"安装"按钮。单击"安装"按钮,开始安装 Web 服务器。安装完成后,显示"安装结果"窗口,单击"关闭"按钮完成安装。

**提示**:在此将"FTP 服务器"复选框选中,在安装 Web 服务器的同时,也安装了 FTP 服务器。建议将"角色服务"的全部选项都安装上,特别是身份验证方式。如果"角色服务"安装不完全,后面做有关"网站安全"的实训时会有部分功能不能使用。

安装完 IIS 以后,还应对该 Web 服务器进行测试,以检测网站是否正确安装并运行。在局

239

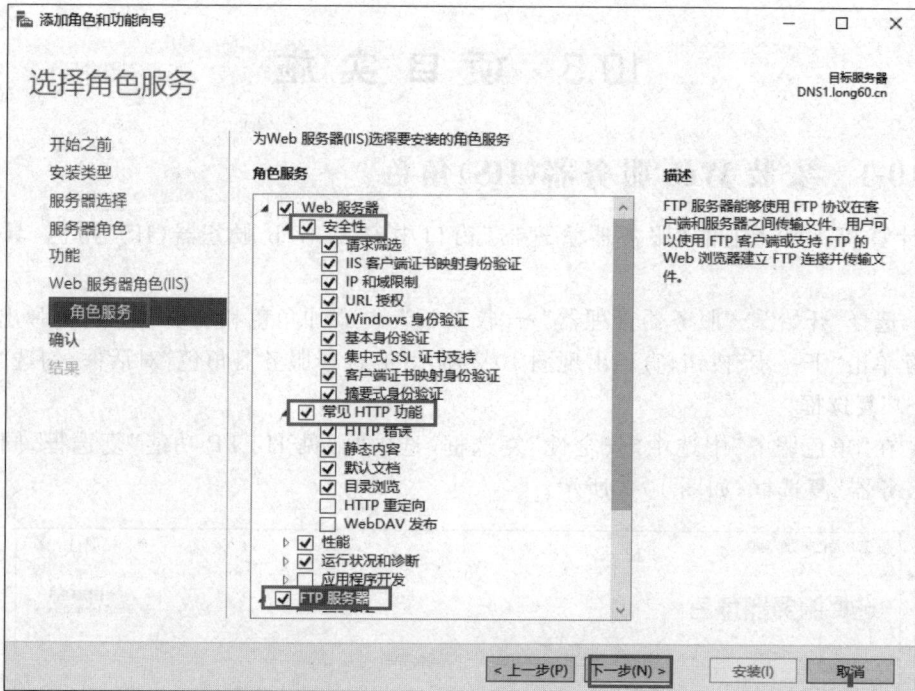

图 10-3 "选择角色服务"对话框

域网中的一台计算机（本例为 WIN10-1）上，打开浏览器使用以下 2 种地址格式进行测试。

- DNS 域名地址（延续前面的 DNS 设置）：http://DNS1.long60.cn/。
- IP 地址：http://192.168.10.1/。

如果 IIS 安装成功，则会在 IE 浏览器中显示图 10-4 所示的网页。如果没有显示出该网页，则检查 IIS 是否出现问题或重新启动 IIS 服务，也可以删除 IIS 重新安装。

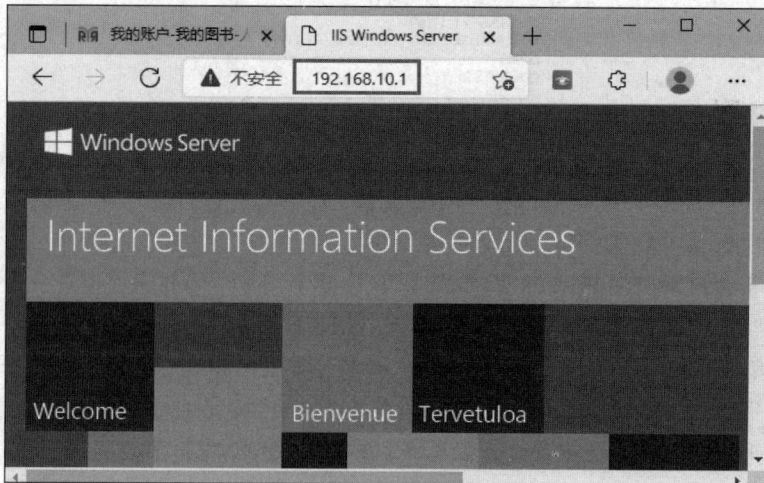

图 10-4 IIS 安装成功

## 任务 10-2　创建 Web 站点

在 Web 服务器上创建一个新网站 Web,使用户在客户端计算机上能通过 IP 地址和域名进行访问。

**1. 创建使用 IP 地址访问的 Web 站点**

创建使用 IP 地址访问的 Web 站点的具体步骤如下。

1) 停止默认网站(Default Web Site)

以域管理员账户登录 Web 服务器,选择"开始"→"Windows 管理工具"→"Internet Information Services(IIS)管理器"命令,打开"Internet Information Services(CIIS)管理器"控制台。在控制台树中依次展开服务器和"网站"节点。右击 Default Web Site 选项,在弹出的快捷菜单中选择"管理网站"→"停止"命令,即可停止正在运行的默认网站,如图 10-5 所示。停止后,默认网站的状态显示为"已停止"。

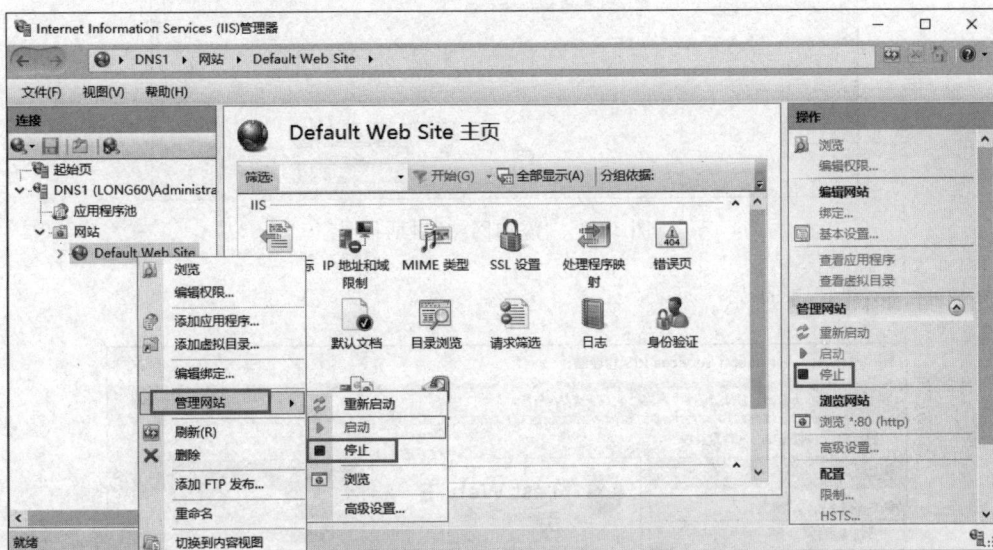

图 10-5　停止默认网站

2) 准备 Web 站点内容

在 C 盘上创建文件夹"C:\Web"作为网站的主目录,并在该文件夹中存放网页 index.htm 作为网站的首页,网站首页可以用记事本或 Dreamweaver 软件编写。

3) 创建 Web 站点

(1) 在"Internet Information Services(IIS)管理器"控制台树中展开服务器节点,右击"网站"选项,在弹出的菜单中选择"添加网站"命令,打开"添加网站"对话框。在该对话框中可以指定网站名称、应用程序池、网站内容目录、传递身份验证、网站类型、IP 地址、端口号、主机名以及是否启动网站。在此设置网站名称为 Test Web,物理路径为 C:\Web,类型为 http,IP 地址为 192.168.10.1,默认端口号为 80,如图 10-6 所示。单击"确定"按钮,完成 Web 站点的创建。

(2) 返回"Internet Information Services(IIS)管理器"控制台,可以看到刚才创建的网

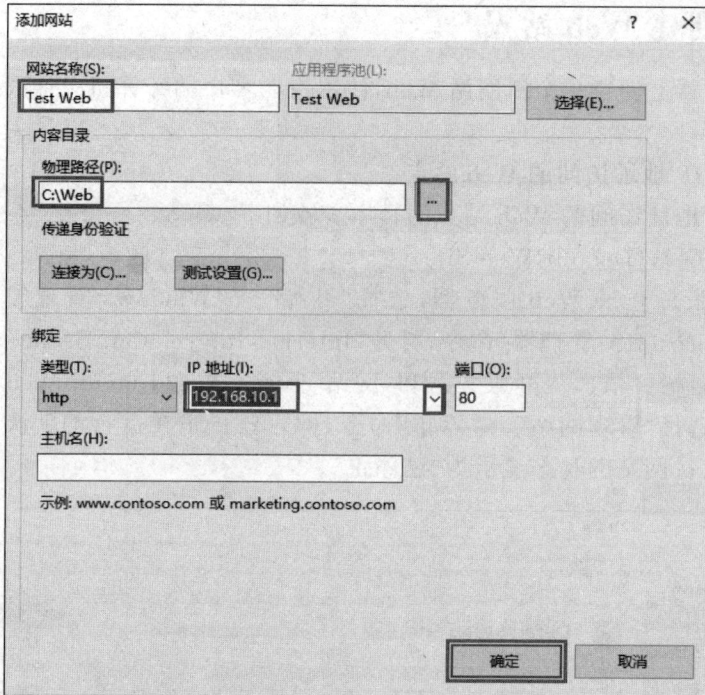

图 10-6 "添加网站"对话框

站已经启动,如图 10-7 所示。

图 10-7 "Internet Information Services(IIS)管理器"控制台

(3) 用户在客户端计算机 WIN10-1 上打开浏览器,输入 http://192.168.10.1,就可以访问刚才建立的网站了。

注意：在图 10-7 所示的窗口中，双击右侧窗格中的"默认文档"，打开图 10-8 所示的"默认文档"窗口，可以对默认文档进行添加、删除及更改顺序的操作。

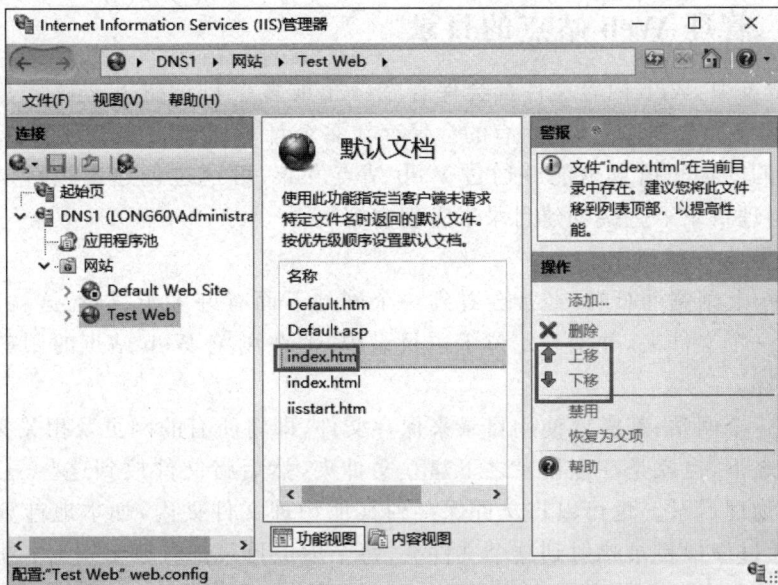

图 10-8　设置默认文档

默认文档是指在 Web 浏览器中输入 Web 站点的 IP 地址或域名即显示出来的 Web 页面，也就是通常所说的主页（home page）。IIS 8.0 默认文档的文件名有 5 种，分别为 Default.htm、Default.asp、index.htm、index.html 和 iisstar.htm。这也是一般网站中最常用的主页名。如果 Web 站点无法找到这 5 个文件中的任何一个，那么将在 Web 浏览器上显示"该页无法显示"的提示。默认文档既可以是一个，也可以是多个。当设置多个默认文档时，IIS 将按照排列的前后顺序依次调用这些文档。当第一个文档存在时，将直接把它显示在用户的浏览器上，而不再调用后面的文档；第一个文档不存在时，将第二个文档显示给用户，其他以此类推。

**思考与实践**：由于本例首页文件名为 index.htm，所以在客户端直接输入 IP 地址即可浏览网站。如果网站首页的文件名不在列出的 5 个默认文档中，该如何处理？请读者试着做一下。

**2. 创建使用域名访问的 Web 站点**

创建用域名 www.long60.cn 访问的 Web 站点，具体步骤如下。

（1）在 DNS1 上打开"DNS 管理器"控制台，依次展开服务器和"正向查找区域"节点，单击区域 long60.cn。

（2）创建别名记录。右击区域 long60.cn，在弹出的快捷菜单中选择"新建别名"命令，出现"新建资源记录"对话框。在"别名"文本框中输入 www，在"目标主机的完全合格的域名（FQDN）"文本框中输入 DNS1.long60.cn，或者单击"浏览"按钮，查找 DNS1 的 FQDN 并选中。

（3）单击"确定"按钮，别名创建完成。

（4）用户在客户端计算机 WIN10-1 上打开浏览器，输入 http://www.long60.cn，就可以访问刚才建立的网站了。

注意：保证客户端计算机 WIN10-1 的 DNS 服务器的地址是 192.168.10.1。

## 任务 10-3　管理 Web 站点的目录

在 Web 站点中，Web 内容文件都会保存在一个或多个目录树下，包括 HTML 内容文件、Web 应用程序和数据库等，甚至有的会保存在多个计算机上的多个目录中。因此，为了使其他目录中的内容和信息也能够通过 Web 站点发布，可通过创建虚拟目录来实现。当然，也可以在物理目录下直接创建目录来管理内容。

**1. 虚拟目录与物理目录**

在 Internet 上浏览网页时，经常会看到一个网站下面有许多子目录，这就是虚拟目录。虚拟目录只是一个文件夹，并不一定位于主目录内，但在浏览 Web 站点的用户看来就像位于主目录中一样。

对于任何一个网站，都需要使用目录来保存文件，即将所有的网页及相关文件都存放到网站的主目录之下，也就是在主目录之下建立文件夹，然后将文件放到这些子文件夹内，这些文件夹也称物理目录。也可以将文件保存到其他物理文件夹内，如本地计算机或其他计算机内，然后通过虚拟目录映射到这个文件夹，每个虚拟目录都有一个别名。虚拟目录的好处是在不需要改变别名的情况下，可以随时改变其对应的文件夹。

在 Web 站点中，默认发布主目录中的内容。但如果要发布其他物理目录中的内容，就需要创建虚拟目录。虚拟目录也就是网站的子目录，每个网站都可能会有多个子目录，不同的子目录内容不同，在磁盘中会用不同的文件夹来存放不同的文件。例如，使用 BBS 文件夹存放论坛程序，用 image 文件夹存放网站图片等。

**2. 创建虚拟目录**

在 www.long60.cn 对应的网站上创建一个名为 BBS 的虚拟目录，其路径为本地磁盘中的 C:\MY_BBS 文件夹，该文件夹下有个文档 index.htm。具体创建过程如下。

（1）以域管理员身份登录 DNS1。在 IIS 管理器中，展开左侧的"网站"目录树，选择要创建虚拟目录的网站 Test Web，右击，在弹出的快捷菜单中选择"添加虚拟目录"命令，显示虚拟目录创建向导。利用该向导便可为该虚拟网站创建不同的虚拟目录。

（2）在"别名"文本框中设置该虚拟目录的别名，本例为 bbs，用户用该别名来连接虚拟目录。该别名必须唯一，不能与其他网站或虚拟目录重名。在"物理路径"文本框中输入该虚拟目录的文件夹路径，或单击"浏览"按钮选择，本例为 C:\MY_BBS。这里既可以使用本地计算机上的路径，也可以使用网络中的文件夹路径。设置完成后的界面如图 10-9 所示。

（3）用户在客户端计算机 WIN10-1 上打开浏览器，输入 http://www.long60.cn/BBS，就可以访问 C:\MY_BBS 中的默认网站。

## 任务 10-4　架设多个 Web 站点

使用 IIS 8.0 的虚拟主机技术，通过分配 TCP 端口、IP 地址和主机头名，可以在一台服务器上建立多个虚拟 Web 站点。每个网站都具有唯一的，由端口号、IP 地址和主机头名 3 部分组成的网站标识，用来接收来自客户端的请求。不同的 Web 站点可以提供不同的 Web 服务，而且每一个虚拟主机和一台独立的主机完全一样。这种方式适用于企业或组织

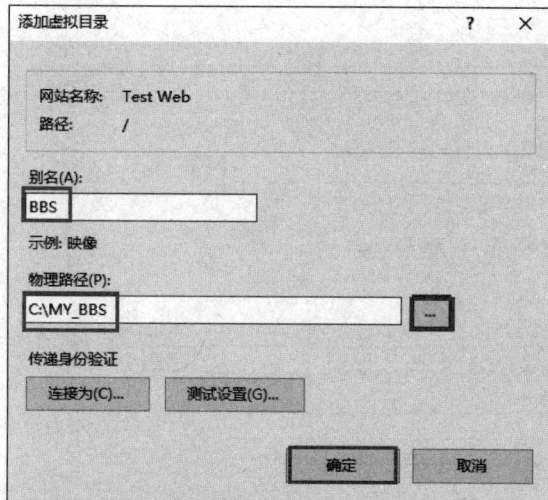

图 10-9　添加虚拟目录

需要创建多个网站的情况,可以降低成本。

架设多个 Web 站点可以通过以下 3 种方式。

- 使用不同 IP 地址架设多个 Web 站点。
- 使用不同端口号架设多个 Web 站点。
- 使用不同主机头名架设多个 Web 站点。

在创建一个 Web 站点时,要根据企业本身现有的条件,如投资的多少、IP 地址的多少、网站性能的要求等,选择不同的虚拟主机技术。

**1. 使用不同端口号架设多个 Web 站点**

利用一个 IP 地址,使用不同的端口号也可以达到架设多个网站的目的。

其实,用户访问所有的网站都需要使用相应的 TCP 端口。不过,Web 服务器默认的 TCP 端口为 80,在用户访问时不需要输入;但如果网站的 TCP 端口不为 80,在输入网址时就必须添加上端口号。利用 Web 服务的这个特点,可以架设多个网站,每个网站均使用不同的端口号。使用这种方式创建的网站,其域名或 IP 地址部分完全相同,仅端口号不同。用户在使用网址访问时,必须添加相应的端口号。

在同一台 Web 服务器上使用同一个 IP 地址、两个不同的端口号(80、8080)创建两个网站,具体步骤如下。

1)新建第 2 个 Web 站点

(1)以域管理员账户登录到 Web 服务器 DNS1 上。

(2)在"Internet Informetion Services(IIS)管理器"控制台中创建第 2 个 Web 站点,名称为 Web8080,目录物理路径为 C:\Web2,IP 地址为 192.168.10.1,端口号为 8080,如图 10-10 所示。

2)在客户端上访问两个网站

在 WIN10-1 上打开 IE 浏览器,分别输入 http://192.168.10.1 和 http://192.168.10.1:8080,这时会发现打开了两个不同的网站 Test Web 和 Web8080。

**提示**:如果在访问 Web2 时出现不能访问的情况,请检查防火墙,最好将全部防火墙

245

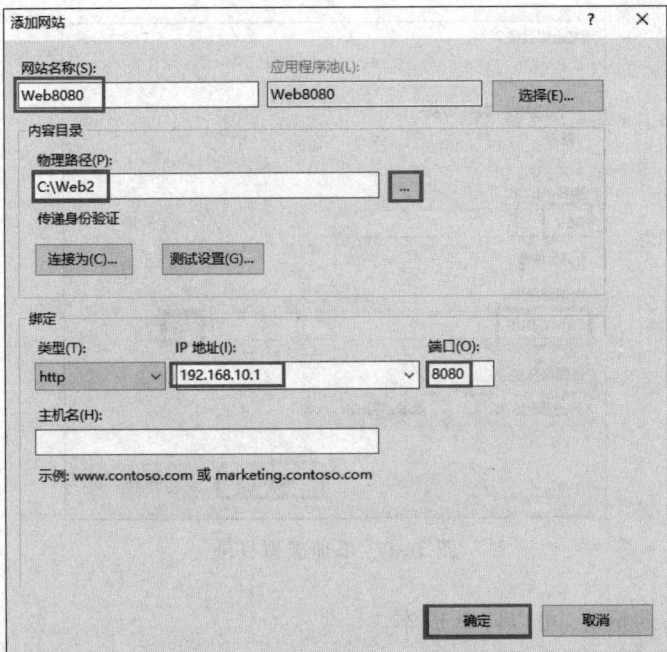

图 10-10 "添加网站"对话框

(包括域的防火墙)关闭。后面类似问题不再说明。本例中也可以使用防火墙设置中的高级
设置定义入站规则为允许 8080 端口通过。

**2. 使用不同主机头名架设多个 Web 站点**

使用 www.long60.cn 访问第 1 个 Web 站点 Test Web,使用 www1.long60.cn 访问第 2
个 Web 站点 Web8080。具体步骤如下。

1) 在区域 long60.cn 上创建别名记录

(1) 以域管理员账户登录到 Web 服务器 DNS1 上。

(2) 打开"DNS 管理器"控制台,依次展开服务器和"正向查找区域"节点,单击区域
long60.cn。

(3) 创建别名记录。右击区域 long60.cn,在弹出的快捷菜单中选择"新建别名"命令,
出现"新建资源记录"对话框。在"别名"文本框中输入 www1,在"目标主机的完全合格的域
名(FQDN)"文本框中输入 DNS1.long60.cn。

(4) 单击"确定"按钮,别名创建完成,如图 10-11 所示。

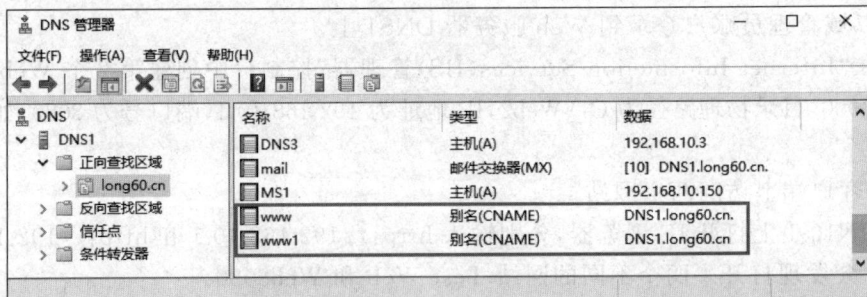

图 10-11 DNS 配置结果

2）设置 Web 站点的主机名

（1）以域管理员账户登录 Web 服务器，右击第 1 个 Web 站点 Test Web，在弹出的快捷菜单中选择"编辑绑定"命令，在对话框中选中 192.168.10.1 地址行，单击"编辑"按钮，打开"编辑网站绑定"对话框，在"主机名"文本框中输入 www.long60.cn，端口设为 80，IP 地址设为 192.168.10.1，如图 10-12 所示，单击"确定"按钮即可。

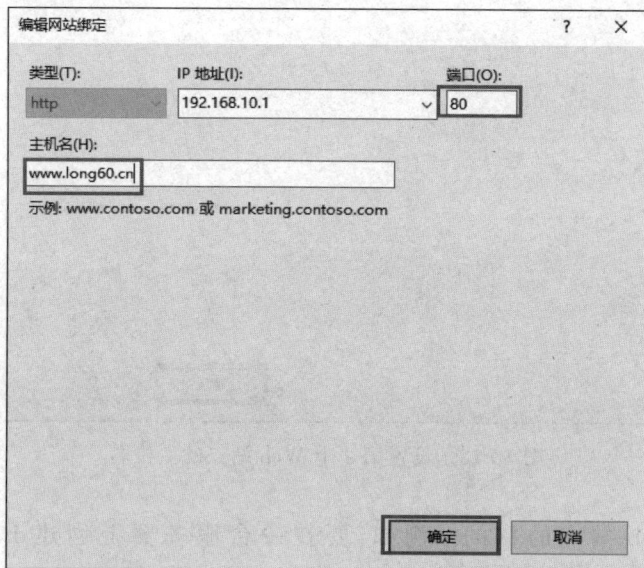

图 10-12　设置第 1 个 Web 站点的主机名

（2）右击第 2 个 Web 站点 Web8080，在弹出的快捷菜单中选择"编辑绑定"命令，在对话框中选中 192.168.10.1 地址行，单击"编辑"按钮，打开"编辑网站绑定"对话框，在"主机名"文本框中输入 www1.long60.cn，端口设为 80，IP 地址设为 192.168.10.1，如图 10-13 所示，单击"确定"按钮即可。

3）在客户端上访问两个网站

在 WIN10-1 上保证 DNS 首要地址是 192.168.10.1。打开 IE 浏览器，分别输入 http://www.long60.cn 和 http://www1.long60.cn，这时会发现打开了两个不同的网站 Test Web 和 Web8080。

**3. 使用不同的 IP 地址架设多个 Web 站点**

如果要在一台 Web 服务器上创建多个网站，为了使每个网站域名都能对应于独立的 IP 地址，一般都使用多个 IP 地址来实现。这种方案称为 IP 虚拟主机技术，也是比较传统的解决方案。当然，为了使用户在浏览器中可使用不同的域名来访问不同的 Web 站点，必须将主机名及其对应的 IP 地址添加到域名解析系统（DNS）中。如果使用此方法在 Internet 上维护多个网站，也需要通过 InterNIC 注册域名。

要使用多个 IP 地址架设多个网站，首先需要在一台服务器上绑定多个 IP 地址。而 Windows Server 网络操作系统支持在一台服务器上安装多块网卡，一张网卡可以绑定多个 IP 地址，再将这些 IP 地址分配给不同的虚拟网站，就可以达到一台服务器利用多个 IP 地

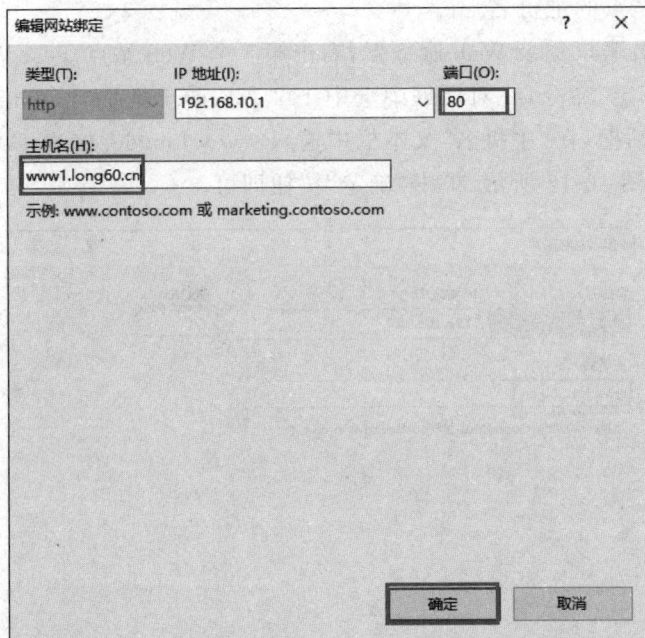

图 10-13　设置第 2 个 Web 站点的主机名

址来架设多个 Web 站点的目的。例如，要在一台服务器上创建 Linux.long60.cn 和 Windows.long60.cn 两个网站，对应的 IP 地址分别为 192.168.10.1 和 192.168.10.5，需要在服务器中添加这两个地址，步骤如下。

1）在 DNS1 上再添加第 2 个 IP 地址

（1）以域管理员账户登录 Web 服务器，右击桌面右下角任务托盘区域的网络连接图标，选择快捷菜单中的"打开网络和共享中心"命令，打开"网络和共享中心"窗口。

（2）单击"本地连接"，打开"本地连接状态"对话框。

（3）单击"属性"按钮，显示"本地连接属性"对话框。Windows Server 2019 中包含 IPv6 和 IPv4 两个版本的 Internet 协议，并且默认都已启用。

（4）在"此连接使用下列项目"选项框中选择"Internet 协议版本 4（TCP/IP）"，单击"属性"按钮，显示"Internet 协议版本 4（TCP/IPv4）属性"对话框。单击"高级"按钮，打开"高级 TCP/IP 设置"对话框。

（5）单击"添加"按钮，在 TCP/IP 对话框中输入 IP 地址 192.168.10.5，子网掩码为 255.255.255.0。单击"确定"按钮，完成设置，如图 10-14 所示。

2）更改第 2 个网站的 IP 地址和端口号

以域管理员账户登录 Web 服务器。右击第 2 个 Web 站点 Web8080，在弹出的快捷菜单中选择"编辑绑定"命令，在对话框中选中 192.168.10.1 地址行，单击"编辑"按钮，打开"编辑网站绑定"对话框，在"主机名"文本框中不输入内容（清空原有内容），端口设为 80，IP 地址设为 192.168.10.5，如图 10-15 所示，最后单击"确定"按钮即可。

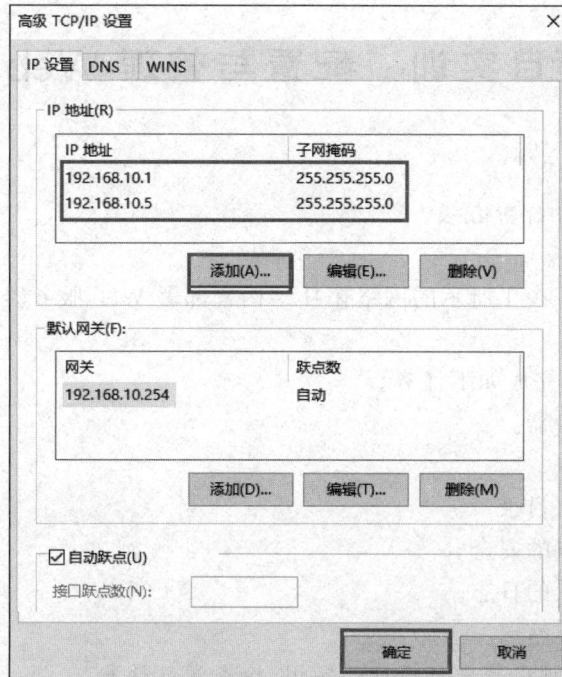

图 10-14　"高级 TCP/IP 设置"对话框

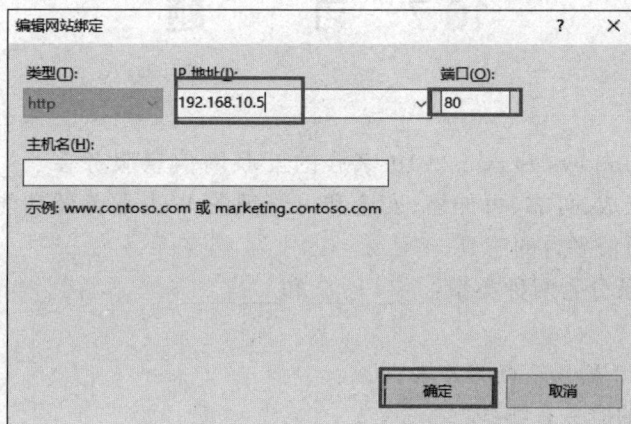

图 10-15　"编辑网站绑定"对话框

3）在客户端上进行测试

在 WIN10-1 上打开 IE 浏览器，分别输入 http://192.168.10.1 和 http://192.168.10.5，这时会发现打开了两个不同的网站 Test Web 和 Web8080。

# 10.6 项目实训 配置与管理 Web 服务器

**1. 实训目的**

掌握 Web 服务器的配置方法。

**2. 实训拓扑结构**

本项目实训根据图 10-1 所示的网络拓扑结构来部署 Web 服务器。

配置与管理
Web 服务器

**3. 实训步骤**

根据网络拓扑结构完成如下任务。

（1）安装 Web 服务器。

（2）创建 Web 站点。

（3）管理 Web 站点目录。

（4）管理 Web 站点的安全。

（5）管理 Web 站点的日志。

（6）架设多个 Web 站点。

**提示**：根据项目实训视频进行项目的实训,检查学习效果。

# 10.7 习　题

**一、填空题**

1. 微软公司 Windows Server 2019 家族的互联网信息服务在_____、_____或_____上提供了集成、可靠、可伸缩、安全和可管理的 Web 服务器功能,是为动态网络应用程序创建强大的通信平台的工具。

2. Web 中的目录分为两种类型：_____和_____。

**二、简答题**

1. 简述架设多个 Web 站点的方法。

2. IIS 8.0 提供的服务有哪些?

3. 什么是虚拟主机?

# 第4篇

# 未雨绸缪构筑网络互联安全

项目11　安全接入Internet

项目12　配置与管理VPN服务器

# 项目 11   安全接入 Internet

## 11.1   项 目 导 入

Windows Server 2019 的网络地址转换（network address translation，NAT）让位于内部网络的多台计算机只需要共享一个 Public IP 地址，就可以同时连接 Internet、浏览网页与收发电子邮件。

## 11.2   职业能力目标和要求

- 了解 NAT 的基本概念和基本原理。
- 理解 NAT 的工作过程。
- 掌握配置并测试 NAT 服务器的方法。
- 掌握外部网络主机访问内部 Web 服务器的实现方法。
- 了解 DHCP 分配器与 DHCP 中继代理的相关知识。
- 遵守职业伦理，培养学生树立正确的职业目标、建立正确的职业价值体系。

## 11.3   相 关 知 识

### 11.3.1   NAT 概述

网络地址转换器位于使用专用地址的 Intranet 和使用公用地址的 Internet 之间。从 Intranet 传出的数据包由 NAT 将它们的专用地址转换为公用地址，从 Internet 传入的数据包由 NAT 将它们的公用地址转换为专用地址。这样在内网中计算机使用未注册的专用 IP 地址，而在与外部网络通信时使用注册的公用 IP 地址，大大降低了连接成本。同时 NAT 也起到将内部网络隐藏起来，保护内部网络的作用，因为对外部用户来说只有使用公用 IP 地址的 NAT 是可见的。

NAT 服务器

### 11.3.2   认识 NAT 的工作过程

NAT 地址转换协议的工作过程主要有以下 4 个步骤。

（1）客户机将数据包发给运行 NAT 的计算机。

（2）NAT 将数据包中的端口号和专用的 IP 地址换成它自己的端口号和公用的 IP 地址，然后将数据包发给外部网络的目的主机，同时记录一个跟踪信息在映像表中，以便向客户机发送回答信息。

（3）外部网络发送回答信息给 NAT。

（4）NAT 将所收到的数据包的端口号和公用 IP 地址转换为客户机的端口号和内部网络使用的专用 IP 地址并转发给客户机。

以上步骤对于网络内部的主机和网络外部的主机都是透明的，对它们来讲就如同直接通信一样，如图 11-1 所示。担当 NAT 的计算机有两块网卡、两个 IP 地址。IP1 为 192.168.0.1，IP2 为 202.162.4.1。

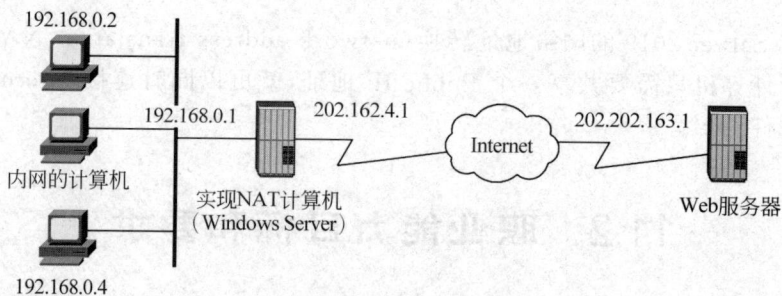

图 11-1　NAT 的工作过程

下面举例来说明。

① 192.168.0.2 用户使用 Web 浏览器连接到 IP 地址为 202.202.163.1 的 Web 服务器，则用户计算机将创建带有下列信息的 IP 数据包。

- 目标 IP 地址：202.202.163.1。
- 源 IP 地址：192.168.0.2。
- 目标端口：TCP 端口 80。
- 源端口：TCP 端口 1350。

② IP 数据包转发到运行 NAT 的计算机上，它将传出的数据包地址转换成下面的形式，用自己的 IP 地址新打包后转发。

- 目标 IP 地址：202.202.163.1。
- 源 IP 地址：202.162.4.1。
- 目标端口：TCP 端口 80。
- 源端口：TCP 端口 2500。

③ NAT 协议在表中保留了 {192.168.0.2，TCP 1350} 到 {202.162.4.1，TCP 2500} 的映射，以便回传。

④ 转发的 IP 数据包是通过 Internet 发送的。Web 服务器响应通过 NAT 协议发回和接收。当接收时，数据包包含下面的公用地址信息。

- 目标 IP 地址：202.162.4.1。
- 源 IP 地址：202.202.163.1。
- 目标端口：TCP 端口 2500。

● 源端口：TCP 端口 80。

⑤ NAT 协议检查转换表，将公用地址映射到专用地址，并将数据包转发给 IP 地址为192.168.0.2 的计算机。转发的数据包包含以下地址信息。

● 目标 IP 地址：192.168.0.2。
● 源 IP 地址：202.202.163.1。
● 目标端口：TCP 端口 1350。
● 源端口：TCP 端口 80。

**说明**：对于来自 NAT 协议的传出数据包，源 IP 地址（专用地址）被映射到 ISP 分配的地址（公用地址），并且 TCP/IP 端口号也会被映射到不同的 TCP/IP 端口号。对于到 NAT协议的传入数据包，目标 IP 地址（公用地址）被映射到源 Internet 地址（专用地址），并且TCP/UDP 端口号被重新映射回源 TCP/UDP 端口号。

# 11.4　项目设计与准备

在架设 NAT 服务器之前，读者需要了解 NAT 服务器配置实例部署的需求和实训环境。

**1. 部署需求**

在部署 NAT 服务前需满足以下要求。

● 设置 NAT 服务器的 TCP/IP 属性，手动指定 IP 地址、子网掩码、默认网关和 DNS 服务器的 IP 地址等。
● 部署域环境，域名为 long60.cn。

**2. 部署环境**

所有实例都被部署在图 11-2 所示的网络环境下。DNS1、DNS 2、DNS 3、WIN10-1 是VMware 的虚拟机，网络连接方式如图 11-2 所示。

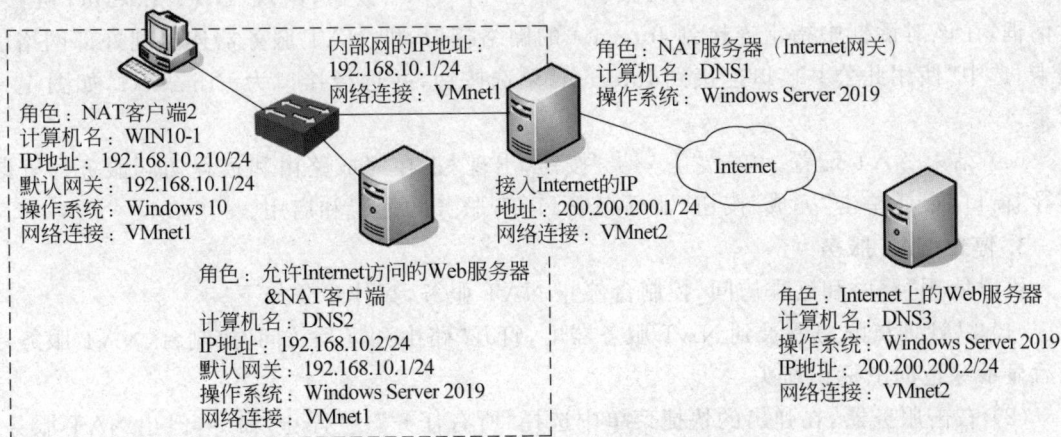

图 11-2　架设 NAT 服务器网络拓扑结构

NAT 服务器主机名为 DNS1，该服务器连接内部局域网网卡的 IP 地址为 192.168.10.

255

1/24,连接外部网络网卡(WAN)的 IP 地址为 200.200.200.1/24;NAT 客户端主机名为 DNS2,同时也是内部 Web 服务器,其 IP 地址为 192.168.10.2/24,默认网关的 IP 地址为 192.168.10.1;Internet 上的 Web 服务器主机名为 DNS3,IP 地址为 200.200.200.2/24。 NAT 客户端 2(即计算机 WIN10-1)在本次实训中可以不进行配置。

# 11.5　项目实施

## 任务 11-1　安装"路由和远程访问"服务器

### 1. 安装"路由和远程访问服务"角色服务

(1)首先按照图 11-1 所示的网络拓扑结构配置各计算机的 IP 地址等参数。

(2)在计算机 DNS1 上通过"服务器管理器"安装"路由和远程访问服务"角色服务,具体步骤参见任务 11-1。注意安装的角色名称是"远程访问"。

### 2. 配置并启用 NAT 服务

在计算机 DNS1 上通过"路由和远程访问"控制台配置并启用 NAT 服务,具体步骤如下。

(1)禁用路由和远程访问。以管理员账户登录到需要添加 NAT 服务的计算机 DNS1 上,打开"服务器管理器"窗口,选择"工具"→"路由和远程访问"命令,打开"路由和远程访问"控制台。右击服务器 DNS1,在弹出的快捷菜单中选择"禁用路由和远程访问"命令(清除 VPN 实验的影响)。

(2)选择网络地址转换(NAT)。右击服务器 DNS1,在弹出的快捷菜单中选择"配置并启用路由和远程访问"命令,打开"路由和远程访问服务器安装向导"对话框,单击"下一步"按钮,出现"配置"对话框,在该对话框中可以配置 NAT、VPN 以及路由服务,在此选中"网络地址转换(NAT)"单选按钮,如图 11-3 所示。

(3)选择连接到 Internet 的网络接口。单击"下一步"按钮,出现"NAT Internet 连接"对话框,在该对话框中指定连接到 Internet 的网络接口,即 NAT 服务器连接到外部网络的网卡,选中"使用此公共接口连接到 Internet"单选按钮,并选择接口为 Ethernet1,如图 11-4 所示。

(4)结束 NAT 配置。单击"下一步"按钮,出现"正在完成路由和远程访问服务器安装向导"窗口,最后单击"完成"按钮,即可完成 NAT 服务的配置和启用。

### 3. 停止 NAT 服务

可以使用"路由和远程访问"控制台停止 NAT 服务,具体步骤如下。

(1)以管理员账户登录到 NAT 服务器上,打开"路由和远程访问"控制台,NAT 服务启用后显示绿色向上标识箭头。

(2)右击服务器,在弹出的快捷菜单中选择"所有任务"→"停止"命令,停止 NAT 服务。

(3)NAT 服务停止以后,显示红色向下标识箭头,表示 NAT 服务已停止。

### 4. 禁用 NAT 服务

要禁用 NAT 服务,可以使用"路由和远程访问"控制台,具体步骤如下。

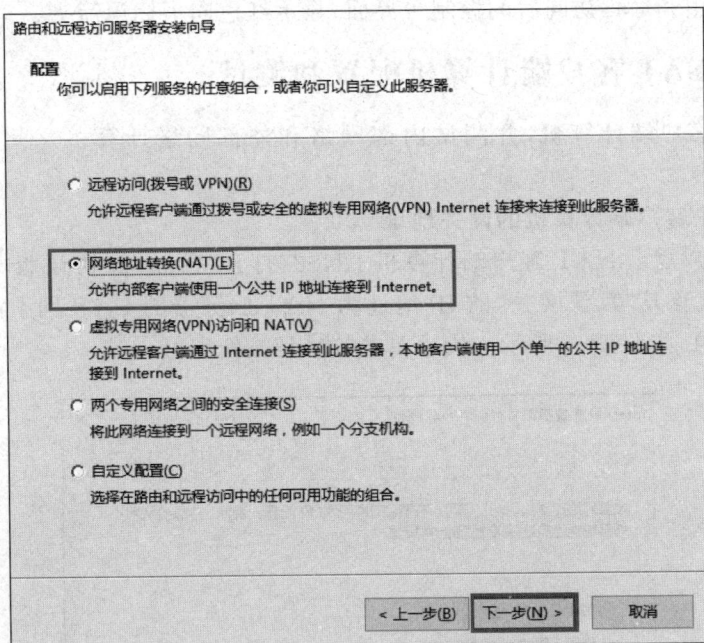

图 11-3　选择网络地址转换(NAT)

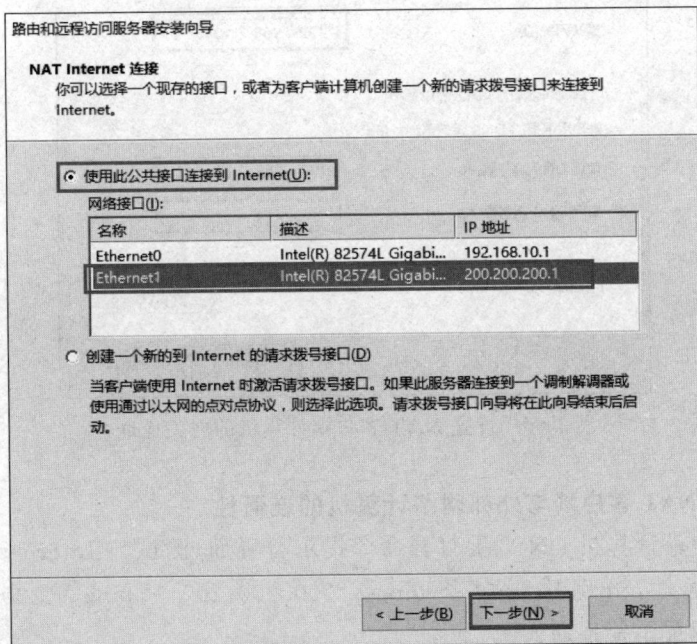

图 11-4　选择连接到 Internet 的网络接口

　　(1) 以管理员登录到 NAT 服务器上,打开"路由和远程访问"控制台,右击服务器,在弹出的快捷菜单中选择"禁用路由和远程访问"命令。

　　(2) 接着弹出"禁用 NAT 服务警告信息"界面。该信息表示禁用路由和远程访问服务后,如要重新启用路由器,需要重新配置。

（3）禁用路由和远程访问后的控制台界面,显示红色向下标识箭头。

## 任务 11-2　NAT 客户端计算机配置和测试

配置 NAT 客户端计算机,并测试内部网络和外部网络计算机之间的连通性,步骤如下。

**1. 设置 NAT 客户端计算机的网关地址**

以管理员账户登录 NAT 客户端计算机 DNS2,打开"Internet 协议版本 4(TCP/IPv4)属性"对话框。设置其"默认网关"的 IP 地址为 NAT 服务器的 LAN 网卡的 IP 地址,在此输入 192.168.10.1,如图 11-5 所示。最后单击"确定"按钮即可。

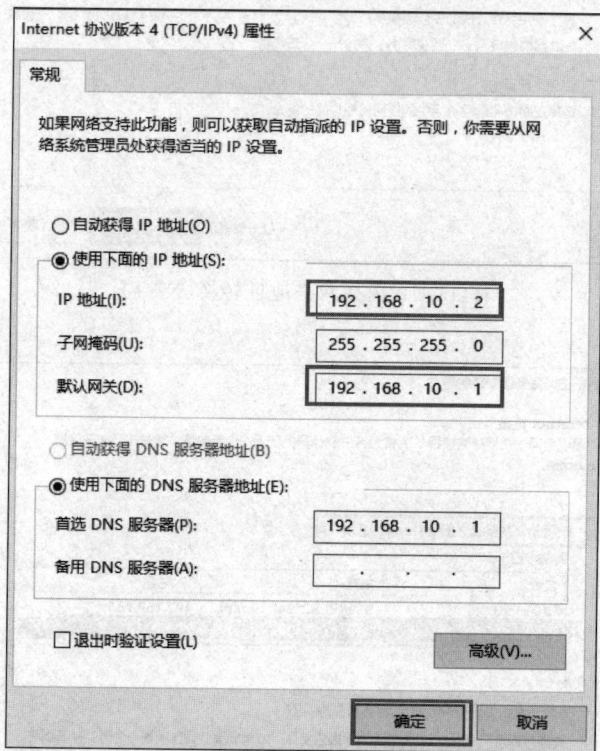

图 11-5　设置 NAT 客户端计算机的网关地址

**2. 测试内部 NAT 客户端与外部网络计算机的连通性**

在 NAT 客户端计算机 DNS2 上打开命令提示符界面,测试与 Internet 上的 Web 服务器(DNS3)的连通性,分别执行命令 ping　200.200.200.1、ping　200.200.200.2,如图 11-6 所示,结果显示能连通。

**3. 测试外部网络计算机与 NAT 服务器、内部 NAT 客户端的连通性**

以本地管理员账户登录到外部网络计算机 DNS3 上,打开命令提示符界面,依次使用命令 ping 200.200.200.1、ping192.168.10.1、ping 192.168.10.2 测试外部计算机 DNS3 与 NAT 服务器外网卡和内网卡以及内部网络计算机的连通性,如图 11-7 所示,除 NAT 服务器外网卡外均不能连通。

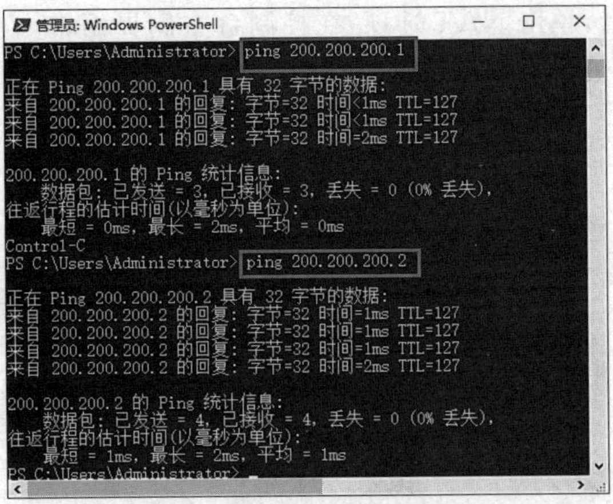

图 11-6　测试内部 NAT 客户端与外部计算机的连通性

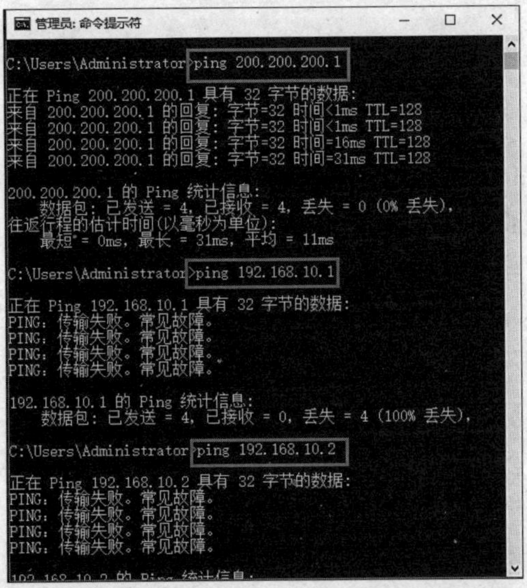

图 11-7　测试外部网络计算机与 NAT 服务器、内部 NAT 客户端的连通性

## 任务 11-3　外部网络主机访问内部 Web 服务器

要让外部网络的计算机 DNS3 能够访问内部 Web 服务器 DNS2,具体步骤如下。

**1. 在内部网络计算机 DNS2 上安装 Web 服务器**

如何在 DNS2 上安装 Web 服务器,请参考"配置与管理 Web 服务器"部分。

**2. 将内部网络计算机 DNS2 配置成 NAT 客户端**

以管理员账户登录 NAT 客户端计算机 DNS2,打开"Internet 协议版本 4(TCP/IPv4)属性"对话框。设置其"默认网关"的 IP 地址为 NAT 服务器的内网网卡(LAN)的 IP 地址,在此输入 192.168.10.1,最后单击"确定"按钮即可。

**注意**:使用端口映射等功能时,内部网络计算机一定要配置成 NAT 客户端。

**3. 设置端口地址转换**

(1)以管理员账户登录到 NAT 服务器上,打开"路由和远程访问"控制台,依次展开服务器 DNS1 和 IPv4 节点,单击 NAT 选项,在控制台右侧界面中,右击 NAT 服务器的外网网卡 Ethernet1,在弹出的快捷菜单中选择"属性"命令,如图 11-8 所示,打开"Ethernet1 属性"对话框。

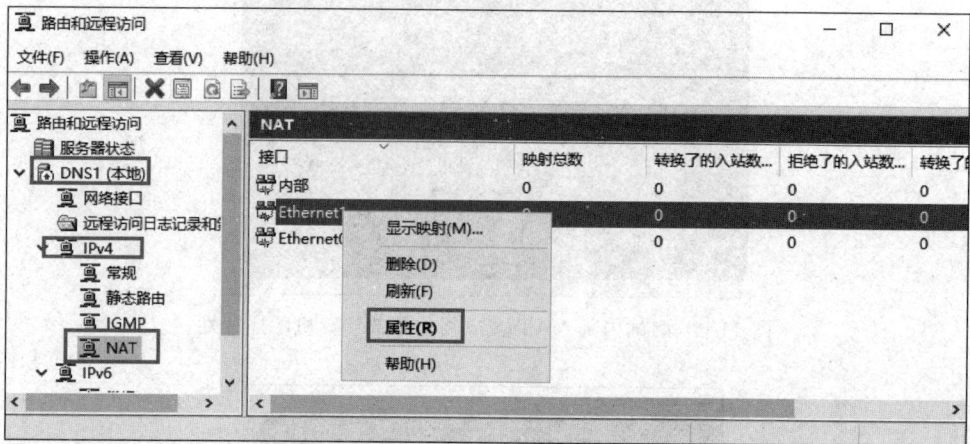

图 11-8　打开"Ethernet1 属性"对话框

（2）在打开的"Ethernet1 属性"对话框中单击图 11-9 所示的"服务和端口"选项卡,在此可以设置将 Internet 用户重定向到内部网络上的服务。

（3）勾选"服务"列表中的"Web 服务器（HTTP）"复选框,打开"编辑服务"对话框,在"专用地址"文本框中输入安装 Web 服务器的内部网络计算机的 IP 地址,在此输入 192.168.10.2,如图 11-10 所示。最后单击"确定"按钮即可。

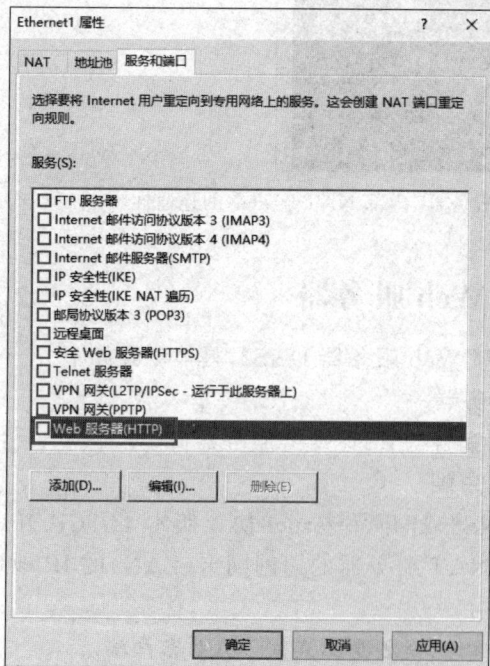

图 11-9　"服务和端口"选项卡

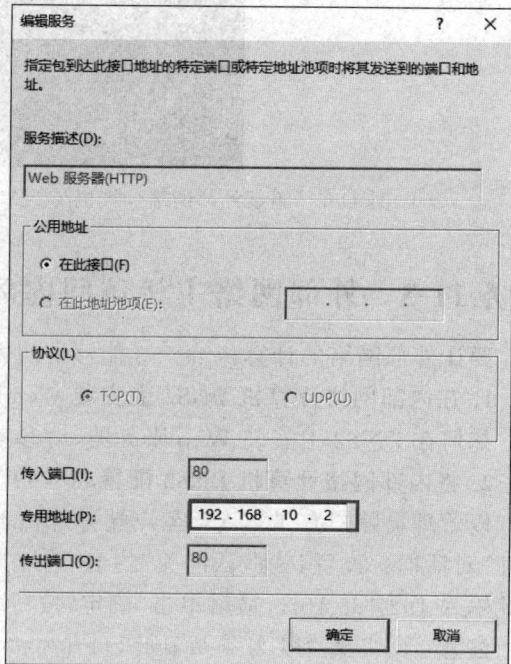

图 11-10　"编辑服务"对话框

（4）返回"服务和端口"选项卡，可以看到已经勾选了"Web 服务器（HTTP）"复选框，然后单击"应用"→"确定"按钮，即可完成端口地址转换的设置。

**4. 从外部网络访问内部 Web 服务器**

（1）以管理员账户登录到外部网络的计算机 DNS3 上。

（2）打开 IE 浏览器，输入 http://200.200.200.1，会打开内部计算机 DNS2 上的 Web 站点。请读者试一试。

**注意**：200.200.200.1 是 NAT 服务器外部网卡的 IP 地址。

**5. 在 NAT 服务器上查看地址转换信息**

（1）以管理员账户登录到 NAT 服务器 DNS1 上，打开"路由和远程访问"控制台，依次展开服务器 DNS1 和 IPv4 节点，单击 NAT 选项，在控制台右侧界面中显示 NAT 服务器正在使用的连接内部网络的网络接口。

（2）右击 Ethernet1 选项，在弹出的快捷菜单中选择"显示映射"命令，打开图 11-11 所示的"DNS1-网络地址转换会话映射表格"对话框。该信息表示 IP 地址为 200.200.200.2 的外部网络计算机访问到 IP 地址为 192.168.10.2 的内部网络计算机的 Web 服务，NAT 服务器将 NAT 服务器外网卡的 IP 地址"200.200.200.1"转换成了内部网络计算机的 IP 地址"192.168.10.2"。

| 协议 | 方向 | 专用地址 | 专用端口 | 公用地址 | 公用端口 | 远程地址 | 远程端口 | 空闲时间 |
|------|------|----------|----------|----------|----------|----------|----------|----------|
| TCP | 入站 | 192.168.10.2 | 80 | 200.200.200.1 | 80 | 200.200.200.2 | 61,311 | 43 |

图 11-11　网络地址转换会话映射表格

# 任务 11-4　配置筛选器

数据包筛选器用于 IP 数据包的过滤。数据包筛选器分为入站筛选器和出站筛选器，分别对应接收到的数据包和发出去的数据包。对某一个接口而言，入站数据包指的是从此接口接收到的数据包，而不论此数据包的源 IP 地址和目的 IP 地址；出站数据包指的是从此接口发出的数据包，而不论此数据包的源 IP 地址和目的 IP 地址。

可以在入站筛选器和出站筛选器中定义 NAT 服务器只是允许筛选器中所定义的 IP 数据包或者允许除了筛选器中定义的 IP 数据包外的所有数据包。对于没有允许的数据包，NAT 服务器默认会将此数据包丢弃。

# 任务 11-5　设置 NAT 客户端

前面已经实践过设置 NAT 客户端了，在这总结一下。局域网 NAT 客户端只要修改 TCP/IP 的设置即可。可以选择以下两种设置方式。

**1. 自动获得 TCP/IP**

此时客户端会自动向 NAT 服务器或 DHCP 服务器请求获取 IP 地址、默认网关、DNS 服务器的 IP 地址等参数。

**2. 手动设置 TCP/IP**

手动设置 IP 地址要求客户端的 IP 地址必须与 NAT 局域网接口的 IP 地址在相同的网

段内,也就是网络 ID 必须相同。默认网关必须设置为 NAT 局域网接口的 IP 地址,本例中为 192.168.10.1。首选 DNS 服务器可以设置为 NAT 局域网接口的 IP 地址,或是任何一台合法的 DNS 服务器的 IP 地址。

完成后,客户端的用户只要上网、收发电子邮件、连接 FTP 服务器等,NAT 就会自动通过 PPPoE 请求拨号来连接 Internet。

## 任务 11-6　配置 DHCP 分配器与 DNS 代理

NAT 服务器另外还具备以下两个功能。

- DHCP 分配器(dhcp allocator):用来分配 IP 地址给内部的局域网客户端计算机。
- DNS 代理(DNS proxy):可以替局域网内的计算机来查询 IP 地址。

### 1. DHCP 分配器

DHCP 分配器扮演着类似 DHCP 服务器的角色,用来给内部网络的客户端分配 IP 地址。若要修改 DHCP 分配器的设置,展开 IPv4 节点,单击 NAT 选项,单击上方的属性图标,在弹出的"NAT 属性"对话框中,单击"地址分配"选项卡,如图 11-12 所示。

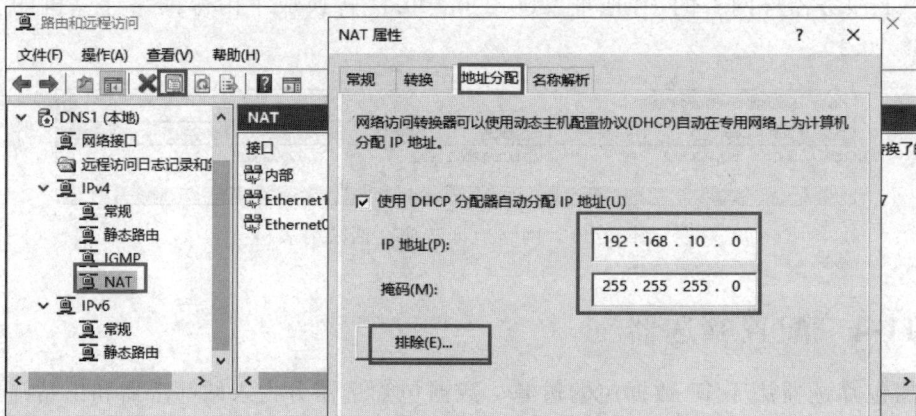

图 11-12　"NAT 属性"对话框

**注意**:在配置 NAT 服务器时,若系统检测到内部网络上有 DHCP 服务器,就不会自动启动 DHCP 分配器。

图 11-12 中 DHCP 分配器分配给客户端的 IP 地址的网络标识符为 192.168.10.0,这个默认值是根据 NAT 服务器内网卡的 IP 地址(192.168.10.1)产生的。可以修改此默认值,不过必须与 NAT 服务器内网卡的 IP 地址一致,也就是网络 ID 需相同。

若内部网络内某些计算机的 IP 地址是手动输入的,且这些 IP 地址位于上述 IP 地址范围内,则通过界面中的"排除"按钮来将这些 IP 地址排除,以免这些 IP 地址被发放给其他客户端计算机。

若内部网络包含多个子网或 NAT 服务器拥有多个专用网接口,由于 NAT 服务器的 DHCP 分配器只能够分配一个网段的 IP 地址,因此其他网络内的计算机的 IP 地址需手动设置或另外通过其他 DHCP 服务器来分配。

### 2. DNS 中继代理

当内部计算机需要查询主机的 IP 地址时,它们可以将查询请求发送到 NAT 服务器,然后由 NAT 服务器的 DNS 中继代理(DNS proxy)来替它们查询 IP 地址。可以通过图 11-13 中的"名称解析"选项卡来启动或修改 DNS 中继代理的设置,勾选"使用域名系统(DNS)的客户端"复选框,表示要启用 DNS 中继代理的功能,以后只要客户端要查询主机的 IP 地址时(这些主机可能位于 Internet 或内部网络),NAT 服务器就可以代替客户端来向 DNS 服务器查询。

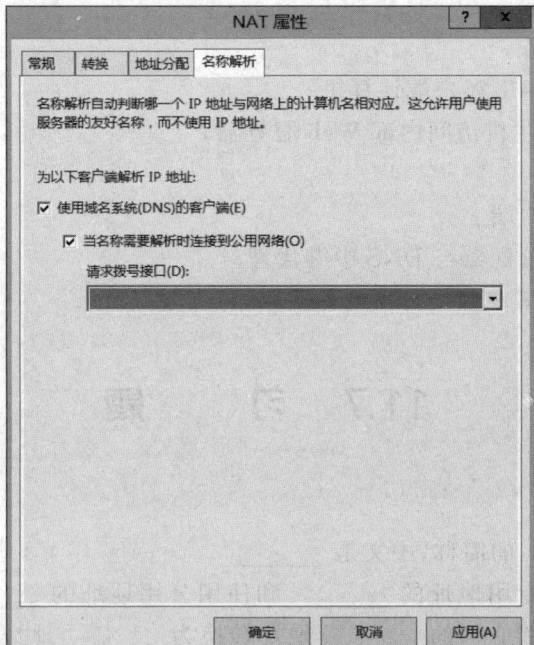

图 11-13　"名称解析"选项卡

NAT 服务器会向哪一台 DNS 服务器查询呢? 它会向其 TCP/IP 配置处的首选 DNS 服务器(备用 DNS 服务器)来查询。若此 DNS 服务器位于 Internet 内,而且 NAT 服务器是通过 PPPoE 请求拨号来连接 Internet 的,则勾选图 11-13 中的"当名称需要解析时连接到公用网络"复选框,以便让 NAT 服务器可以自动利用 PPPoE 请求拨号(如 HiNet)来连接 Internet。

# 11.6　项目实训　配置与管理 NAT 服务器

**1. 实训目的**
- 掌握使局域网内部的计算机连接到 Internet 的方法。
- 掌握使用 NAT 实现网络互连的方法。
- 掌握远程访问服务的实现方法。

**2. 网络拓扑结构**
本项目实训根据图 11-2 所示的网络拓扑结构来部署 NAT 服务器。

配置与管理
NAT 服务器

**3. 实训步骤**

根据网络拓扑结构完成如下任务。

(1) 部署架设 NAT 服务器的需求和环境。

(2) 安装"路由和远程访问服务"角色服务。

(3) 配置并启用 NAT 服务。

(4) 停止 NAT 服务。

(5) 禁用 NAT 服务。

(6) 配置并测试 NAT 客户端计算机。

(7) 使用外部网络主机访问内部 Web 服务器。

(8) 配置筛选器。

(9) 设置 NAT 客户端。

(10) 配置 DHCP 分配器与 DNS 中继代理。

提示：根据实训项目视频进行项目的实训，检查学习效果。

# 11.7　习　　题

**一、填空题**

1. NAT 是_____的简称，中文是_____。

2. NAT 位于使用专用地址的_____和使用公用地址的_____之间。从 Intranet 传出的数据包由 NAT 将它们的_____地址转换为_____地址。从 Internet 传入的数据包由 NAT 将它们的_____地址转换为_____地址。

3. NAT 也起到将_____网络隐藏起来，保护_____网络的作用，因为对外部用户来说只有使用_____地址的 NAT 是可见的。

4. NAT 让位于内部网络的多台计算机只需要共享一个_____地址，就可以同时连接 Internet、浏览网页与收发电子邮件。

**二、简答题**

1. NAT 的功能是什么？

2. 简述地址转换的原理，即 NAT 的工作过程。

3. 下列不同技术有何异同？（可参考课程网站上的补充资料。）

①NAT 与路由；②NAT 与代理服务器；③NAT 与 Internet 共享。

# 项目 12　配置与管理 VPN 服务器

## 12.1　项　目　导　入

作为网络管理员,必须熟悉网络安全保护的各种策略环节以及可以采取的安全措施,这样才能合理地进行安全管理,使得网络和计算机处于安全保护的状态。

虚拟专用网(virtual private network,VPN)可以让远程用户通过 Internet 来安全地访问公司内部网络的资源。

## 12.2　职业能力目标和要求

- 理解 VPN 的基本概念和基本原理。
- 理解远程访问 VPN 的构成和连接过程。
- 掌握配置并测试远程访问 VPN 的方法。
- 掌握 VPN 服务器的网络策略的配置方法。

## 12.3　相　关　知　识

远程访问(remote access)也称为远程接入,通过这种技术,可以将远程或移动用户连接到组织内部网络上,使远程用户可以像他们的计算机物理地连接到内部网络上一样工作。实现远程访问最常用的连接方式就是 VPN 技术。目前,Internet 中的多个企业网络常常选择 VPN 技术(通过加密技术、验证技术、数据确认技术的共同应用)连接起来,就可以轻易地在 Internet 上建立一个专用网络,让远程用户通过 Internet 来安全地访问网络内部的网络资源。

VPN 基础知识

虚拟专用网是指在公共网络(通常为 Internet)中建立一个虚拟的、专用的网络,是 Internet 与 Intranet 之间的专用通道,为企业提供一个高安全、高性能、简便易用的环境。当远程的 VPN 客户端通过 Internet 连接到 VPN 服务器时,它们之间所传送的信息会被加密,所以即使信息在 Internet 传送的过程中被拦截,也会因为信息已被加密而无法识别,因此可以确保信息的安全性。

### 12.3.1　VPN 的构成

（1）远程访问 VPN 服务器。远程访问 VPN 服务器用于接收并响应 VPN 客户端的连接请求，并建立 VPN 连接。它可以是专用的 VPN 服务器设备，也可以是运行 VPN 服务的主机。

（2）VPN 客户端。VPN 客户端用于发起连接 VPN 的连接请求，通常为 VPN 连接组件的主机。

（3）隧道协议。VPN 的实现依赖于隧道协议，通过隧道协议，可以将一种协议用另一种协议或相同协议封装，同时还可以提供加密、认证等安全服务。VPN 服务器和客户端必须支持相同的隧道协议，以便建立 VPN 连接。目前最常用的隧道协议有 PPTP 和 L2TP。

① 点对点隧道协议(point-to-point tunneling protocol，PPTP)是点对点协议(point-to-point protocol，PPP)的扩展，并协调使用 PPP 的身份验证、压缩和加密机制。PPTP 的客户端支持内置于 Windows XP 操作系统的远程访问客户端中。只有 IP 网络（如 Internet）才可以建立 PPTP 的 VPN。两个局域网之间若通过 PPTP 来连接，则两端直接连接到 Internet 的 VPN 服务器必须要执行 TCP/IP，但网络内的其他计算机不一定需要支持 TCP/IP，它们可执行 TCP/IP、IPX 或 NetBEUI 通信协议，因为当它们通过 VPN 服务器与远程计算机通信时，这些不同通信协议的数据包会被封装到 PPP 的数据包内，然后经过 Internet 传送，信息到达目的地后，再由远程的 VPN 服务器将其还原为 TCP/IP、IPX 或 NetBEUI 的数据包。PPTP 是利用微软点对点加密术（Microsoft point-to-point encryption，MPPE)来将信息加密的。PPTP 的 VPN 服务器支持内置于 Windows Server 2003 家族的成员中。PPTP 与 TCP/IP 一同安装，根据运行"路由和远程访问服务器安装向导"时所做的选择，PPTP 可以配置为 5 个或 128 个 PPTP 端口。

② 第二层隧道协议(layer two tunneling protocol，L2TP)是基于 RFC 的隧道协议，该协议是一种业内标准。L2TP 同时具有身份验证、加密与数据压缩的功能。L2TP 的验证与加密方法都是采用 IPSec。与 PPTP 类似，L2TP 也可以将 IP、IPX 或 NetBEUI 的数据包封装到 PPP 的数据包内。与 PPTP 不同，运行在 Windows Server 2019 服务器上的 L2TP 不利用微软点对点加密(MPPE)来加密点对点协议(PPP)数据报。L2TP 依赖于加密服务的 Internet 协议安全性(IPSec)。L2TP 和 IPSec 的组合被称为 L2TP/IPSec。L2TP/IPSec 提供专用数据的封装和加密的主要虚拟专用网(VPN)服务。VPN 客户端和 VPN 服务器必须支持 L2TP 和 IPSec。在 VPN 客户端方面，L2TP 支持 Windows 8/10 等远程访问客户端。在 VPN 服务器方面，L2TP 支持 Windows Server 家族的成员。L2TP 与 TCP/IP 一同安装，根据运行"路由和远程访问服务器安装向导"时所做的选择，L2TP 可以配置为 5 个或 128 个 L2TP 端口。

（4）Internet 连接。VPN 服务器和客户端必须都接入 Internet，并且能够通过 Internet 进行正常的通信。

### 12.3.2　VPN 应用场合

VPN 的实现可以分为软件和硬件两种方式。Windows 服务器版的操作系统以完全基于软件的方式实现了虚拟专用网，成本低廉。无论身处何地，只要能连接到 Internet，就可以与企业网在 Internet 上的虚拟专用网相关联，登录到内部网络浏览或交换信息。VPN 常使用在以下两种场合。

（1）远程客户端通过 VPN 连接到局域网。总公司（局域网）的网络已经连接到 Internet，而用户通过远程拨号连接 ISP 连上 Internet 后，就可以通过 Internet 来与总公司（局域网）的 VPN 服务器建立 PPTP 或 L2TP 的 VPN，并通过 VPN 来安全地传送信息。

（2）两个局域网通过 VPN 互连。两个局域网的 VPN 服务器都连接到 Internet，并且通过 Internet 建立 PPTP 或 L2TP 的 VPN，它可以让两个网络之间安全地传送信息，不用担心在 Internet 上传送时泄密。

除了使用软件方式实现外，VPN 的实现需要建立在交换机、路由器等硬件设备的基础上。目前，在 VPN 技术和产品方面，最具有代表性的当数 Cisco 和华为 3Com。

## 12.3.3　VPN 的连接过程

VPN 的连接过程如下。

（1）客户端向服务器连接 Internet 的接口发送建立 VPN 连接的请求。

（2）服务器接收到客户端建立连接的请求之后，将对客户端的身份进行验证。

（3）如果身份验证未通过，则拒绝客户端的连接请求。

（4）如果身份验证通过，则允许客户端建立 VPN 连接，并为客户端分配一个内部网络的 IP 地址。

（5）客户端将获得的 IP 地址与 VPN 连接组件绑定，并使用该地址与内部网络进行通信。

## 12.3.4　认识网络策略

### 1. 什么是网络策略

部署网络访问保护（network access protection，NAP）时，将向网络策略配置中添加健康策略，以便在授权的过程中使用网络策略服务器（network policy server，NPS）执行客户端健康检查。

当处理作为 RADIUS 服务器的连接请求时，网络策略服务器对此连接请求既执行身份验证，又执行授权。在身份验证过程中，NPS 验证连接到网络的用户或计算机的身份。在授权过程中，NPS 决定是否允许用户或计算机访问网络。

若要进行此决定，NPS 使用在 NPS 微软管理控制台（Microsoft management console，MMC）管理单元中配置的网络策略。NPS 还检查 Active Directory 域服务（AD DS）中账户的拨入属性以执行授权。

可以将网络策略视为规则。每个规则都具有一组条件和设置。NPS 将规则的条件与连接请求的属性进行对比。如果规则和连接请求之间出现匹配，则规则中定义的设置会应用于连接。

当在 NPS 中配置了多个网络策略时，它们是一组有序的规则。NPS 根据列表中的第一个规则检查每个连接请求，然后根据第二个规则进行检查，依次类推，直到找到匹配项为止。

每个网络策略都有"策略状态"设置,使用该设置可以启用或禁用策略。如果禁用网络策略,则授权连接请求时,NPS 不评估策略。

**2. 网络策略属性**

每个网络策略中都有以下 4 种类别的属性。

(1)概述。使用这些属性可以指定是否启用策略,是允许还是拒绝访问策略,以及连接请求是需要特定网络连接方法还是需要网络访问服务器类型。使用概述属性还可以指定是否忽略 AD DS 中的用户账户的拨入属性。如果选择该选项,则 NPS 只使用网络策略中的设置来确定是否授权连接。

(2)条件。使用这些属性,可以指定为了匹配网络策略,连接请求所必须具有的条件;如果策略中配置的条件与连接请求匹配,则 NPS 将把网络策略中指定的设置应用于连接。例如,如果将网络访问服务器 IPv4 地址(NAS IPv4 地址)指定为网络策略的条件,并且 NPS 从具有指定 IP 地址的 NAS 接收连接请求,则策略中的条件与连接请求相匹配。

(3)约束。约束是匹配连接请求所需的网络策略的附加参数。如果连接请求与约束不匹配,则 NPS 自动拒绝该请求。与 NPS 对网络策略中不匹配条件的响应不同,如果约束不匹配,则 NPS 不评估附加网络策略,只拒绝连接请求。

(4)设置。使用这些属性,可以指定在策略的所有网络策略条件都匹配时,NPS 应用于连接请求的设置。

# 12.4　项目设计与准备

**1. 任务设计**

所有任务将根据图 12-1 所示的环境部署远程访问 VPN 服务器。

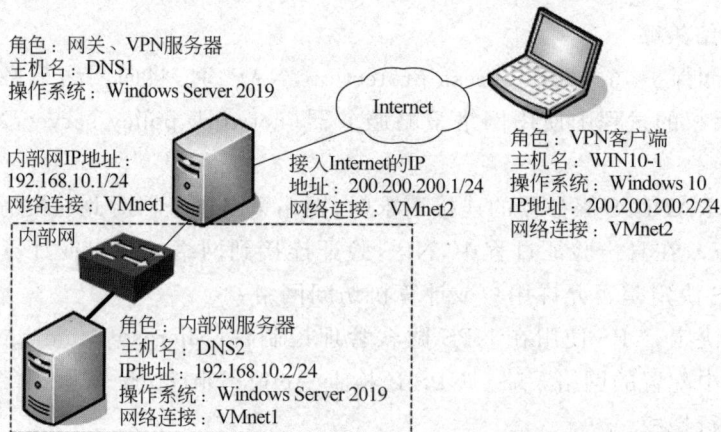

图 12-1　架设 VPN 服务器网络拓扑结构

DNS1、DNS2、WIN10-1 可以是 VMware 的虚拟机。内部网络的连接方式是 VMnet1,外部网络的连接方式是 VMnet2。VPN 客户端与内部网络间的实际应用中应该有路由通达,图 12-1 仅是实训时所用的网络拓扑结构,请读者注意。

**2. 任务准备**

部署远程访问 VPN 服务器之前,应做如下准备。

(1) 使用提供远程访问 VPN 服务的 Windows Server 2019 网络操作系统。

(2) VPN 服务器 DNS1 至少要与两个网络连接,IP 地址如图 12-1 所示。

(3) VPN 服务器 DNS1 必须与内部网络相连,因此需要配置与内部网络连接所需要的 TCP/IP 参数(私有 IP 地址),该参数可以手动指定,也可以通过内部网络中的 DHCP 服务器自动分配。本例的 DNS1 的 IP 地址为 192.168.10.1/24。

(4) 内部网中 DNS2 的 IP 地址为 192.168.10.2/24,默认网关必须为 192.168.10.1。

(5) VPN 服务器必须同时与 Internet 相连,因此需要建立和配置与 Internet 的连接。 VPN 服务器与 Internet 的连接通常采用较快的连接方式,如专线连接。本例 IP 地址为 200.200.200.1/24。

(6) 合理规划分配给 VPN 客户端的 IP 地址。VPN 客户端在请求建立 VPN 连接时, VPN 服务器需要为其分配内部网络的 IP 地址。配置的 IP 地址也必须是内部网络中未使用的 IP 地址,地址的数量根据同时建立 VPN 连接的客户端数量来确定。在本任务中部署远程访问 VPN 服务器时,使用静态 IP 地址池为远程访问客户端分配 IP 地址,地址范围采用 192.168.100.100/24～192.168.100.200/24。

(7) 客户端在请求建立 VPN 连接时,服务器要对其进行身份验证,因此应合理规划需要建立 VPN 连接的用户账户。客户端的 IP 地址为 200.200.200.2/24。

# 12.5　项　目　实　施

## 任务 12-1　架设 VPN 服务器

在架设 VPN 服务器之前,读者需要了解本节实例部署的需求和实验环境。本节使用 VMware Workstation 或 Hyper-V 服务器构建虚拟环境。

**1. 为 VPN 服务器 DNS1 添加第二块网卡**

选中 DNS1,依次选择"虚拟机"→"设置"命令,单击"添加"按钮,打开"硬件类型"窗口,单击"网络适配器"选项,如图 12-2 所示,单击"完成"按钮,将网卡的网络连接模式改为自定义中的 VMnet2,如图 12-3 所示。

**2. 未连接到 VPN 服务器时的测试(WIN10-1)**

(1) 以管理员身份登录 WIN10-1,打开 Windows powershell 或者在运行处输入 cmd。

(2) 在 WIN10-1 上使用 ping 命令测试与 DNS1 和 DNS2 的连通性,如图 12-4 所示。

**3. 安装"路由和远程访问服务"角色**

要配置 VPN 服务器,必须安装"路由和远程访问"服务。Windows Server 2019 中的路由和远程访问是包括在"网络策略和访问服务"角色中的,并且默认没有安装。用户可以根据自己的需要选择同时安装网络策略和访问服务中的所有服务组件或者只安装路由和远程访问服务。

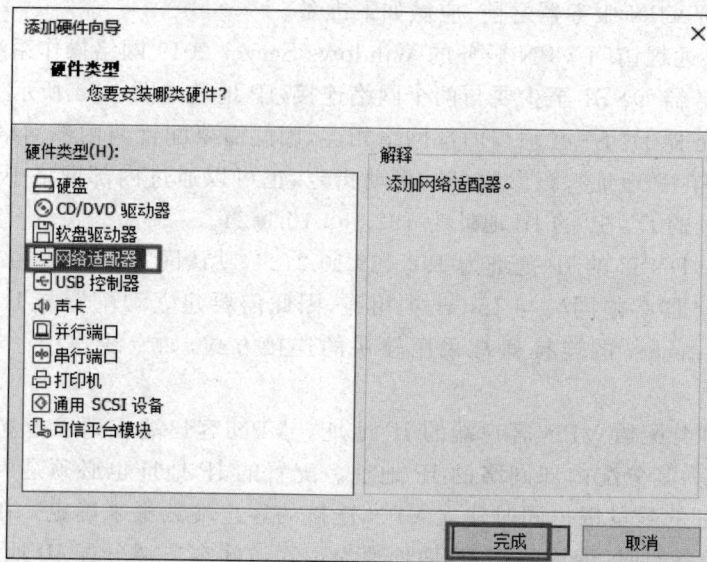

图 12-2　选择硬件类型

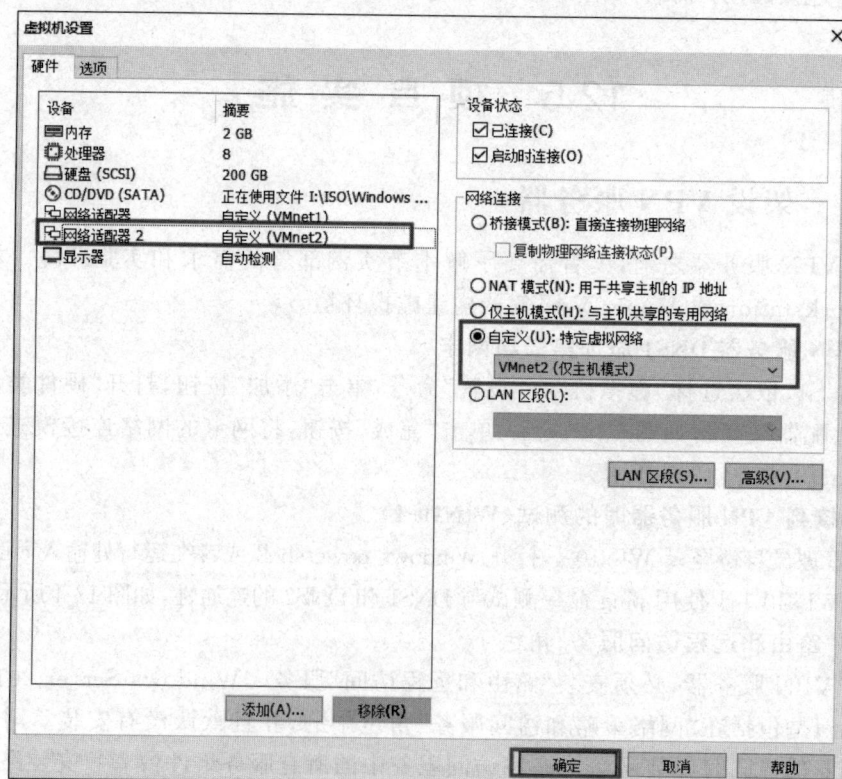

图 12-3　选择网络连接模式

图 12-4　未连接 VPN 服务器时的测试结果

路由和远程访问服务的安装步骤如下。

（1）以管理员身份登录服务器 DNS1，打开"服务器管理器"窗口的"仪表板"，单击"添加角色"链接，打开图 12-5 所示的"选择服务器角色"对话框，勾选"网络策略和访问服务"和"远程访问"复选框。

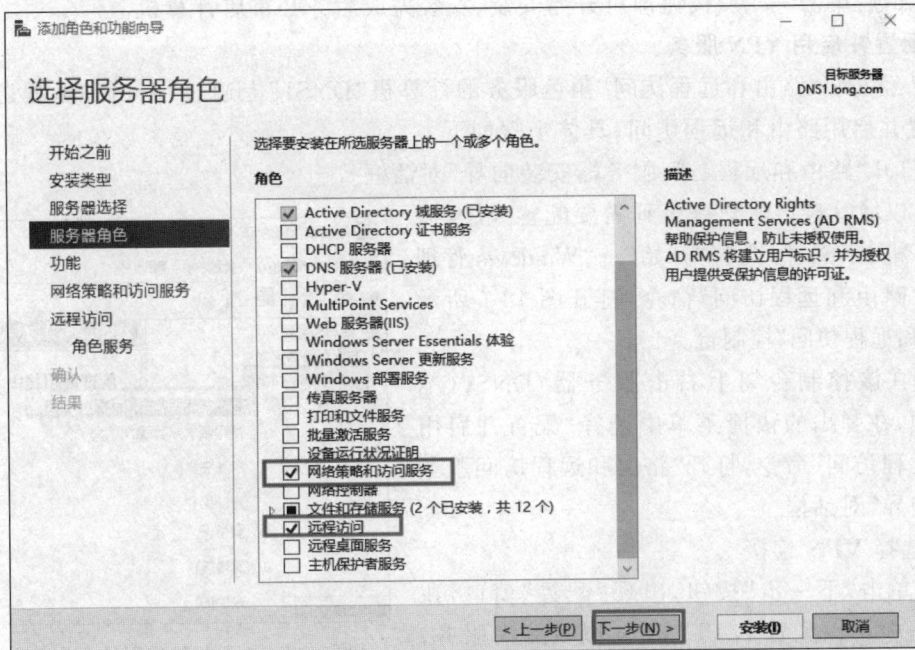

图 12-5　"选择服务器角色"对话框

(2) 持续单击"下一步"按钮,显示"网络策略和访问服务"的"角色服务"对话框,网络策略和访问服务中包括"网络策略服务器""健康注册机构"和"主机凭据授权协议"角色服务,勾选"网络策略服务器"复选框。

(3) 单击"下一步"按钮,显示"远程访问"的"角色服务"列表框。将角色服务全部选中,如图 12-6 所示。

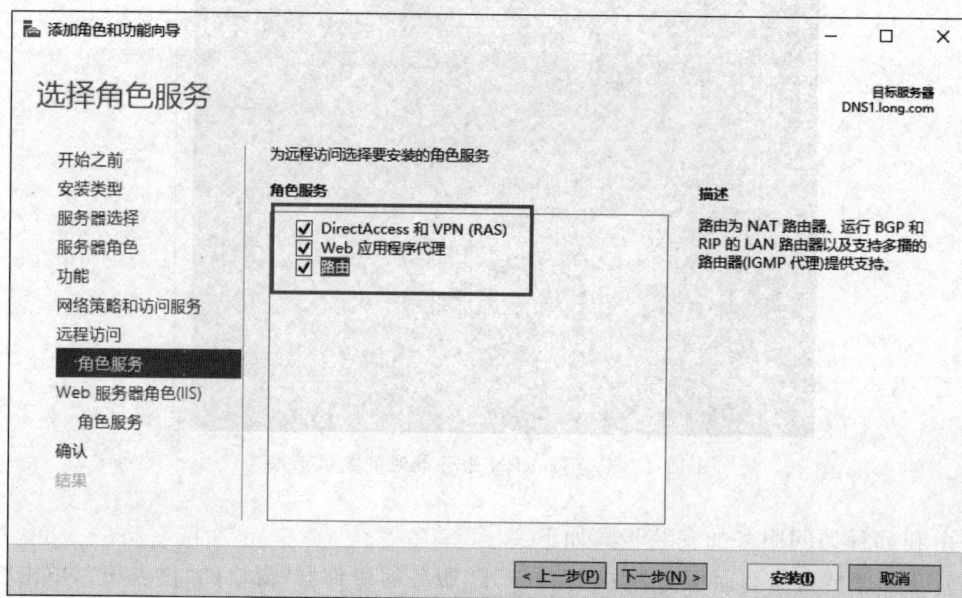

图 12-6　"远程访问"的"角色服务"列表框

(4) 最后单击"安装"按钮即可开始安装,安装完成后务必重启计算机。

**4. 配置并启用 VPN 服务**

在已经安装"路由和远程访问"角色服务的计算机"DNS1"上通过"路由和远程访问"控制台配置并启用路由和远程访问,具体步骤如下。

1) 打开"路由和远程访问服务器安装向导"对话框

(1) 以域管理员账户登录到需要配置 VPN 服务的计算机 DNS1 上,选择"开始"→"Windows 管理工具"→"路由和远程访问"命令,打开图 12-7 所示的"路由和远程访问"控制台。

(2) 在该控制台树上右击服务器"DNS1(本地)"选项,在弹出的快捷菜单中选择"配置并启用路由和远程访问"命令,打开"路由和远程访问服务器安装向导"对话框。

2) 选择 VPN 连接

(1) 单击"下一步"按钮,出现"配置"窗口,在该对话框中可以配置 NAT、VPN 以及路由服务,在此选中"远程访问(拨号或 VPN)"单选按钮,如

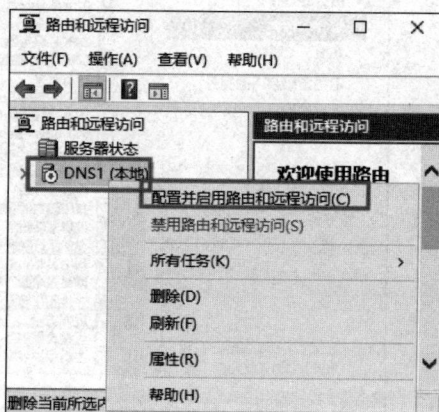

图 12-7　"路由和远程访问"控制台

图 12-8 所示。

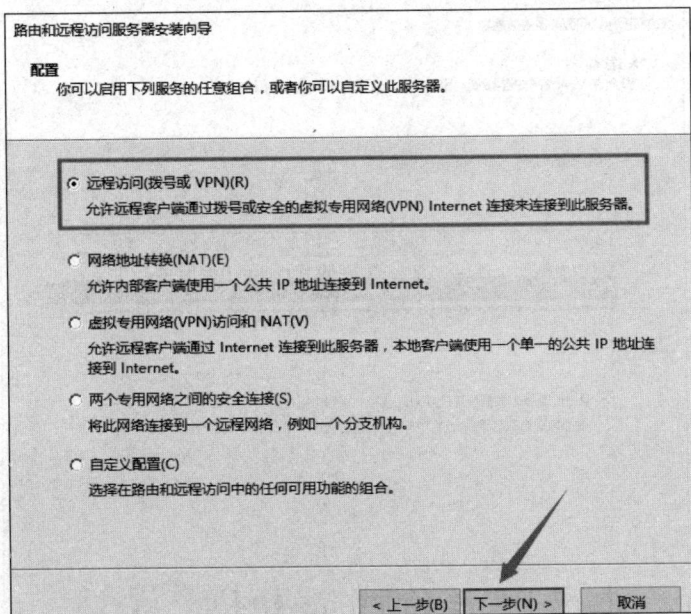

图 12-8　选中"远程访问(拨号或 VPN)"单选按钮

（2）单击"下一步"按钮，出现"远程访问"对话框，在该对话框中可以选择创建拨号或 VPN 远程访问连接，在此勾选 VPN 复选框，如图 12-9 所示。

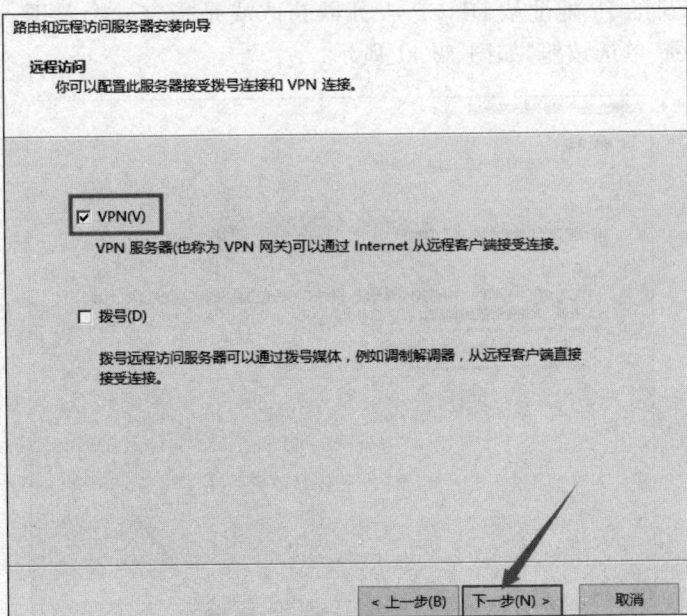

图 12-9　选择 VPN 连接

3）选择连接到 Internet 的网络接口

单击"下一步"按钮，出现"VPN 连接"对话框，在该对话框中选择连接到 Internet 的网络接口,在此选择 Ethernet1 连接接口,如图 12-10 所示。

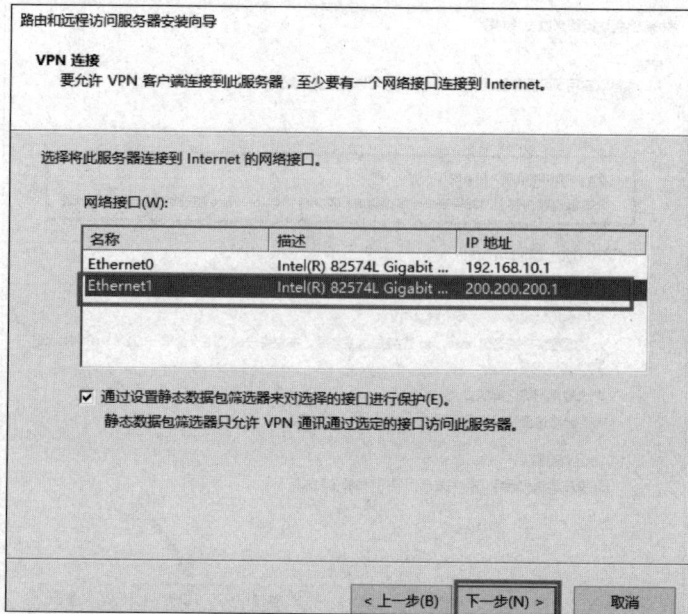

图 12-10　选择连接到 Internet 的网络接口

4) 设置 IP 地址分配

(1) 单击"下一步"按钮,出现"IP 地址分配"对话框,在该对话框中可以设置分配给
VPN 客户端计算机的 IP 地址从 DHCP 服务器获取或是指定一个范围,在此选中"来自一
个指定的地址范围"单选按钮,如图 12-11 所示。

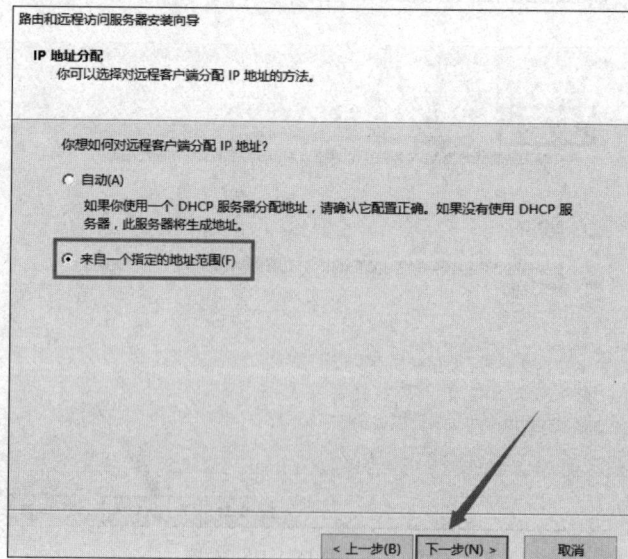

图 12-11　设置 IP 地址分配

(2) 单击"下一步"按钮,出现"地址范围分配"对话框,在该对话框中指定 VPN 客户端

计算机的 IP 地址范围。

（3）单击"新建"按钮，出现"新建 IPv4 地址范围"对话框，在"起始 IP 地址"文本框中输入
192.168.100.100，在"结束 IP 地址"文本框中输入 192.168.100.200，如图 12-12 所示，然后单击
"确定"按钮即可。

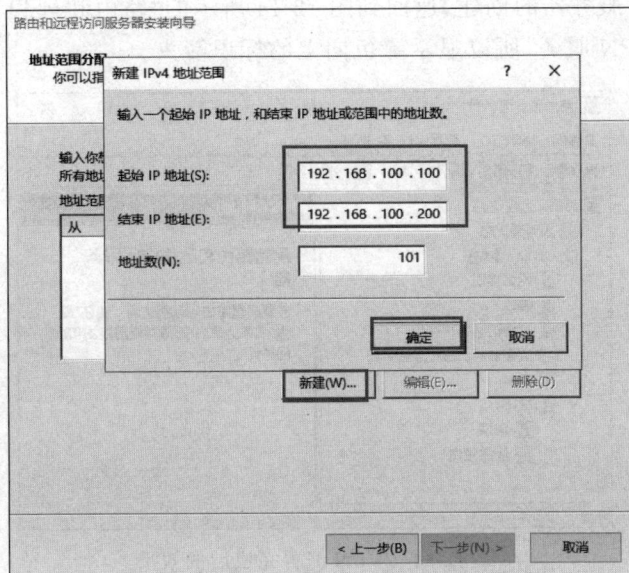

图 12-12　输入 VPN 客户端 IP 地址范围

（4）返回到"地址范围分配"对话框，可以看到已经指定了一段 IP 地址范围。

5）结束 VPN 配置

（1）单击"下一步"按钮，出现"管理多个远程访问服务器"对话框。在该对话框中可以
指定身份验证的方法是路由和远程访问服务器还是 RADIUS 服务器，在此选中"否，使用路
由和远程访问来对连接请求进行身份验证"单选按钮，如图 12-13 所示。

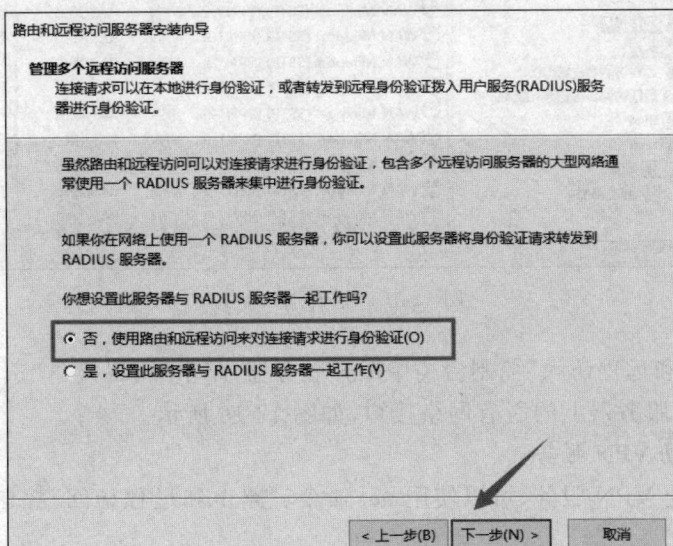

图 12-13　管理多个远程访问服务器

（2）单击"下一步"按钮，出现"摘要"对话框，在该对话框中显示了之前步骤所设置的信息。

（3）单击"完成"按钮，最后单击"确定"按钮即可。

6) 查看 VPN 服务器的状态

（1）完成 VPN 服务器的创建，返回到图 12-14 所示的"路由和远程访问"控制台。由于目前已经启用了 VPN 服务，所以显示绿色向上的标识箭头。

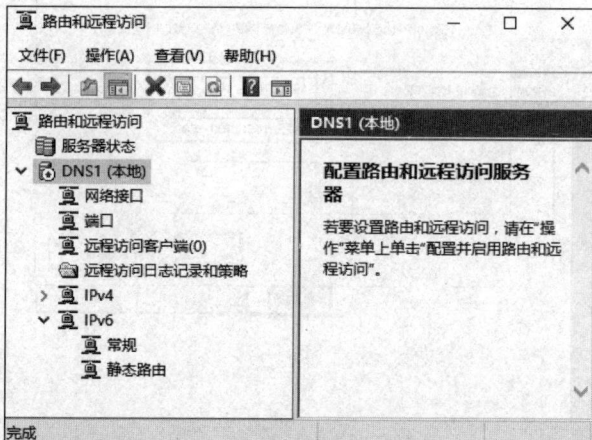

图 12-14　VPN 配置完成后的效果

（2）在"路由和远程访问"控制台树中展开服务器，单击"端口"选项，在控制台右侧界面中显示所有端口的状态为"不活动"，如图 12-15 所示。

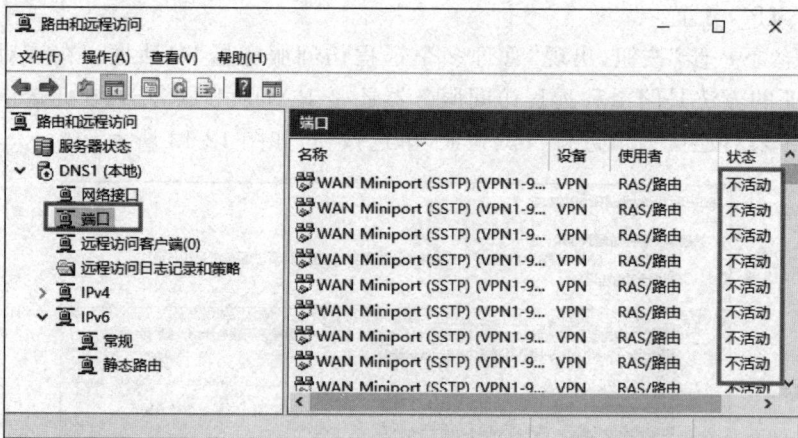

图 12-15　查看端口状态

（3）在"路由和远程访问"控制台树中展开服务器，单击"网络接口"选项，在控制台右侧界面中显示 VPN 服务器上的所有网络接口，如图 12-16 所示。

**5. 停止和启动 VPN 服务**

要启动或停止 VPN 服务，可以使用 net 命令、"路由和远程访问"控制台或"服务"控制台，具体步骤如下。

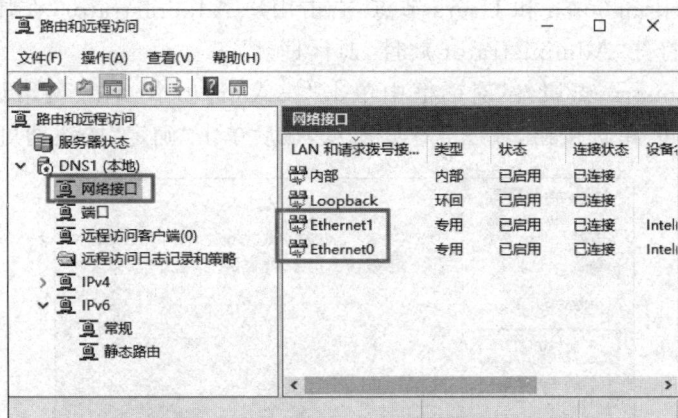

图 12-16　查看网络接口

（1）使用 net 命令。以域管理员账户登录到 VPN 服务器 DNS1 上，在命令行提示符界面中，输入命令 net stop remoteaccess 停止 VPN 服务，输入命令 net start remoteaccess 启动 VPN 服务。

（2）使用"路由和远程访问"控制台。在"路由和远程访问"控制台中，右击服务器 DNS1，在弹出的快捷菜单中选择"所有任务"中的"停止"或"启动"命令，即可停止或启动 VPN 服务。

VPN 服务停止以后，"路由和远程访问"控制台界面如图 12-7 所示，显示红色向下标识箭头。

（3）使用"服务"控制台。选择"服务器管理器"→"工具"→"服务"命令，打开"服务"控制台，找到服务"Routing and Remote Access"，单击"停止此服务"或"重启动此服务"选项即可停止或启动 VPN 服务，如图 12-17 所示。

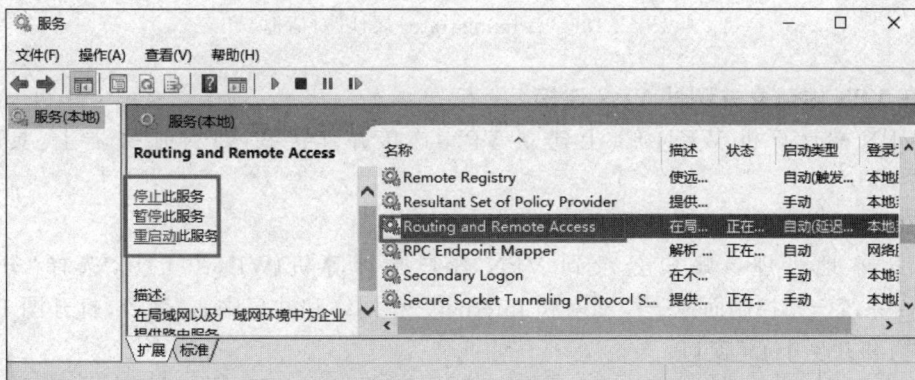

图 12-17　使用"服务"控制台启动或停止 VPN 服务

### 6. 配置域用户账户允许 VPN 连接

在域控制器 DNS1 上设置允许用户 Administrator@long60.cn 使用 VPN 连接到 VPN 服务器的具体步骤如下。

（1）以域管理员账户登录到域控制器 DNS1 上，打开"Active Directory 用户和计算机"

控制台。依次打开 long60.cn 和 Users 节点,右击用户 Administrator,在弹出的快捷菜单中选择"属性"命令,打开"Administrator 属性"对话框。

(2) 在"Administrator 属性"对话框中单击"拨入"选项卡。在"网络访问权限"选项区域中选中"允许访问"单选按钮,如图 12-18 所示,最后单击"确定"按钮即可。

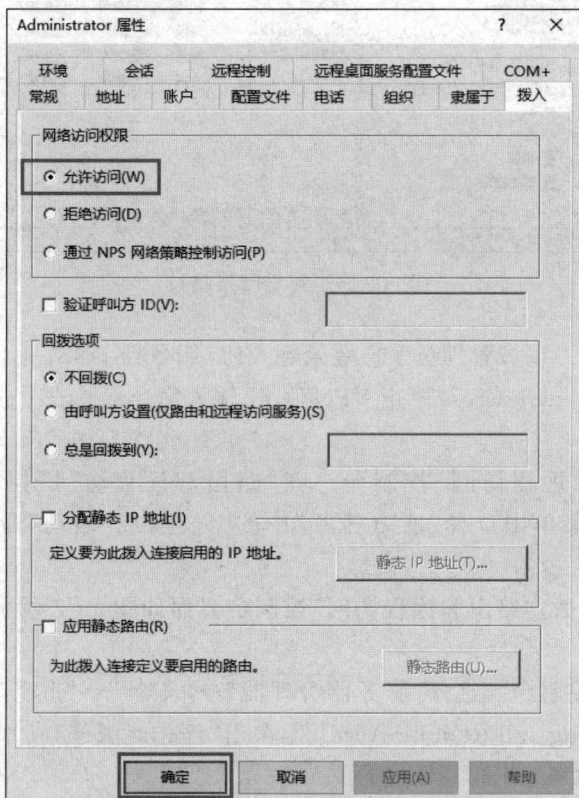

图 12-18 "Administrator 属性"对话框

### 7. 在 VPN 端建立并测试 VPN 连接

在 VPN 端计算机 WIN10-1 上建立 VPN 连接并连接到 VPN 服务器上,具体步骤如下。

1) 在客户端计算机上新建 VPN 连接

(1) 以本地管理员账户登录到 VPN 客户端计算机 WIN10-1 上,选择"开始"→"Windows 系统"→"控制面板"→"网络和 Internet"→"网络和共享中心"命令,打开图 12-19 所示的"网络和共享中心"窗口。

(2) 单击"设置新的连接或网络"按钮,打开"设置连接或网络"对话框,通过该对话框可以建立连接以连接到 Internet 或专用网络,在此选择"连接到工作区"选项,如图 12-20 所示。

(3) 单击"下一步"按钮,出现"连接到工作区—你希望如何连接?"对话框,在该对话框中指定使用 Internet 还是拨号方式连接到 VPN 服务器,在此单击"使用我的 Internet 连接(VPN)"选项,如图 12-21 所示。

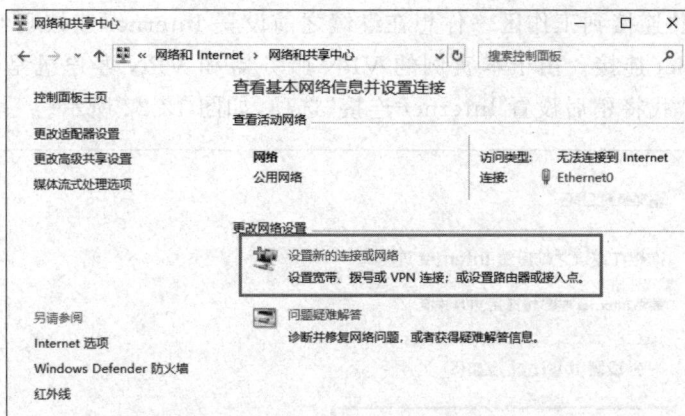

图 12-19　"网络和共享中心"窗口

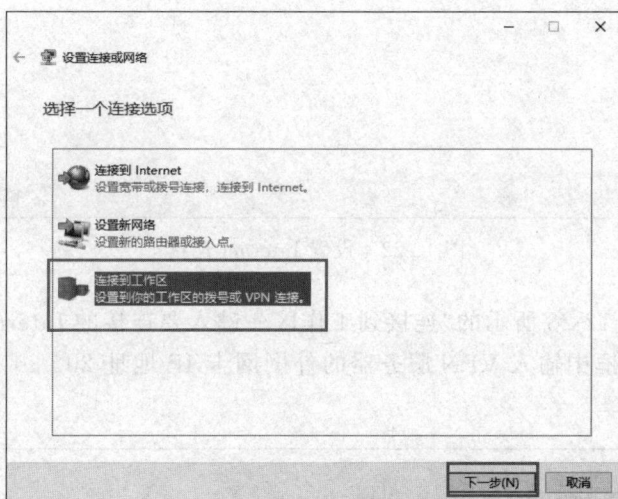

图 12-20　选择"连接到工作区"

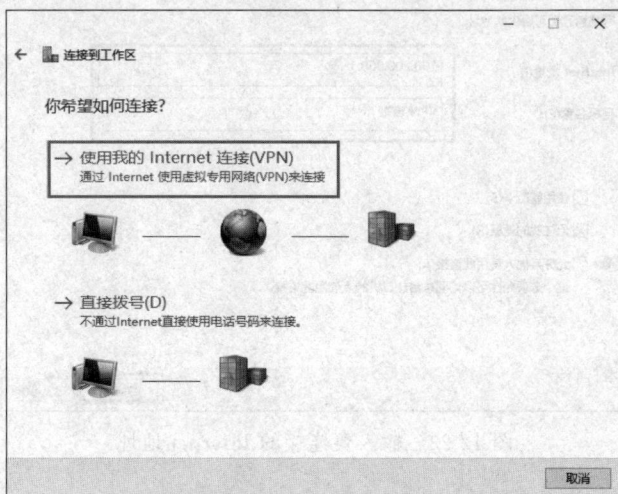

图 12-21　选择"使用我的 Internet 连接(VPN)"

279

（4）接着出现"连接到工作区—你想在继续之前设置 Internet 连接吗?"对话框,在该对话框中设置 Internet 连接。由于本实例的 VPN 服务器和 VPN 客户机是物理直接连接在一起的,所以单击"我将稍后设置 Internet 连接"选项,如图 12-22 所示。

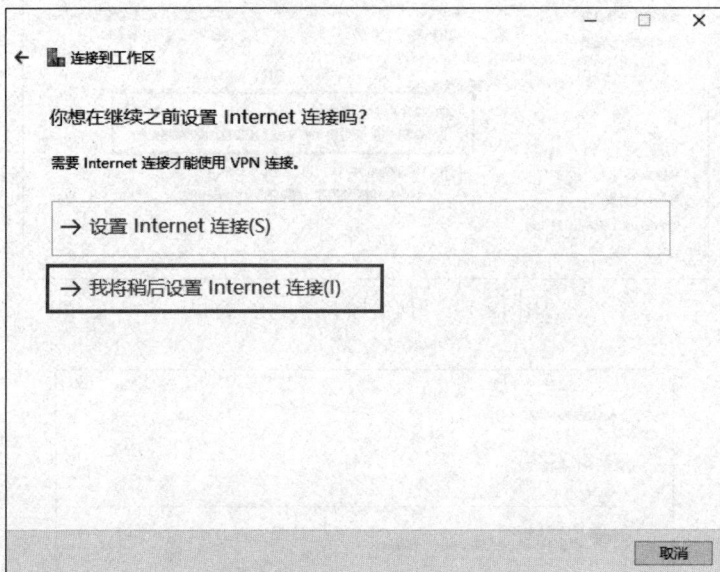

图 12-22　设置 Internet 连接

（5）接着出现图 12-23 所示的"连接到工作区—键入要连接的 Internet 地址"对话框,在"Internet 地址"文本框中输入 VPN 服务器的外网网卡 IP 地址 200.200.200.1,并设置目标名称为"VPN 连接"。

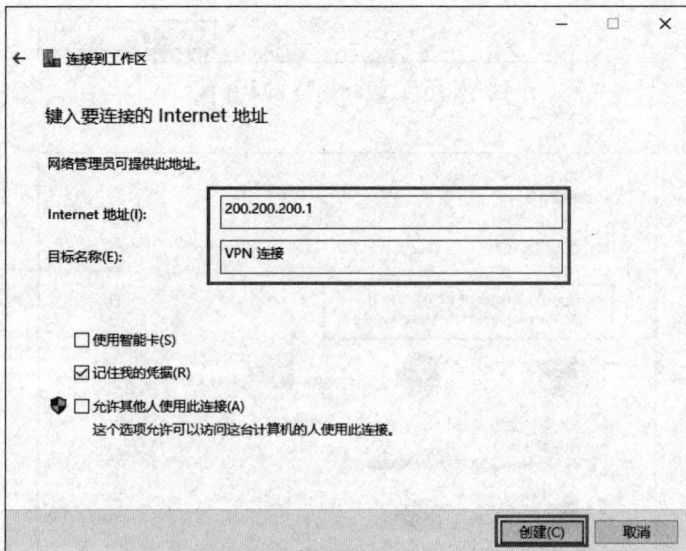

图 12-23　输入要连接的 Internet 地址

（6）单击"创建"按钮创建 VPN 连接。

2）连接到 VPN 服务器

（1）右击"开始"菜单，在弹出的快捷菜单中单击"网络连接"→VPN→"VPN 连接"→"连接"按钮，如图 12-24 所示，打开图 12-25 所示的对话框。在该对话框中输入允许 VPN 连接的账户和密码，在此使用账户 administrator@long60.cn 建立连接。

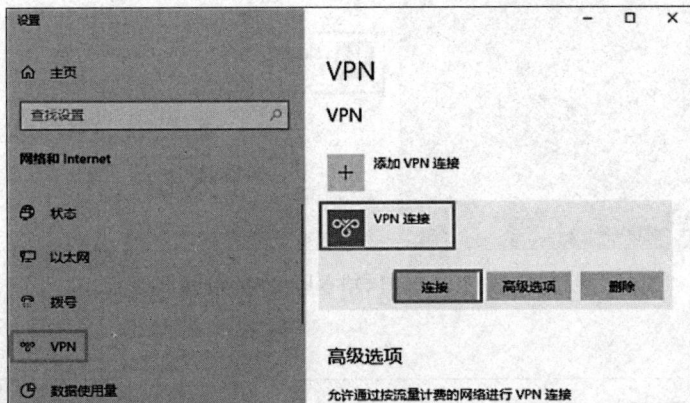

图 12-24　网络连接——VPN 连接

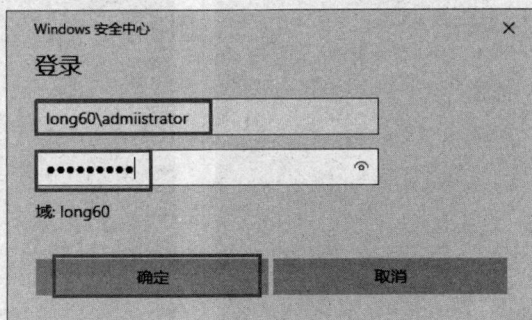

图 12-25　连接 VPN

（2）单击"确定"按钮，经过身份验证后即可连接到 VPN 服务器，在图 12-26 所示的"网络连接"界面中可以看到"VPN 连接"的状态是"已连接"。

**8. 验证 VPN 连接**

当 VPN 客户端计算机 WIN10-1 连接到 VPN 服务器 DNS1 上之后，可以访问公司内部局域网络中的共享资源，具体步骤如下。

1）查看 VPN 客户机获取到的 IP 地址

（1）在 VPN 客户端计算机 WIN10-1 上，打开 Windows powershell 或者命令提示符，使用命令 ipconfig /all 查看 IP 地址信息，如图 12-27 所示，可以看到 VPN 连接获得的 IP 地址为 192.168.100.101。

（2）先后输入命令 ping 192.168.10.1 和 ping 192.168.10.2 测试 VPN 客户端计算机和 VPN 服务器以及内网计算机的连通性，但这时使用命令 ping 200.200.200.1 是不成功的，如图 12-28 所示。

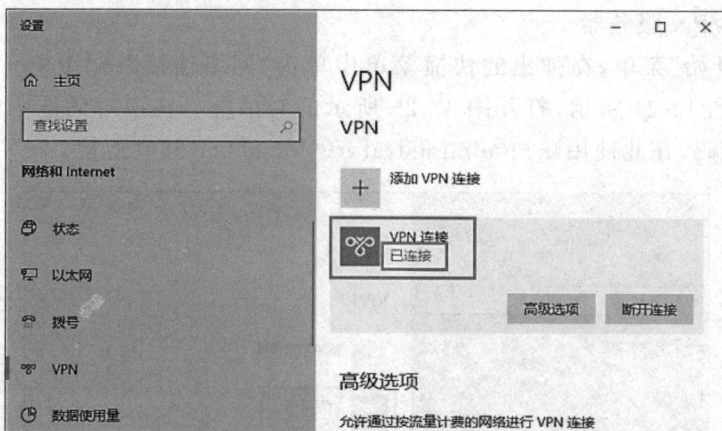

图 12-26　已经连接到 VPN 服务器的效果

图 12-27　查看 VPN 客户机获取到的 IP 地址

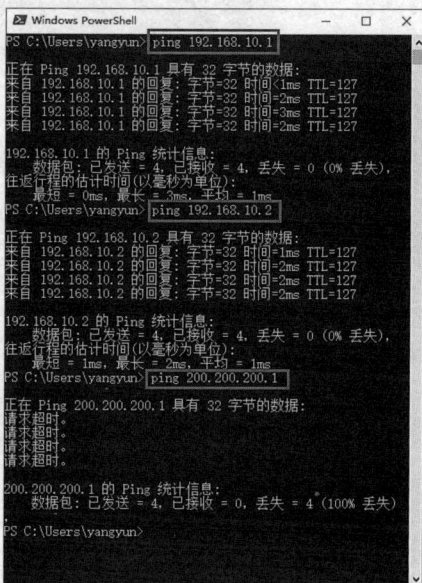

图 12-28　测试 VPN 连接

2）在 VPN 服务器上的验证

（1）以域管理员账户登录到 VPN 服务器上，在"路由和远程访问"控制台树中展开服务器节点，单击"远程访问客户端(1)"选项，在控制台右侧界面中显示连接时间以及连接的账户，这表明已经有一个客户端建立了 VPN 连接，如图 12-29 所示。

（2）单击"端口"选项，在控制台右侧界面中可以看到其中一个端口的状态是"活动"，表明有客户端连接到 VPN 服务器。

（3）双击该活动端口，打开"端口状态"对话框，在该对话框中显示连接时间、用户以及分配给 VPN 客户端计算机的 IP 地址，如图 12-30 所示。

3）访问内部局域网的共享文件

（1）以管理员账户登录到内部网服务器 DNS2 上，在"计算机"管理器中创建文件夹

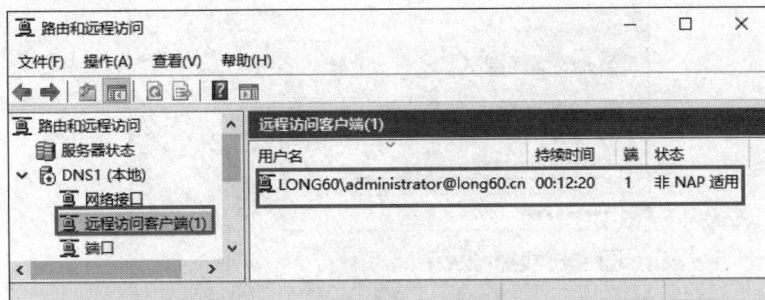

图 12-29　查看远程访问客户端

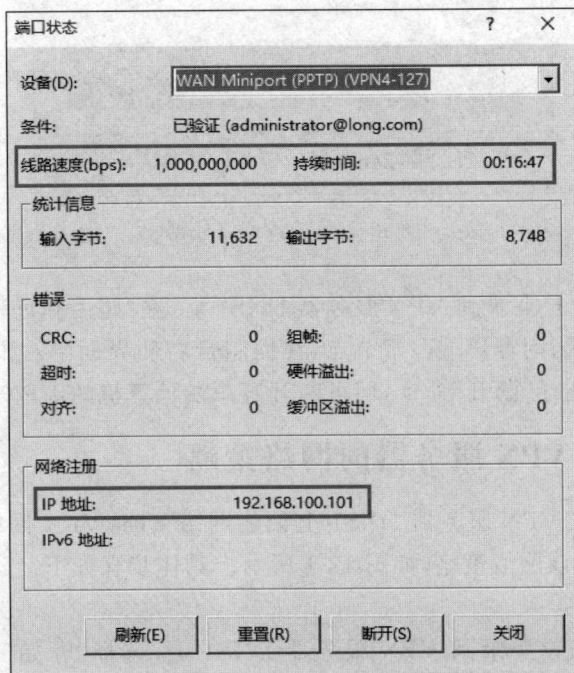

图 12-30　VPN 活动端口状态

C:\share 作为测试目录,在该文件夹内存入一些文件,并将该文件夹共享给"特定用户",如 administrator。

(2) 以本地管理员账户登录到 VPN 客户端计算机 WIN10-1 上,选择"开始"→"运行"命令,输入内部网服务器 DNS2 上共享文件夹的 UNC 路径为\\192.168.10.2,单击"确定"按钮。

(3) 由于已经连接到 VPN 服务器上,所以可以访问内部局域网络中的共享资源,但需要输入网络凭据。在"输入网络凭据"窗口中单击"使用其他账户"按钮,然后输入 DNS2 的管理员账户和密码,不要输错了,本例账户名应为 DNS2\administrator,如图 12-31 所示。单击"确定"按钮后,就可以访问 DNS2 上的共享资源了。

4) 断开 VPN 连接

(1) 在客户端 WIN10-1 上单击"断开"按钮,断开客户端计算机的 VPN 连接。

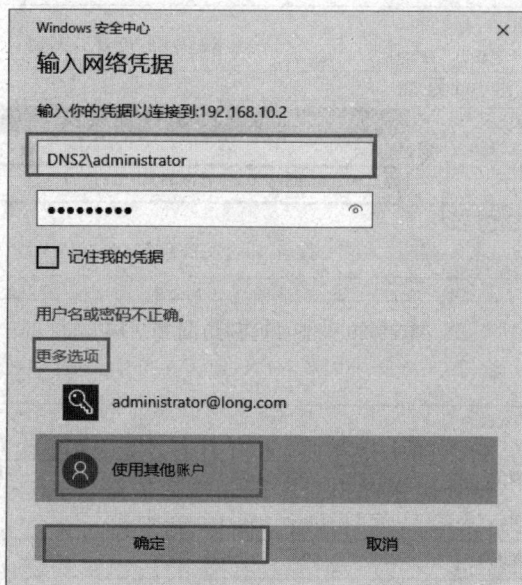

图 12-31　输入网络凭据

（2）以域管理员账户登录到 VPN 服务器 DNS1 上，在"路由和远程访问"控制台树中依次展开服务器和"远程访问客户端（1）"节点，在控制台右侧界面中右击连接的远程客户端，在弹出的快捷菜单中选择"断开"命令，即可断开客户端计算机的 VPN 连接。

## 任务 12-2　配置 VPN 服务器的网络策略

任务要求如下：在 VPN 服务器 DNS1 上创建网络策略"VPN 网络策略"，使得用户在进行 VPN 连接时使用该网络策略，如图 12-1 所示。具体步骤如下。

### 1. 新建网络策略

（1）以域管理员账户登录到 VPN 服务器 DNS1 上，选择"开始"→"Windows 管理工具"→"网络策略服务器"命令，打开图 12-32 所示的"网络策略服务器"控制台。

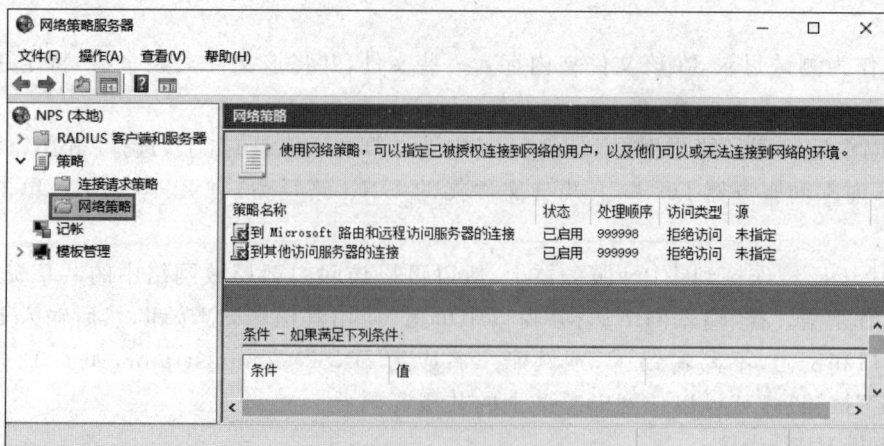

图 12-32　"网络策略服务器"控制台

（2）右击"网络策略"选项，在弹出的快捷菜单中选择"新建"命令，打开"新建网络策略"对话框，在"指定网络策略名称和连接类型"对话框中指定"策略名称"为"VPN 策略"，指定"网络访问服务器的类型"为"远程访问服务器（VPN 拨号）"，如图 12-33 所示。

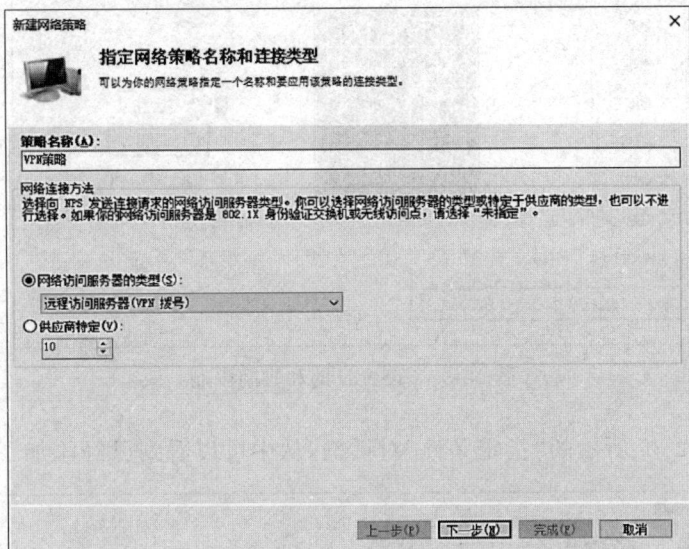

图 12-33　设置网络策略名称和连接类型

### 2. 指定网络策略条件—日期和时间限制

（1）单击"下一步"按钮，出现"指定条件"对话框，在该对话框中设置网络策略的条件，如日期和时间、用户组等。

（2）单击"添加"按钮，出现"选择条件"对话框。在该对话框中选择要配置的条件属性，选择"日期和时间限制"选项，如图 12-34 所示。该选项表示每周允许和不允许用户连接的时间和日期。

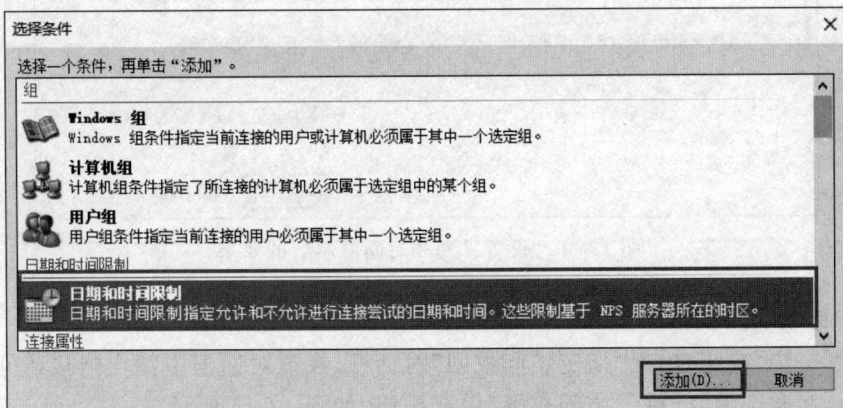

图 12-34　选择条件

（3）单击"添加"按钮，出现"日期和时间限制"对话框，在该对话框中设置允许建立 VPN 连接的时间和日期，如图 12-35 所示，设置允许访问的时间，单击"确定"按钮。

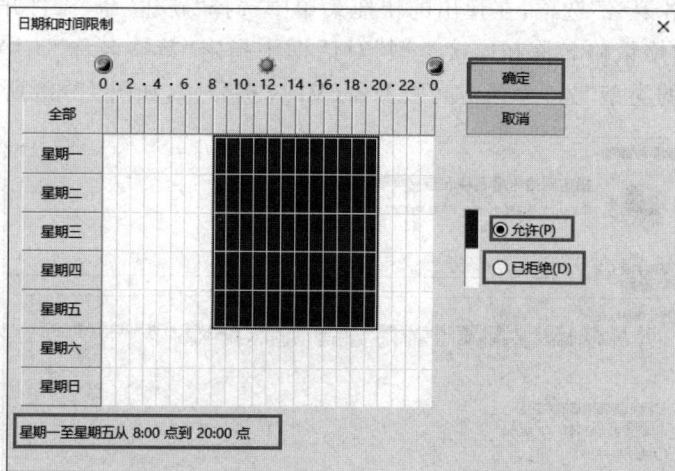

图 12-35　设置日期和时间限制

（4）返回图 12-36 所示的"指定条件"对话框，从中可以看到已经添加了一条网络条件。

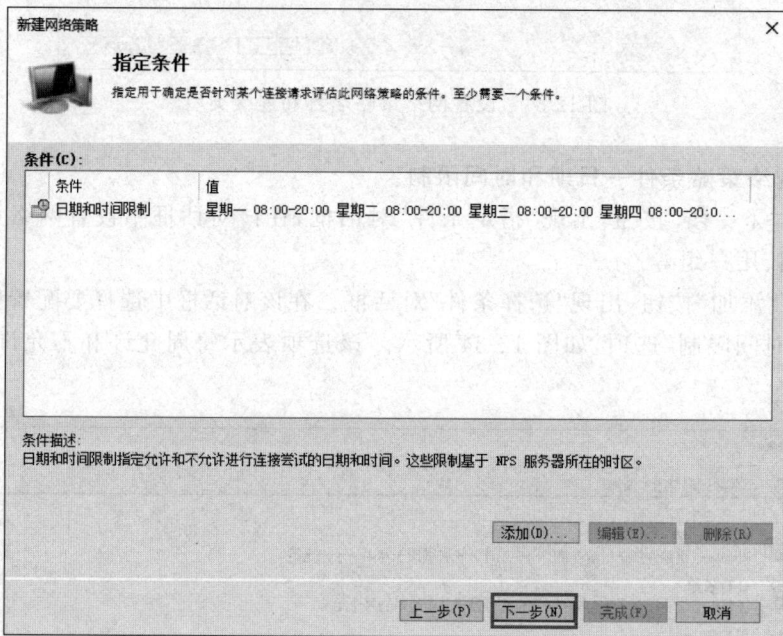

图 12-36　设置日期和时间限制后的效果

### 3. 授予远程访问权限

单击"下一步"按钮，出现"指定访问权限"对话框，在该对话框中指定连接访问权限是允许还是拒绝，在此选中"已授予访问权限"单选按钮，如图 12-37 所示。

### 4. 配置身份验证方法

单击"下一步"按钮，出现图 12-38 所示的"配置身份验证方法"对话框，在该对话框中指定身份验证的方法和 EAP 类型。

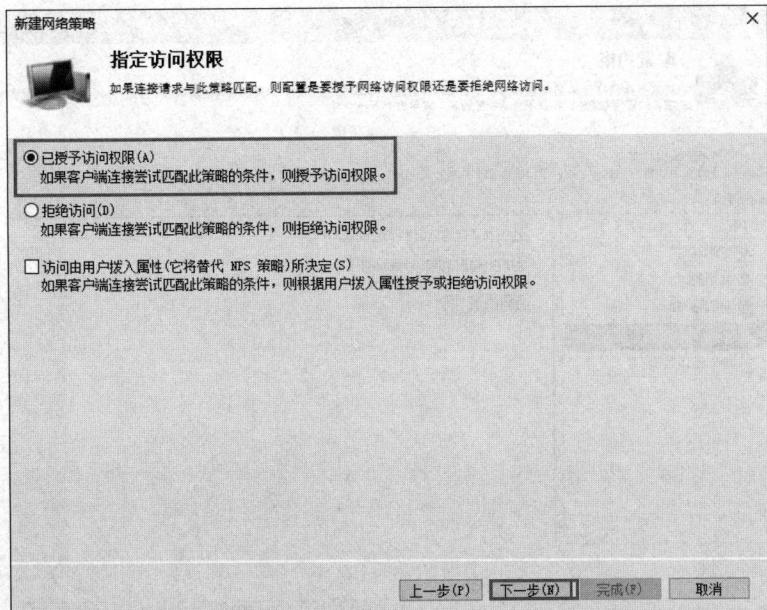

图 12-37    已授予访问权限

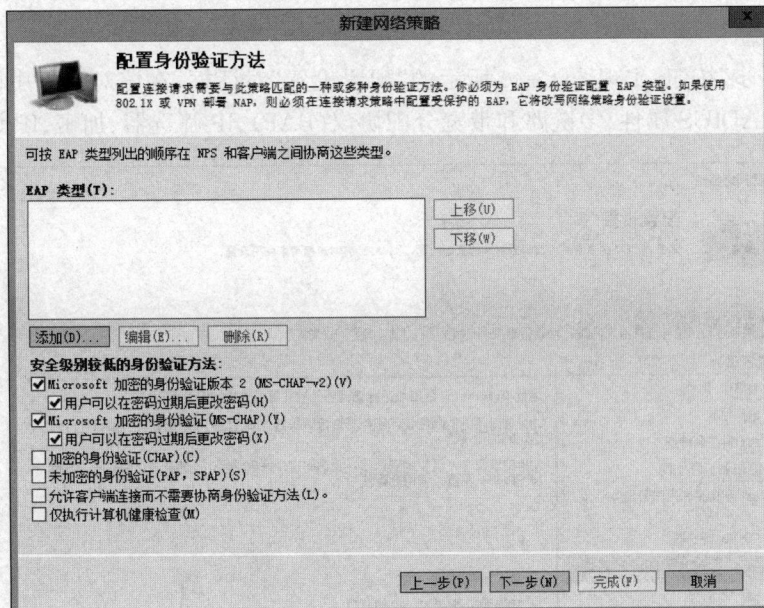

图 12-38    配置身份验证方法

### 5. 配置约束

单击"下一步"按钮,出现图 12-39 所示的"配置约束"对话框,在该对话框中配置网络策略的约束,如身份验证方法、空闲超时、会话超时、被叫站 ID、日期和时间限制、NAS 端口类型。

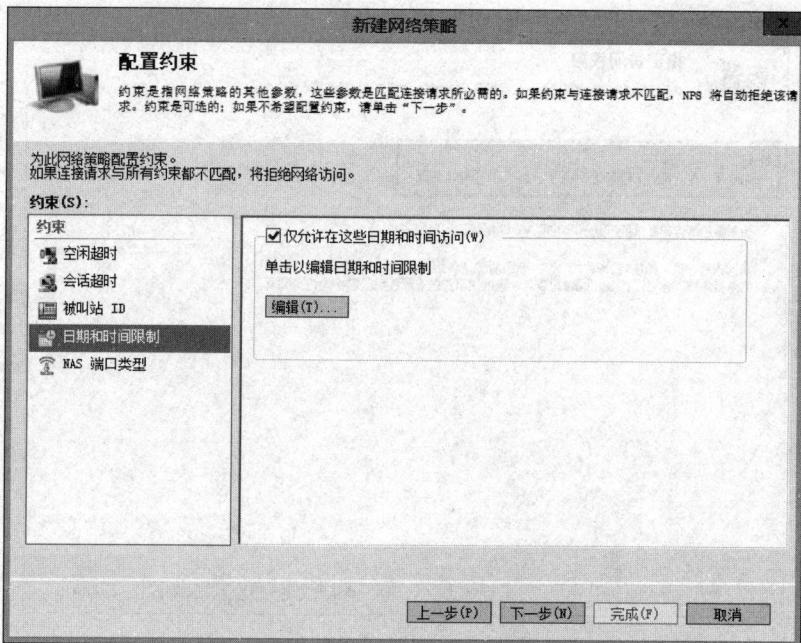

图 12-39  "配置约束"对话框

### 6. 配置设置

单击"下一步"按钮,出现图 12-40 所示的"配置设置"对话框,在该对话框中配置此网络策略的设置,如 RADIUS 属性、多链路和带宽分配协议(BAP)、IP 筛选器、加密、IP 设置。

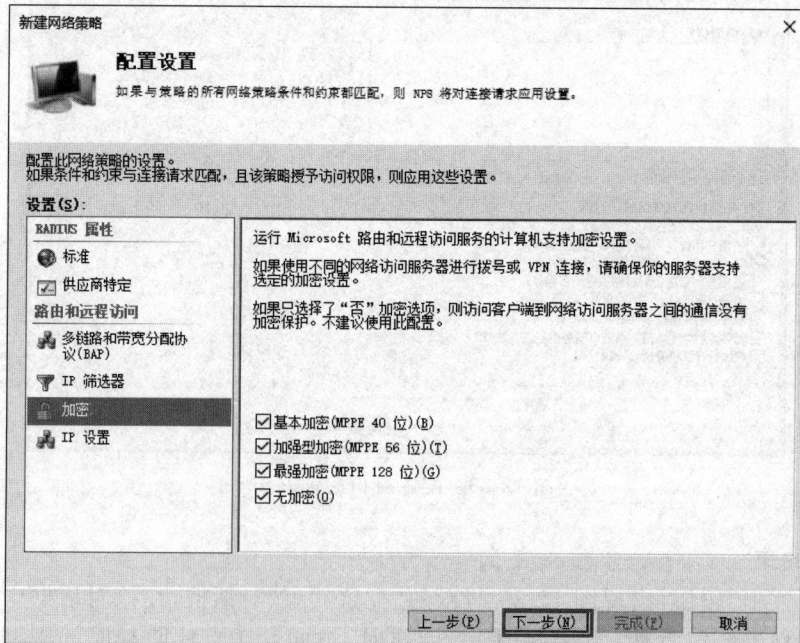

图 12-40  "配置设置"对话框

**7. 正在完成新建网络策略**

单击"下一步"按钮,出现"正在完成新建网络策略"窗口,最后单击"完成"按钮,即可完成网络策略的创建。

**8. 设置用户远程访问权限**

以域管理员账户登录到域控制器 DNS1 上,打开"Active Directory 用户和计算机"控制台,依次展开 long60.cn 和 Users 节点,右击用户 Administrator 选项,在弹出的快捷菜单中选择"属性"命令,打开"Administrator 属性"对话框。单击"拨入"选项卡,在"网络访问权限"选项区域中选中"通过 NPS 网络策略控制访问"单选按钮,如图 12-41 所示,设置完毕,单击"确定"按钮即可。

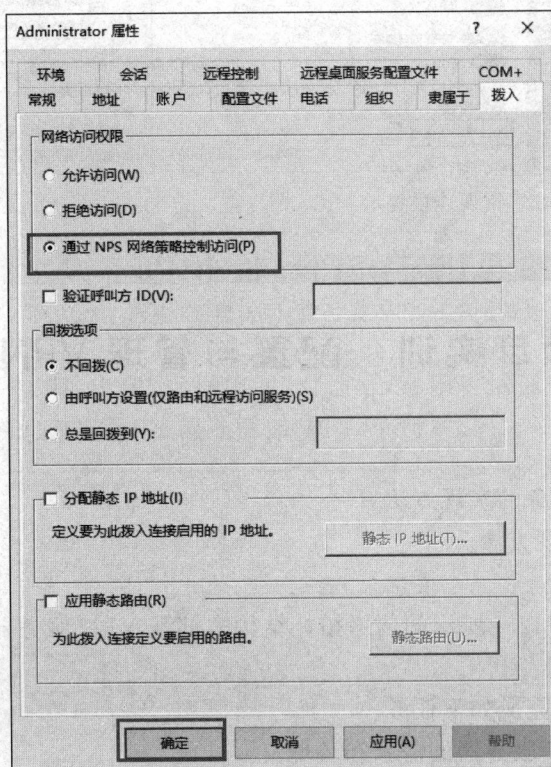

图 12-41　设置通过 NPS 网络策略控制访问

**9. 测试客户端能否连接到 VPN 服务器**

以本地管理员账户登录到 VPN 客户端计算机 WIN10-1 上,打开 VPN 连接,以用户 administrator@long60.cn 账户连接到 VPN 服务器,此时是按网络策略进行身份验证的,验证成功,连接到 VPN 服务器。如果不成功,而是出现了图 12-42 所示的错误连接提示,请单击"更改适配器选项"选项,在弹出的快捷菜单中选择"VPN 连接"→"属性"→"安全"命令,打开"VPN 连接 属性"对话框,选中"允许使用这些协议"单选按钮,单击"确定"按钮,如图 12-43 所示。完成后,重新启动计算机即可。

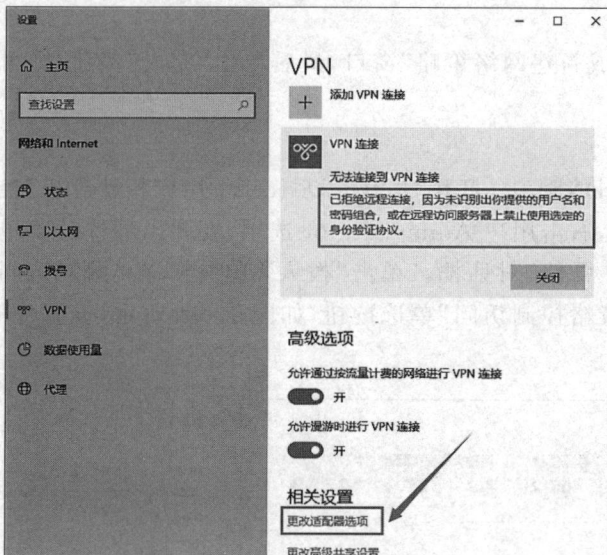

图 12-42　错误连接提示

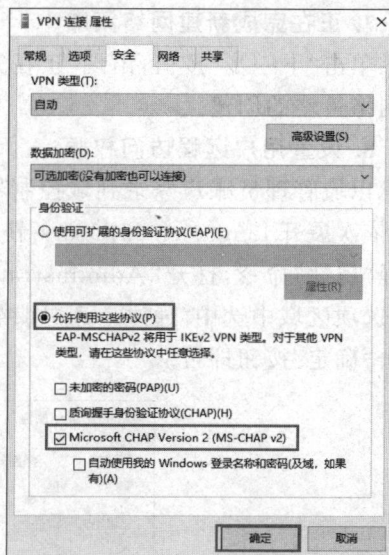

图 12-43　VPN 连接属性

# 12.6　项目实训　配置与管理 VPN 服务器

**1. 实训目的**
- 掌握远程访问服务的实现方法。
- 掌握 VPN 的实现方法。

**2. 网络拓扑结构**

本项目实训根据图 12-1 所示的网络拓扑结构来部署 VPN 服务器。

**3. 实训步骤**

根据网络拓扑结构完成如下任务。

(1) 部署架设 VPN 服务器的需求和环境。

(2) 为 VPN 服务器添加第二块网卡。

(3) 安装"路由和远程访问服务"角色。

(4) 配置并启用 VPN 服务。

(5) 停止和启动 VPN 服务。

(6) 配置域用户账户允许 VPN 连接。

(7) 在 VPN 端建立并测试 VPN 连接。

(8) 验证 VPN 连接。

(9) 通过网络策略控制访问 VPN。

**提示**：根据实训项目视频进行项目的实训,检查学习效果。

配置与管理
VPN 服务器

## 12.7　习　　题

**一、填空题**

1. VPN 是＿＿＿＿＿＿＿的简称,中文是＿＿＿＿＿＿＿。

2. 一般来说,VPN 使用在以下两种场合:＿＿＿＿＿＿＿、＿＿＿＿＿＿＿。

3. VPN 使用的两种隧道协议是＿＿＿＿＿＿＿和＿＿＿＿＿＿＿。

4. 在 Windows Server 网络操作系统的命令提示符下,可以使用＿＿＿＿＿＿＿命令查看本机的路由表信息。

5. 每个网络策略中都有＿＿＿＿＿＿＿、＿＿＿＿＿＿＿、＿＿＿＿＿＿＿、＿＿＿＿＿＿＿ 4 种类别的属性。

**二、简答题**

1. 什么是专用地址和公用地址?

2. 简述 VPN 的连接过程。

3. 简述 VPN 的构成及应用场合。

# 参 考 文 献

[1] 杨云. Windows Server 2012 网络操作系统企业应用案例详解[M]. 北京：清华大学出版社,2019.

[2] Andrew S.Tanbaum.计算机网络[M].5 版.严伟,潘爱民,译.北京：清华大学出版社,2012.

[3] 杨云. 计算机网络技术与实训[M]. 3 版.北京：中国铁道出版社,2014.

[4] 杨云. 计算机网络技术实训教程[M]. 北京：清华大学出版社,2016.

[5] 黄林国. 计算机网络技术项目化教程[M]. 北京：清华大学出版社,2011.